La Capitale de L'Humanité

人類の都

なぜ「理想都市」は闇に葬られたのか

Jean-Baptiste Malet
ジャン＝バティスト・マレ
田中裕子［訳］

NHK出版

ブックデザイン
奥定泰之

人類の都◉目次

出典に関する注意書き

本書はフィクションではない。複数の国々で発見された未公開資料（巻末の参考文献を参照）をもとに、実際にあった出来事が再構築されている。登場人物間の会話もすべて資料を元にした引用である。

日本語版刊行によせて

一九一三年春、本書の主人公である男性と女性のふたりのアメリカ人芸術家が、在ローマ日本大使館を訪れて、大正天皇宛ての大型豪華本を外交官に手渡した。パリ有数の印刷所で特別に印刷されたもので、〈世界コミュニケーションセンター〉の詳細な図面が複数掲載されている。これは、世界じゅうの国々から、芸術家、知識人、スポーツ選手、外交官を集結させるために考案された理想都市プロジェクトであり、考案者のふたりによると、人類に永遠の平和をもたらすことを目的として制作された。

当時の大国の元首がみなそうであったように、大正天皇もこの豪華本を一部受け取った。その間にも、この都市を紹介するパンフレットが日本に何百通も郵送され、多くの知識人、ジャーナリスト、科学者、法学者たちがプロジェクトを支援する団体に入会した。

わたしはこのユートピア都市に関する資料を調査しているあいだに、朝河貫一（歴史学者）、澤柳政太郎（教育者）、宮岡恒次郎（外交官）、穂積重遠（法学者）たちの名前が記された入会申込書を発見している。彼らはみな、当時世界的に流行した自由主義的・進歩主義的・理想主義的な思想に共感し、その象徴として君臨した〈世界コミュニケーションセンター〉の建設を支持していた。

一世紀前、外交官の荷物に詰め込まれて日本に入国した〈世界コミュニケーションセンター〉は、今、本書を通じて再び日本に持ち込まれようとしている。わたしが何年もかけてさまざまな国で調査を行ない、忘れられた歴史を再構築しようとしたのは、ひとえに自分自身が魅せられてしまったからにすぎない。あまりに執拗にこの理想都市が脳裏につきまとうため、もしかしたら自分はおかしくなってしまったのではないかと、しばしば自問自答するほどだった。

今みなさんが手にしている本書は、第一次世界大戦直前、世界じゅうに広まった平和主義について書かれた学術論文ではない。現代社会が抱える問題、とりわけ国際関係にまつわる問題について解決策を提示したものでもない。なんらかの他意や思惑があるわけでもない。つまり、特定の思想を擁護したり、告発したり、ユートピア思想を支持または不支持することの論拠を示したかったのではない。

本書は、完全に失われた世界、ベル・エポックの世界への冒険旅行だ。この百パーセント真実の物語を、わたしはユートピアを旅するつもりで、夢見ながら書いてきた。実現不可能な叶《かな》わぬ夢を追うために生涯を捧げた、ふたりの芸術家の粘り強い戦いについて書きたかった。彼らは、心に秘めた大きな傷を癒《い》やそうとし、人生に意味を見いだすために戦いつづけた。心の奥底に抱えた苦しみを、素晴らしい芸術作品に昇華させようとした彼らを、わたしは尊敬してやまない。

こうした側面を本当の意味で理解できたからこそ、わたしはこの本を書こうと思ったのだ。

プロローグ

イタリア、ローマ
サン・ルイジ・デイ・フランチェージ教会

アメリカ、ワシントンＤＣ
議会図書館

1

二〇一四年秋、一二五ccのバイクで千キロほど走ってローマに到着した。イタリア語を学ぶためにしばらく暮らすことにしたのだ。サン・ルイジ・デイ・フランチェージ教会のコミュニティが、併設図書館でボランティアとして働くことを条件に、教会に隣接する宮殿の一室を提供してくれた。回廊、大理石の大階段、高位聖職者たちの肖像画が飾られた長い廊下のある、古い歴史を誇るサン・ルイジ宮殿。図書館の窓からは、ナヴォーナ広場に建つサンタニェーゼ・イン・アゴーネ教会の円形ドームが見渡せる。冒険小説の世界のようだった。紙の匂いが漂う空間に大きな木製の閲覧机が置かれ、壁づたいに古い書物がずらりと並んでいる。インキュナブラ［最初期の活字印刷物］、ルネサンス時代の植物図鑑、バロック音楽の楽譜、フランス王国の地図、ディドロとダランベールが編纂《へんさん》した『百科全書』……さまざまな宝物に溢れていた。わたしに与えられた仕事は、目録をデジタル化することだった。毎晩ここに来て数時間ほど働いた。こうしてある夜、偶然ユートピアを発見した。

参照した書物を棚に戻したとき、何かが輝いているのが見えた。海面に突然きらめいた陽の光のように。それは、大きな本の背に貼られた金箔《きんぱく》だった。近くに寄ってじっと眺める。たいまつを模したマークの上に、金文字で「世界センター」と書かれている。わたしはこの不思議な書物を手に取り、閲覧机の上にそっと置いた。

分厚い表紙をめくると、海沿いの街を描いた版画が現われた。最前面に二体の巨像が立っている。海上で手を取り合う男女。つないだ二本の腕が巨大なアーチを形づくり、もう一方の手には、オーギュスト・バルトルディが制作した『世界を照らす自由』、通称〝自由の女神〟のようなたいまつを掲げている。ふたつの巨像の台座のあいだを複数の帆船が行き来し、その背後には完璧に整備された都市が広がっている。街の中心を貫く広い大通りの突端に、高い塔がそびえている。オリーブの枝に囲まれた地球が描かれ、その左右には翼が広がり、両脇の囲み枠の飾りには「平和、芸術、科学、宗教、産業、商業」の文字が書かれている。


タイトルページには『世界コミュニケーションセンターの創設』と記され、制作年らしい「一九一〇」という数字がローマ数字で記されている。ふたりの著者の名前もあった。ひとりは、アメリカ人と思しきヘンドリック・クリスチャン・アンダーソン。もうひとりは、フランス人と思しきエルネスト・ミシェル・エブラール。どちらも知らない名だった。エブラールについては、「フランス政府任命建築家。ローマ大賞受賞。一九一〇年のサロン展で名誉賞受賞」と説明書きがある。

わたしはこの本を読みはじめた。だがすぐに、これが夢や幻でないことを確認するために、ある一節を小声で音読するはめになった。

科学、学問、肉体、精神面における最高の叡智《えいち》が集結された、世界コミュニケーションセンターを建設しなくてはならない。人類にふさわしい広大な計画によって世界の首都が実現すれば、きっと世界じゅうから賞賛されるだろう。

世界の首都？　なんだそれは？　折り込みページがあったので開いてみる。そこには〈世界コミュニケーションセンター〉の全景図が描かれていた。広さは二十六平方キロメートルで、およそパリの四分の一。ページをめくると、巨大で壮麗な建物や記念建造物のデッサンが次々と現われる。狐《きつね》につままれたようだった。議事堂、世界銀行、芸術の殿堂、国際科学研究所、書誌目録が整備された図書館、美術学校、国際文学研究所、音楽学校、オリンピック・センター……。

周囲を運河で囲まれたこの「理想都市」は、海上のゲートとして置かれた二体の巨像からまっすぐ延びる軸を中心にシンメトリーに構成され、「スポーツ」「芸術」「科学」のテーマ別に三つのエリアに分けられている。各エリアには、オリンピック・スタジアム、〈芸術の殿堂〉、〈進歩の塔〉と、それぞれのテーマを象徴する建造物がつくられている。とくに〈進歩の塔〉は、都市全体を代表する建造物でもある。この本の著者はこう述べている。

この高さ三百二十メートルの塔には無線電信システムが備えられ、最新科学が発見される

『世界コミュニケーションセンターの創設』より

と即座に世界じゅうに伝えられる。また、世界の進歩と人類の幸福に貢献するすべての企業が、この塔にオフィスを構えるようになる。

医療、外科技術、衛生、法律、公安、電気、発明、農業、運輸に関する各専門施設には、それぞれにオフィス、図書館、美術館、回廊が設けられ、ドーム天井、塔、柱廊で装飾されている。地下鉄、運河、気送管通信システム、大規模な印刷所、病院、療養所、飛行場、墓地、食肉処理場なども備わっている。どうやら設計者たちは、あらゆることを考慮していたようだ。

この都市の建設の必要性は、進化論にもとづいて説明されていた。二十世紀初頭、社会進化論が一世を風靡《ふうび》した。人間社会の歴史は一本の時間軸で表わされ、「原始的」なものから「文明的」なものへと段階的に進化していくとされた。つまり、近代西洋文明がもっとも進化した社会とみなされたのだ。進化論者にとって、進化は歴史の原則であり、人間の社会、文化、宗教もその原則にしたがうとされた。

この本の多くのページが「歴史上の偉大な建設計画」の紹介に割《さ》かれている。先史時代の遺跡、古代メソポタミアの宮殿、古代エジプトやギリシアの芸術作品（ロドス島の巨像を含む）、アレクサンドリア、ローマ、バールベック、パルミラなどの驚異的な都市、エルサレムのオマール・モスク、バチカン市国、シャンボール城、ヴェルサイユ宮殿、ルーヴル宮殿、テュイルリー宮殿、ワシントンとパリの都市……こうしたすべてが時系列に並べられ、「これらの建設計画は、世界じゅうのさまざまな場所において、人類の進化における重要な時代を、もっとも確実に、もっとも明白に特徴づけたものである」と解説されている。こうして歴史を振り返ったあとは、ベル・エポック［十九世紀末から第一次世界大戦勃発までの華やかな時代］の万博についてのコメントで締めくくられる。

万国博覧会が定期的に開催されるおかげで、建築家たちは大規模計画を考案し、芸術家たちは巨大作品を創造するようになった。国際政治史においては、新しい時代、つまり国際協力の時代が切り開かれた。また、世界じゅうのあらゆる民族の知識人が一堂に会し、それぞれの知識と経験を共有する機会が生まれた。工業製品や芸術作品のコンペが行なわれ、競い合う以上に固い絆《きずな》が結ばれた。多くの国々が集まるこの一大イベントのおかげで、国家間が良好な関係を結ぶ土台が築かれた。

芸術分野と国際関係の双方において、近い将来に新たな進化が達成されるだろう。ただし、万博のためにつくられる壮麗な建造物は一時的なものであり、数か月後にはほぼすべてが解体撤去されてしまう。世界の国々には、恒久的に集まれる場所が必要だ。だからこそ、各国の代表者が一堂に会するために設計された、世界共通の都市がつくられなくてはならない。世界コミュニケーションセンターの創設は、おそらく二十世紀の建設計画でもっとも独創的なものとなるだろう。

この本の著者たちは、人類史上もっとも大規模で、もっとも特殊な都市を建設する計画を立てていた。彼らによると、〈世界コミュニケーションセンター〉は、単に過去の「歴史上の偉大な建設計画」に対抗するために考案されたプロジェクトではない。人類の最先端の文明を具現化し、建設計画の歴史における有終の美を飾る使命を負っていたのだ。

2

真夜中、好奇心にかられて、ベル・エポックの新聞をネットで調べてみた。マスコミはこの都市計画に決して無関心ではなかった。多くの主要な新聞が、称賛したり、批判したり、酷評したりしている。日刊紙『ル・フィガロ』は、一九一三年十二月六日発行号の一面に、「地球の首都」と題した記事を掲載した。決して皮肉めいてはおらず、ごくまじめな調子で、〈世界コミュニケーションセンター〉計画を絶賛していた。

ほかの日刊紙、たとえば社会主義者のジャン・ジョレスが創刊した『リュマニテ』は、エリート層のみを受け入れようとするこの都市を批判した。労働インターナショナル・フランス支部（SFIO）［フランス社会党の前身］の初代書記長であるルイ・デュブルイユは、実現可能性を疑問視した。

一九一〇年代に百万部以上の発行部数を誇っていた大手日刊紙の『ル・マタン』も、一面記事で、すでにパリが世界の中心であるという理由からこのプロジェクトを酷評した。一方、エリート層向け日刊紙の『ル・タン』はこの計画を支持した。挿絵入り週刊新聞の『イリュストラシオン』も同様だった。以下に抜粋して紹介する。

ヘンドリック・アンダーソンによって計画された世界の首都、いわゆる〈世界コミュニケーションセンター〉の創設は、人間の脳内で誕生したもののうちでもっとも壮大で、全体のバランスが取れていて、実現可能なプロジェクトである。もし人類がこの共通の使命にふさわしく、地球がこの天空にふさわしい存在であるとしたら、この都市には人類だけでなく神の意志も具現化されるだろう。

そして深夜二時頃、ある記事を発見して驚愕《きょうがく》した。一九一三年十一月九日付のアメリカの日刊紙『ニューヨーク・タイムズ』の、イラストをふんだんに使った一ページぶち抜きの特集記事だ。執筆者は〈世界コミュニケーションセンター〉を擁護していた。そこにはこう書かれている。「ヘンドリック・C・アンダーソンは、理想都市を構想するのにすでに九年の年月を費やしている。これまで十五万ドルを出費し、四十人の専門家を雇ってきた。この都市はニュー・ジャージー州に建設されるのが適していると思われる」

3

翌朝、ポポロ広場にほど近いネオ・ルネサンス様式の建物を訪れ、ドアベルを鳴らした。数歩うしろに下がり、壁龕《へきがん》におさまった彫像や、さまざまな彫刻で彩られたピンク色のファサードを眺める。

入口には「ヘンドリック・クリスチャン・アンダーソン美術館」と書かれた大理石のプレートが掲げられている。イタリア公立美術館であることの証《あかし》だ。錠前《じようまえ》が開けられる金属音がする。玄関ドアが半開きになり、顔を出した管理人がわたしを中へ招き入れてくれた。

一階には、ふたつの彫刻展示室があった。ありえないようなアクロバティックな動きをした巨大裸像たちが、生命、愛、知性、進歩の素晴らしさ、肉体美などを寓意的に表現している。恍惚の表情で乳児を高々と掲げる者もいれば、踊ったり、抱擁し合ったり、キスをしたり、幸福に浸ったりする者たちもいる。

第一印象は、仰々しくて大げさだと思った。ところが不思議なことに、数分ほどそこにとどまるうちに、だんだん魅力的に感じられてきた。展示されている彫像たちは、あまりに狭いところに押し込められたせいで、からまってしまったかのように見えた。のちにわかったことだが、こうして彫刻作品をぎゅうぎゅう詰めに展示するのは、生前のヘンドリックのアトリエのようすを再現しているからだという。一九二七年十一月に発行されたイタリア近代芸術専門誌『エンポリウム』の記事で、美術評論家のアントニオ・ネッツィは、ヘンドリックと会見したときのふたつの展示室の印象についてこう語っている。

わたしたちはヴィラの内部に入った。（中略）大きな部屋に案内され、さらに続くもうひとつの部屋へと誘《いざな》われる。ここは聖地であり、美術館であり、アトリエだ。芸術関係者を含む一般の人たちにはほとんど知られていない巨像の群れのなかで、彫刻家のヘンドリック・アンダーソンは一心不乱に働き、美の神官のように神経を集中させる。まるで自らの作品に嫉妬しているようにさえ見える。（中略）部屋に入ったわたしたちは、あらゆる偏見を捨てて、新鮮な気持ちで、自由な視点でここに置かれた作品を鑑賞しなくてはならない。巨人、英雄、アスリート、空を飛ぶ者、うしろ脚で立つ馬、手なづけられた馬、見えないくつわを嚙《か》んでいる馬……。さらに、筋骨隆々でしなやかな肉体の男たちや、アフロディーテというよりはヘーラーに近い豊満な肉体の女たちに楽しげに抱えられた、柔らかくてふっくらしてかわいらしい小天使や子供たち。

アンダーソン美術館は、入場料が安価であるにもかかわらず、年間一万人ほどしか訪問者がいないという。イタリアでもっとも知名度が低い公共施設のひとつだ。ミシュラン・グリーンガイドのローマ版にも記載されていない。限られた訪問者は、ほとんどが口コミで存在を知った人たちだ。わたしの場合、この知られざる奇妙な場所に足を踏み入れたのは、ほんの偶然からだった。前日たまたま発見した百年前の本には、〈世界コミュニケーションセンター〉を象徴する巨大噴水〈生命の泉〉のフォトグラヴュール［写真製版を用いた腐蝕銅版画の一種］が掲載されていた。そして今日、最初の展示室に入ったとき、その噴水の群像彫刻が目に入った。

壁には、プロジェクトのオリジナル図面が複数掲げられていた。そのうちのひとつが鳥瞰《ちょうかん》図で、光に包まれ、上空を飛行機が飛び、都市全体を俯瞰《ふかん》していた。

この理想都市が、見る者の欲望を刺激し、想像力をかき立てることは確かだ。眺めながら、わたしの胸はその甘美な非現実性に鷲《わし》づかみにされた。しばらくは目が離せなくなってしまったほどだ。まるで魔法にかけられたようだった。

4

それから数年間、この都市についてもっとよく知りたいという激しい欲望にかられ、美術館を十回以上訪れた。〈世界コミュニケーションセンター〉をはじめとする、ヘンドリック・アンダーソンの膨大《ぼうだい》な作品群に魅了されつづけた。こぢんまりした美術館の、神秘的で浮世離れした雰囲気が好きだった。わたしにとって、理想主義的な芸術家の野心が染みついたこの建物は、まるでローマの中心にある知られざる島、あるいはユートピアの幻そのものだった。

一方で、訪れるたびに同じ疑問に悩まされた。この素晴らしいプロジェクトの裏にはどういう人物がいたのか？〈世界コミュニケーションセンター〉はどういう運命をたどったのか？ローマ大賞を受賞したというフランス人建築家のエルネスト・エブラールは、いったいどういう事情から、謎めいたアメリカ人彫刻家のヘンドリック・アンダーソンに協力することになったのか？どのようにして『ル・フィガロ』『ニューヨーク・タイムズ』『イリュストラシオン』といった新聞の賛同を獲得したのか？

理想主義なんて訳がわからないし、こういう信念にはまったく共感できないのに……何度もそう自分に言い聞かせたが駄目だった。当時のマスコミもそうだったのかもしれないが、どうしようもなくこの都市に惹《ひ》かれてしまったのだ。

ほかにも気になることがあった。この理想都市プロジェクトを正当化させるために、考案者たちは、国際主義とコミュニケーション技術の進歩を称賛し、それによって平和がもたらされると述べている。百年前のこうした主張は、わたしの目には現代の人間のものと酷似していた。一九九〇年代以降、グローバリゼーションを賛美し、テクノロジー大手の「技術革新」に熱狂する、エンジニア、知識人、企業家、政治家たちの主張だ。

フェイスブック［現メタ・プラットフォームズ］の共同創設者であるマーク・ザッカーバーグは、同社の事業を説明する際、その使命を「世界全体を包括する社会インフラを構築する」と述べている。「世界共同体（グローバル・コミュニティ）の構築」と題したマニフェストで、ザッカーバーグはこう述べている。

われわれが目指すのはグローバル・コミュニティだ。世界に繁栄と自由を広め、平和と相互理解を促進し、人々を貧困から救い、科学技術の発展をもたらしたい。

同様に、アメリカの多国籍企業であるグーグルは、四千万冊の書籍をデジタル化したり、グーグル・マップを宣伝したりする際、その意図を「人類をひとつに結びつけるため」、「普遍的な知識を普及させるため」と述べている。

アマゾン創設者のジェフ・ベゾスは、年間十億ドルもの個人資産を投じている民間航空宇宙事業を紹介したり、二〇三〇年までに世界じゅうに高速ブロードバンドインターネットを普及させるために三千二百三十六基の人工衛星を投入する低軌道衛星コンステレーションのカイパー・プロジェクトについて言及したりする際、「地球はひとつ」であり、人類はたったひとつの「グローバル・コミュニティ」で成り立っていると主張し、人類が将来的にどんな困難にあっても平和的に解決できるよう尽くしたいと述べている。ベゾスは、単にロケットを開発したり、宇宙インフラを構築したりしているのではなく、こうしたプログラムが人類をひとつにし、「地球を救う」ようになるはずだと主張している。

一九一三年に印刷された〈世界コミュニケーションセンター〉の宣伝文と、現代のデジタル企業家のスピーチとのあいだでは、当然言葉づかいもプロジェクトの内容も異なっている。だが、主張していることは同じだ。どちらも、あらゆる通信技術の進歩は人類が抱える大きな問題を解決すると述べている。かつては楽観主義者たちが、電信、鉄道、無線放送の普及を称賛し、こうした技術が平和と進化をもたらすと述べた。そして現在は、企業家、知識人、政治家たちが、火星探査計画が次々と進められ、世界人口の半数以上がインターネットに接続されていることに歓喜し、やはりこうしたことが平和をもたらすと述べている。

一九一三年の理想都市考案者と、二十一世紀のデジタル預言者との主張が、どうしてこれほどまでに酷似しているのか？　現在のデジタル業界が掲げるテクノロジー・ユートピアについて、この理想都市から学べることはないだろうか？　答えを探す方法はひとつしかない。〈世界コミュニケーションセンター〉の歴史を再構築するのだ。

5

二十世紀初頭、情報、商品、資本、個人はすでに恐るべきスピードで移動していた。蒸気動力の貨物船や豪華客船が世界じゅうの海を航行していた。海底に張り巡らされた通信ケーブルは、一分間に百語以上の速さで世界じゅうにことばを送り届けた。鉄道網は地球規模で拡大を続けていた。電話回線も広く普及しつつあった。歴史家はこの時期を「ファースト・グローバリゼーション」と呼んでいる。地球上の産業化が進んだ地域同士が、経済統合によって結ばれていたからだ。

だが、「ベル・エポック＝美しい時代」と呼ばれたこの時代は、ちっとも美しくなどなかった。収益が見込まれるビジネスにおいて、資本家や企業家は労働者たちに非情な法則を押しつけた。南米アマゾン地域やコンゴでは、ゴムを生産したり巨額の富を蓄えたりするために、人間を奴隷にして拷問しながら働かせた。一八九九年にアメリカで設立されたバナナ生産会社のユナイテッド・フルーツは、独裁国家とのつながりと贈収賄によって南米諸国に〃バナナ共和国〃を築いた。アメリカ、ペルシャ、ベネズエラの油田には、油井《ゆせい》やぐらが立ち並んだ。ヨーロッパでは石炭の産業利用が最盛期を迎えていた。太平洋の島々やアフリカの炭鉱では、採掘用の機材の音、石炭を運搬するトロッコの音、ダイナマイトの爆発音が鳴り響いた。そして体力以外に何も持っていなかった人々も、採掘によって一旗揚げようと意気込んだ。一八九六年から一八九九年にかけて、十万人ほどの労働者たちが、ゴールドラッシュに参加するためにカナダのクロンダイク地方に押し寄せた。

バナナ、ゴム製品、コーヒー豆、砂糖、綿花、石炭、石油、亜麻布、木材、金属……バナナ共和国や植民地帝国で、ヨーロッパやアメリカで、数百万人の労働者によって食材や原材料が生み出され、欧米のメーカーによってそれらが商品に加工され、各地へ再輸出されていった。この時期、ヨーロッパ五大工業国の鉄鋼生産量は、一九〇〇年の千百万トンから一九一三年には三千四百万トンへと急増している。大都市では、幌馬車や辻馬車の代わりに、地下鉄、路面電車、自動車が普及しはじめていた。

一八七〇年代から第一次世界大戦勃発までのあいだに、世界の貨物船の積載量は倍増し、鉄道網は五倍に増えた。当時の経済学者たちは「グローバリゼーション」ということばはまだ使っていなかったが、資本主義とインフラはすでにその法則にしたがって発展しつつあった。

英語もフランス語も堪能で、旅行ばかりして、好きなことだけを追求し、芸術と科学技術と産業の発展を万博で称賛する欧米のブルジョワたちにとって、ベル・エポックは大きな飛躍の時代だった。家族構造が緩んできた新世代の金利生活者たちは、より個人主義的なライフスタイルを生み出した。彼らの多くにとっては、金を稼ぐのと同じくらい、金を使ったり自己アピールしたりするのは大事なことだった。

こうしたあらゆる変化は、進歩への信仰や国際主義の発展とセットになっていた。欧米の富裕層は、自由貿易の教義を世界じゅうに広めようとした。地球規模でのモノ、カネ、ヒト、情報の移動を円滑に進めるために、国家間の平和的な関係を維持しようとした。

同時に、海底ケーブル、電話、無線電信、電気が世界経済を大きく揺るがしていたこの時期、知識人たちは、近い将来に人類はひとつのコミュニティに結集されるだろうと予測した。科学、芸術、産業の発展によって、人類は必然的に「よりよい世界」へ導かれるはずだと、数百万もの人たちが本気で考えていた。歴史家のエリック・ホブズボームは、著書『帝国の時代――一八七五～一九一四年』で、この楽観主義についてこう述べている。

よりよい暮らしへの期待がこれほど高まり、これほどユートピア主義的になったことはかつてなかった。世界が平和になり、単一言語を採用することで世界文明が発展し、科学が宇宙の事象だけでなくもっと根源的な問題を扱うようになり、何世紀にもわたって抑圧されてきた女性が解放され、労働者が解放されることで人類全体が解放され、性が解放され、社会が豊かになり、すべての人が自らの能力に応じたものを提供して必要なものを獲得できる世界になると、良識ある男女がこれほど明確に夢見たことはこれまでなかった。夢を見たのは革命家たちだけではなかった。進化がユートピアをもたらすという考え方は、この時代の構成要素のひとつになっていた。

当時、世界じゅうの平和団体によって、十の言語で二十三種類の新聞や雑誌が発行されていたが、そうした団体のほとんどが国際平和ビューローに加入していた。加入団体は六百以上を数え、百万人近い会員を抱えていたという。事務局長を務めたのは、ベルギー人社会主義者で上院議員だったアンリ・ラ・フォンテーヌだが、彼は〈世界コミュニケーションセンター〉の熱烈な支持者だった。確かに平和運動は、労働運動や女性解放運動とはちがって特定の社会基盤を持っていない。その一方で平和運動は、労働者から億万長者まであらゆる階級に支持者を持っていた。平和のためならと、大企業を経営する篤志家たちが平和運動に資金を提供したり、莫大な財産を遺贈したりした。ダイナマイト開発者のアルフレッド・ノーベルも、自らの名を冠した賞を創設するために遺産を使用した。

6

こうした平和主義ブームの只中にいた、彫刻家で理想主義者のヘンドリック・アンダーソンは、自らの信念をこう述べている。「世界コミュニケーションセンターを建設するのは、人類史に新たな一ページを書き加えることに値する」

一九一二年、プロジェクトの図面をすべて完成させたヘンドリックは、この理想都市の存在を世界じゅうに広めるために大々的な宣伝キャンペーンを打ち出した。すると、一部のユートピア主義者だけが関心を示したのかと思いきや、なんと驚異的な成功を収めたのだ。支援者には、彫刻家のオーギュスト・ロダン、建築家のオットー・ワーグナー、生物学者のエルンスト・ヘッケル、詩人のエミール・ヴェルハーレン、社会学者のW・E・B・デュ・ボイス、近代オリンピックの父と呼ばれるピエール・ド・クーベルタン、ノーベル医学賞受賞者のシャルル・リシェ、天文学者のカミーユ・フラマリオン、作家のフレデリック・ミストラル、書誌学者のポール・オトレといった著名人たちもいた。とにかく有名無名を問わず、さまざまな国籍の平和主義者たちが、〈世界コミュニケーションセンター〉の建設を支援する国際団体〈世界意識〉に次々と入会したのだ。この団体の名誉会長には、一九〇〇年代でもっとも有名な平和活動家が就任した。一九〇五年にノーベル平和賞を受賞した初の女性で、現在のオーストリアの二ユーロ硬貨に肖像が刻まれている、ベルタ・フォン・ズットナー（一八四三〜一九一四年）だ。

世界じゅうの国家元首や一流政治家たちが、ヘンドリック・アンダーソンと公式に面会をした。そして第一次世界大戦が勃発する七か月前、アメリカの日刊紙『ワシントン・ポスト』は、このプロジェクトを平和運動における「もっとも特殊な計画」と称した。

ベル・エポックの終盤になると、〈世界コミュニケーションセンター〉は国際平和運動の象徴的存在になっていた。ところが一世紀が経過した現在、この計画は忘却のかなたに葬られ、その歴史はどこにも書かれていない。

過去数十年間、複数の大学教員がこの都市について調べてきた。彼らの論文によると、〈世界コミュニケーションセンター〉は、現代の国際平和機関のルーツのようなものだったという。建築家たちもこの都市の構造を研究しており、一九一〇年代の都市計画においてもっとも斬新なアイデアのひとつだったとされている。

ところがこれまで、この都市計画に関する包括的な研究は一度も成されていない。プロジェクトにかかわったのはどういう人たちだったのか、彼らはそれぞれどういう役割を果たしたのか、そもそもどういうイデオロギーから生まれたのか……そういう重要なことがまだ解明されていなかった。

問題に取り組むため、わたしは複数の国にまたがる調査を長期間にわたって行なわざるをえなくなった。このプロジェクトの考案者たちについてこれ以上の情報が本当に得られるのか、この時点では少しも確証はなかったのだが。

7

ローマのアンダーソン美術館に収蔵されていた古いモノクロ写真のおかげで、ヘンドリックがどういう外見だったかが判明した。ブロンドの髪、青い瞳、端正な顔立ち、引き締まった身体、がっしりした腕、身長一八〇センチの長身。一九〇〇年代にローマで撮影されたいくつかの写真では、スモックを着て、ベレー帽をかぶり、鑿《のみ》と槌《つち》を手にしている。巨大群像の前に立ち、一体の鉄の骨組みを制作しているものもある。組んだ足場の板の上に立ち、自らが生み出した巨人に向かって手を伸ばしたり、台座に座ったりしているところもある。いずれもロマンティックな表情だった。いくつかの肖像写真では、まるで征服者のように威厳ある顔を見せている。高級そうなスーツを着て、帽子をかぶり、手袋をはめた手にステッキを握った、ベル・エポックの〝ダンディ〟のような写真もある。

ヘンドリック・アンダーソンは、同時代のほかの芸術家たちの例に漏《も》れず、人類の文化と精神に革新をもたらしたいと願っていた。失われた神秘性を追求しながら、美術史家たちが〝総合芸術〟と呼ぶものを構築したがっていた。あらゆる感覚を刺激し、生命の統一が実現される芸術の集大成を目指して、ユートピア主義的な作品をつくりたいと考えていたのだ。

十九世紀から二十世紀の転換期において、多くの芸術家は、総合芸術としての建築作品を制作する大規模プロジェクトに取り組んでいた。その顕著な例のひとつが、フランス人彫刻家のポール・ランドスキだ。世界でもっとも有名な巨大彫像のひとつ、リオ・デ・ジャネイロの『コルコバードのキリスト像』の作者として知られている。彼は人生を通じて〈人類の殿堂〉と呼ばれる巨大建造物の制作に取り組みつづけた。彫刻を施した四つの壁から構成されており、それぞれ「プロメテウスの壁」「宗教の壁」「伝説の壁」「頌歌《しようか》の壁」と名づけられた。とうと

ヘンドリック・アンダーソン

う実現は叶わなかったが、ランドスキはこれを完成させることで、人間の精神の素晴らしさを称賛し、ヴィクトル・ユゴーの叙事詩「諸世紀の伝説」のように人類の歴史を表現しようとした。

ヘンドリック・アンダーソンにとって、制作活動の終着点は〈世界コミュニケーションセンター〉だった。預言的な都市の主任建築家であると同時に、唯一の彫刻家になろうとし、そのために人生を捧げてきた。この世界の首都の象徴となる〈生命の泉〉を制作するために、過酷な仕事の連続に十年近く耐えつづけてきた。

たったひとりで苦しみながら、一心不乱に働きつづけた。アトリエに数か月間こもりきりで一日十四時間以上も仕事をしたあげく、身体が限界まで疲労困憊《こんぱい》することもあった。こうした長時間労働の末、めまい、耳鳴り、うつ症状に悩まされ、寝込んでしまうこともしばしばだった。床に臥《ふ》しながらも、巨大建造物や彫像のデッサンを続けた。休息後は再びアトリエに戻り、壮大な夢に突き動かされながら、仕事に情熱を傾けた。

わたしが話を聞いた精神科医によると、ヘンドリック・アンダーソンの性格は、ベル・エポックに活躍した精神科医のモーリス・ディド博士によって定められた分類基準における「情熱的な理想主義者」に相当するらしい。このタイプの人間は、愛情、善意、美徳、正義のいずれに関しても、確信、信念、完璧な論理にしたがって行動をし、「まるで自分が世界の中心であるかのように、無意識ながらも少しずつ、確実に自分の理屈を押し通す」という。

情熱的な理想主義者は、妄想のなかで知性と感情のメカニズムを混同させる。彼らが熱狂する

アトリエにいるヘンドリック・アンダーソン

対象は、社会的・政治的・美的・神秘的なテーマに絞られる。その思考システムは、他者を必要としないほど完成されている。ディド博士によると、情熱的な理想主義者は普遍的な理想を擁護する傾向が高く、人類のために行動するケースも少なくないにもかかわらず、本人は基本的に反社会的であるという。彼らは、崇高な主張を粘り強く続け、自らの大義を熱心にアピールする一方で、何がなんでも自らの見解を押し通そうとし、他者から異議を唱えられたり、邪魔をされたりすることに我慢ならない。
ヘンドリックは、本、パンフレット、手紙、講演のいずれにおいても、同じ主張を飽きもせずに何度も繰り返していた。

わたしの都市は、世界の平和と進歩

のために、国際社会に役立つあらゆるものを結集させ、すべての人間と国家をひとつにするために考案された。この都市は、世界の統一と各国の友好関係を推し進めるためのもので、その最終目的は世界連邦を設立することにある。

8

二〇一九年一月十二日、調査を進めていたわたしは、ワシントンのアメリカ議会図書館の閲覧室を訪れた。ローマで『世界コミュニケーションセンターの創設』の本を発見してから、すでに四年以上が経過していた。閲覧机についたわたしのところに、公文書保管担当スタッフが銀色のブックカートを押しながらやってきて、資料の閲覧方法について小声で説明してくれる。わたしはその話に耳を傾けながら、スタッフが持ってきた五つの箱を見つめた。積み重ねられたグレーのボール箱に、一万二千部以上の資料が収まっている。読むのに長い時間がかかりそうだった。

多くの点で、今回のこの作業は一種の賭けだった。これまで四年にわたって粘り強く調査をしてきたが、いまだ探している資料のごくわずかしか見つかっていなかった。今回もはるばるアメリカまでやってきたが、本当にそれだけの価値があるかはわからない。しかも、すべてが骨折り損に終わるかもしれないのに、すでに多額の費用を投じている。とくにこの数か月間は、ひとり孤独にあちこちを訪れては資料を探し回っており、もしかしたら自分はおかしくなったのかもしれないと思いはじめていた。

議会図書館のスタッフは、自らのデスクへ戻っていった。わたしはすぐに椅子から立ち上がると、ボール箱のフラップを開けて一通の手紙を取り出した。ヨーロッパでずっと探しつづけてきた、未公開の書簡だ。冒頭に「アンダーソン様」と書かれている。〈世界コミュニケーションセンター〉の設計を手がけたフランス人建築家、エルネスト・エブラールの筆跡だ。「大きな図面でも無理なく描けるよう、パリで広めのアパルトマンを借りました。住所は、ジャコブ通り二十三番地、サン・ジェルマン・デ・プレの近くです」

あとでまたじっくり読もうと思いながら、その手紙をざっとめくった。それから別の資料を見るために、手紙をいったん箱の中に戻した。この図書館では、ふたつ以上の資料を同時に閲覧してはいけない決まりになっている。

そのとき、一冊のノートが目に留まった。青い背表紙に白いラベルが貼られ、「第二十八〜最終巻」と記されている。一九一九年に書きはじめられたヘンドリック・アンダーソンの一連の日記の最終巻で、こちらもこれまで未公開だった資料だ。第二十八巻は一九四〇年十月十七日から始まっている。ヘンドリックがその二か月後に他界したことはすでにわかっていた。六十ページほどを読み終えたとき、彼が亡くなる前日まで日記を書きつづけていたと知った。その日は、震える字でわずか四行だけしたためられていた。

9

数時間後、議会図書館をあとにしながら、わたしは自分が発見したばかりの事実に衝撃を受けていた。〈世界コミュニケーションセンター〉の調査を長いこと続けてきたが、その歴史はロマンティックで、誰にとっても無害なものだと信じていた。ところが実際は、このユートピア的理想都市は、イタリア・ファシズム時代に思いがけない運命をたどっていたのだ。見つけた情報の裏づけを取るために、閲覧室で新聞記事や日記を読みながら、驚愕を抑えるのに苦労した。これらは一次資料だから信憑《しんぴょう》性は疑う余地がないはず、と自分に言い聞かせたり、同じ資料をもう一度見せてもらったり、自分のメモを何度も読み返したりした。そしてとうとう、この途方もない歴史が真実であると認めざるをえなかった。

一九一三年、〈世界コミュニケーションセンター〉は世界じゅうに知られるようになり、三人のノーベル平和賞受賞者からも支持を得た。それどころか、一九二〇年代中頃には、ファシズムの独裁者、ベニート・ムッソリーニにも支持された。ムッソリーニは、プロジェクトのプレゼンのために、ヘンドリックに特別に謁見を許している。それ以降、この都市計画を称賛し、建設のためにローマから数キロの広大な土地を無償で提供する心づもりがあると、マスコミを通じて公言すらしている。

わたしはすでにヘンドリックをよく理解していた。誇大妄想的な彫刻家で、ミケランジェロのようになるのを夢見ており、暴力と軍国主義をとことん嫌悪していた。彼にとっての〈世界コミュニケーションセンター〉は、地上に神の王国をつくることを意味していた。その彼が、いったいどうしてベニート・ムッソリーニなどに、プロジェクトの図面を見せにいったのか？　日和見《ひよりみ》主義的な行動だったのか？　〈世界の首都〉構想は、やはり危険な幻想にすぎなかったのか？あるいは、ファシズムの理想に追従するために、自らの平和主義的理想を捨ててしまったのだろうか？

第1章 彫刻家への道（一八七二〜一八九八年）

1

ノルウェー南西部、半島の先端にある港湾都市、ベルゲン。長いあいだこの町を真っ暗に覆っていた雲を、春の陽射しが貫いている。周辺のフィヨルドでも、このところめっきり空が明るくなった。水面はメタリックな眩《まぶ》しい色合いを帯び、豊かな緑に覆われた牧草地も輝きを放ちはじめている。

クリーム色の毛並みをした小柄な馬たちが、この夢のような光景のなか、静かに草を食《は》んでいる。フィヨルドと呼ばれる馬だ。たいていの場合、たてがみは短く刈られ、一筋の線となって背中を這《は》いながら尾までつながっている。その誠実さ、素朴さ、勇敢さ、頑丈《がんじょう》さから、よく騎士に喩《たと》えられる。北欧を代表する品種のひとつで、かつては北極遠征をしたヴァイキングたちによって農耕馬として利用されてきた。大昔から、作家、夢想家、冒険家たちを惹きつけてやまない馬だ。

一八七二年のある日、ニューイングランドの詩人、ウィリアム・エラリー・チャニングは、取り巻きのひとりである〝レイエン氏〟と呼ばれる画家がベルゲンへ行くと知った。チャニングはこの機会を逃さなかった。二頭の美しいフィヨルド馬を買ってきてくれと、レイエンに依頼したのだ。

ベルゲンに到着したレイエンは、さっそくフィヨルド馬に詳しい人物を探しはじめた。すると、アンネシュ・アンデルセン［英語読みでアンダース・アンダーソン］という木材荷揚げ人を、複数の人物から紹介された。ただし、この男は借金まみれの大酒飲みだという。ふだんはほとんど仕事をせず、女房に養ってもらって、一日じゅう酔っぱらっている。だが、フィヨルド馬の専門家として彼以上の適任はいないと、誰もが異口同音に力説した。

　レイエンは、アンネシュ行きつけの居酒屋へ赴き、本人に酒をおごりながら馬探しを依頼した。数日後、アンネシュはあっという間に素晴らしいフィヨルド馬を二頭見つけだし、レイエンのために適正価格で買いつけた。あとは、馬たちを船にのせて大西洋を横断するあいだに、安心して世話をまかせられる人物を探さなければならない。アンネシュは馬の扱いにも長けていた。そこでレイエンは、その役割を本人に打診することにした。

　その日の夜、アンネシュ・アンデルセンは、妻のヘレーネ［英語読みでヘレン］と長い時間をかけて話し合った。ヘレーネはパン屋の娘で、夫とのあいだにふたりの息子がいた。透明感のある肌と青い瞳を持つ、小柄な女性だった。模範的なプロテスタントで、いつもきちんとした身なりをし、家政婦の仕事をしながらひとりで家計を支えていた。ヘレーネは、夫が嘘つきで、働かずに酒を飲むためにはどんな手でも使うことを承知していた。だから、仕事でアメリカへ行くと言われても信じられなかった。

　数日後、アンネシュは蒸気フリゲートに乗船した。行きつけの居酒屋、借金、妻、そしてふたりの幼い息子を残し、たったひとりで旅立った。初めの一歩を踏み出したのはアンネシュだったのだ。ヘンドリックはまだ生まれたばかりだった。

2

数か月後、ヘレーネはアンネシュから手紙を受け取った。アメリカに来るよう書かれており、紙幣が同封されていた。目的地は、ロードアイランド州のニューポート。ヘレーネはすぐに三等の切符を買いにいき、出発日を伝える手紙を夫に出した。

出発直前、船のボイラーが爆発した。修理に三か月以上かかるという。到着が遅れる知らせはアンネシュに届けられなかった。

予定日に出港できないことに腹を立てた旅客たちは、海運会社に代替船を出すよう詰め寄った。会社は大急ぎで〈ピーター＝ギブソン〉という名の古びた船をチャーターした。

悪夢のような船旅だった。激しい暴風雨に見舞われて、旅程は大幅に長引いた。積荷がたびたび損害を被ったせいで、飲料水は配給制になった。三等の乗客には、やがて少量の燻製ニシンしか支給されなくなった。三週間の船旅を終える頃、ほとんどの旅客が飢《う》え、渇き、病に苦しんでいた。

一八七三年六月二十六日、ヘレーネ・アンデルセンことヘレン・アンダーソンは、ようやくタ

アンデルセン(アンダーソン)一家。左から、アンネシュ（アンダース)、アンドレアス、ヘンドリック、ヘレーネ（ヘレン)

ラップを降りてアメリカに上陸した。ひと言も英語を話せず、一文なしの状態で、一方の手で三歳の長男アンドレアスの手を握り、もう一方の手で乳飲み子のヘンドリックを抱いていた。げっそりと瘦《や》せた青白い顔に、不安げな表情を浮かべている。「仕事と小さな家を見つけて、生活の基盤を整えた」と書かれた夫の手紙以外に、この国については何も知らなかった。

この日の朝、ニューヨークに到着した〈ピーター＝ギブソン〉の乗客リストには、二百九十八人の無名の人たちに並んで、ノルウェーから来た家族三人の名前が続けて記載されている。一八九二年に移民局がエリス島に設置される前だったので、ヘレン、アンドレアス、ヘンドリックの三人は、ほかの八百万人の移民たちと同じように、マンハッタン島のキャッスル・ガーデンを通過してアメリカに入国した。一八七〇年代初頭から数えると、国民のほぼ十五パーセントに相当する、五百五十万人もの移民がこの国にやってきたことになる。

入国手続きを終えたヘレンは、子供たちと一緒に、キャッスル・ガーデン前に集まった人混みに加わった。群がる男たちのなかから、アンネシュことアンダースの顔を探しつづける。だが、いつまでたっても見つからなかった。それもそのはず、アンダースがニューヨークを訪れたのは数日前で、所持金を飲み代として使い果たし、すでにニューポートへ帰ってしまったのだ。

数時間たっても夫は見つからず、いよいよヘレンは自分ひとりでどうにかせざるをえなくなった。不安と羞恥心を押し殺しながら、まわりの人たちにノルウェー語で助けを求める。だが誰も彼女のことばを理解できなかった。そしてようやく、同国人の男性が見つかった。ヘレンは男性に事情を打ち明けた。すると、親切で心が広いその人は、ヘレンたちをカフェに連れていって食事をさせ、鉄道駅まで送ってくれた。それからニューポート行きの切符を買い与えると、アメリカでの新生活の幸運を祈って列車に乗せてくれた。

3

ニューポートでアンダースに再会したヘレンは、夫の手紙に書かれていたのは何もかもが嘘だったとわかった。アンダースは職を転々とし、以前と同じように酒ばかり飲んで、すでに借金を背負っていた。住んでいるのは、移民が集まる極貧地区のフィフスワードのアパートだった。みすぼらしい部屋はひどい臭いが充満し、家具はひとつもなく、トコジラミがいる汚らしいマットレスを直に床に敷いて寝ていた。アンダースは、嘘をついてヘレンをアメリカに呼びつけ、家政婦をさせて金を稼がせようとしていたのだ。

この時期、ニューポートの人たちは、廃棄物集積場にほど近いフィフスワードを〝ダンプ〟、つまりゴミ捨て場と呼んでいた。アイルランドから多くの移民がやってきた一八二〇年代以降、この地区には、町の経済活動を下支えする低賃金労働者が集まっていた。漁師、石工、大工、料理人、職工、家政婦……フィフスワードは、楽園の中心につくられた貧民の島だった。港湾地区と、〝金メッキ時代〟の富裕層たちが所有する海岸沿いの豪奢《ごうしゃ》な別荘群に挟まれたエリア。十九世紀後半のこの頃、ジャクリーン・リー・ブーヴィエとジョン・フィッツジェラルド・ケネディがこの地で結婚式を挙げる一九五三年よりはるか前から、ニューポートはアメリカじゅうの名家が集まる避暑地として人気を博していた。

ヘレンはニューポートのブルジョワ家庭に雇われた。初めは洗濯女として、のちに家政婦として働いた。稼いだ金は大酒飲みの夫にしょっちゅう横取りされたが、文句ひとつ言わなかった。信心深い彼女は、こうして辛抱していれば、きっといつか神さまのおかげで十分な金を稼ぐ方法が見つかると信じていた。アンダースが夕食時に飲み仲間を連れて帰ると、不平を口にしながらも、聖書の教えにしたがって料理とパンを分け与えた。彼らに金を使ってしまうため、息子のアンドレアスとヘンドリックは母に何も買ってもらえなかった。アメリカでの最初の数年間、アンダーソン一家はこんなふうに暮らしていた。そして一八七九年、ヘレンは三人目の息子、アーサーを出産した。

4

アンドレアスとヘンドリックは、母を助けて家計の足しにしてもらうために、ニューポートの道端で靴を磨いたり、雑誌やリンゴを売ったりした。彼らが暮らす貧民街では、ひどい暴力事件があちこちで起きた。大酒飲みの父のせいで、暴力は家の中にまで入り込んだ。父はいつも飲むか、わめくか、家族を怒鳴りつけるかしていた。吐《は》いたもので汚れたままの父が、床の上で気を失っていることもあった。

アンダーソン家の大黒柱であるヘレンは、子供たちがなるべく学校へ行けるよう気を配り、たくさんの愛情を注いだ。働きづめの生活を、気力と、強い決意と、篤い信仰心によって耐えてきた。子供たちのためを思って、毎晩、聖書を数ページほど読み聞かせた。

ヘレンは子供たちに、生きるための基礎知識を叩き込んだ。プロテスタント信仰における楽観主義を説き、どんな状況でも自己を犠牲にし、苦しみに耐え、働くことを厭《いと》わなければ、神の寵愛によって必ず夢は叶うと伝えつづけた。「純粋な心で神さまに祈り、勇敢であろうとする者は、必ず最後に願いが叶えられる」。ヘレンは息子たちにそう主張した。

三人兄弟の次男であるヘンドリックは、落ち着きがなくて攻撃的な性格だった。明るい色の肌、青い瞳、ブロンドの髪をした、可愛らしいやんちゃ坊主。ヘンドリックは幼い頃から、その気性の荒さと不安定な精神を露《あら》わにしていた。他人に愛されたい、褒《ほ》められたいという気持ちを態度に出し、愛情を独り占めしようとし、ほかの子供たちより目立とうとして、わざとおどけたり、騒いだり、乱暴なことをしたりした。ヘンドリックは学校が好きではなかった。いつもわくわくする何かを探して、母が定めた門限ぎりぎりまで外をうろつき回っていた。

5

あやしげな小道から、富裕層の別荘群へと続く花咲く街道まで、ヘンドリックはニューポートの町を隅々まで把握していた。ハンチングをかぶり、大きくてぴかぴかのボタンがついた黒っぽい制服のポケットにたくさんの電報を詰め込んで、町じゅうを自転車で元気に走り回った。十九世紀終わりのアメリカ北部の都市部では、こうしたメッセンジャーの姿があちこちで見られた。ヘンドリックは電報局の使い走りとして働いたおかげで、裕福なブルジョワ階級の豪奢な邸宅内に入る機会を得た。

ヘンドリックは、贅《ぜい》を尽くした邸宅の敷地内で自転車を押しながら、彫像や噴水が点在する広

アンドレアス・アンダーソン

い庭園の小道を歩くのが好きだった。そして玄関ドアが開いた途端、天から降りた小天使のようにふるまった。笑みを浮かべて礼儀正しくしていれば、チップをはずんでもらえるからだ。電報を受け取りながら五十セント硬貨をくれる人もいた。ヘンドリックにとってはひと財産だった。

一方、ヘンドリックの兄のアンドレアスは、穏やかな表情の瞳に悲しげな色を浮かべながら、時間の許すかぎりデッサンを描いていた。家の中では決して味わえない心のやすらぎを、絵を描いているときだけは感じられた。アメリカの下層階級のほとんどの子供たちと同様に、アンドレアスも十四歳で学校教育を修了し、ありとあらゆる仕事を転々としていた。一日の仕事を終えると、こぢんまりした夜間スクールでデッサンの授業を受けた。

ヘンドリックは十三歳で学校を辞めた。その後は兄と同じように、薄給の仕事を転々とした。食品店の従業員、新聞売り、精肉店の下働き、レストランの見習いなどを渡り歩いた。

ある晩、ロブスターを捌《さば》いているときに手を深く切ったヘンドリックは、血を洗い流した傷口に包帯を巻いて、そのまま仕事を続けた。すると、怪我したことを知っているはずの店主から、仕事が遅すぎるとなじられた。逆上して包帯を振り回したヘンドリックは、即座にクビになった。だが、働いたぶんの賃金は支払うよう詰め寄った。店主は最初は素知らぬ顔をしていたが、ヘンドリックが店の前で何時間も大騒ぎしたため、とうとう支払わざるをえなくなった。

数か月後、ヘンドリックは大工になると決めて、造船所に弟子入りした。ニューポート文化保存会に残っている記録によると、父のアンダースも一八八七年に造船所で働いていたらしい。ヘンドリックは夜になると港をうろついて、職工、船乗り、漁師たちが日々の生活について話し合ったり、冗談を言い合ったり、酔っぱらったり、殴り合ったりしているのを眺めた。

こうして、ふさぎ込み、物思いに耽《ふけ》りながら、長い時間ひとりきりで海辺で過ごし、今よりもっといい生活ができる日を夢見ていた。

6

一八八九年、ヘンドリックの人生に大きな転機が訪れた。兄のアンドレアスがニューポートを離れ、ボストンでもっとも名高い美術学校のひとつ、ダートマス・ストリートにあるカウルズ・アート・スクールに入学したのだ。アンドレアスは生活費を稼ぐために、病院で働いたり、デッサン教室を開いたり、自分の作品を売ったりした。それでも授業料をぎりぎり払えるくらいしか稼げなかった。だがアンドレアスにとって、芸術は真の崇拝の対象だった。画家になることを夢見ていたし、母に教わったように、自己を犠牲にしていれば神の寵愛によっていつかは願いが叶えられると信じていた。

ニューポートに残ったヘンドリックは、すでに十七歳になっていた。兄から送られてくる、ボストンの生活について書かれた手紙をむさぼるように読んだ。兄の話はヘンドリックのチャレンジ精神を刺激した。「しっかり勉強して、たくさんの本を読むんだぞ」。アンドレアスはヘンドリックに、夜ごとニューポートの港をうろつくのをやめて、ジョン・ミルトンの『失楽園』やダンテ・アリギエーリの『神曲』を読むよう勧めている。

ヘンドリックは兄の助言にしたがった。図書館へ行き、本を読んだ。書かれていることが少しも理解できなくても、とにかく読んだ。それから、アンドレアスがかつてデッサンの授業を受けていたのと同じ夜間スクールに入学した。

7

ボストンにいるアンドレアスは、絵画制作でめきめきと頭角を現した。アート・スクールの校長からは、アメリカ国籍を取得するよう勧められた。一八九一年八月十一日、アンドレアスは正式にアメリカ人になった。ロングフェロー奨学金にも応募した。ニューイングランド地方で芸術家を志す若者ひとりに、パリで一年間勉強するための助成金が付与される制度だ。ここでもアンドレアスは、見事奨学金を勝ち取った。そして一八九一年九月二十六日、スーツケースをぶら下げて、ポケットに六百ドルを入れて、夢見心地でフランス行きの船に飛び乗った。

兄の成功はヘンドリックの胸を高鳴らせた。翌年になるとすぐ、自分もボストンのカウルズ・アート・スクールに入学し、兄と同じようにアメリカ国籍を取得した。ヘンドリックには兄ほどの才能はなかったが、芸術家になる決意は同じくらい固かった。目指す専門分野もすでに決まっていた。彫刻家だった。

アンドレアスと同じように、ヘンドリックも授業料を稼ぐために働いた。若くて美男だったので、自分が通うスクールでデッサンのモデルをして小銭を稼いだ。だがそれだけでは食費はまかなえなかった。常に疲労困憊していたので、食が細くなり、あまり眠れなかった。ボストンの酷寒の冬向きではない、ぼろぼろの古着をいつも着ていた。スクールのほとんどの生徒は高等教育を受けており、流行最先端の服を着て、授業料のために働く必要もなかった。ヘンドリックは、貧しさと、無教養と、他人の嘲笑《ちょうしょう》に苦しみながら暮らしていた。

のちにアンドレアスに宛てた手紙で、ヘンドリックはこの頃の厳しい状況についてこう回想している。

当時、ぼくは一文なしで、常に疲れきっていた。どれほど苦しんでいたか、神さまはご存じのはずだ。とにかく働きづめで、ニューポートの家に帰ったときは死んだようになっていた。いつもそうとう長い時間、意識を失ったままベッドに横たわっていた。自分の肉体と精神の弱さに気づいたのは、この頃だったと思う。二十歳まで生き延びられたのが、奇跡に思えてならない。寝るためだけに家に戻り、朝ベッドで目覚めたとき、そばに母さんがひざまずいて、目に涙をいっぱい溜《た》めてぼくのために祈っていたことが何度もあった。

生き延びるために、とても苦しい戦いを強いられた。母さん、アーサー、そして兄さんのために、しがみつくようにして生きてきた。死んでしまいたい、ここから消えてしまいたいと、いったい何度思ったことだろう。アンドレアス兄さん、ぼくはたくさんの涙を流し、何度も祈りつづけた。兄さんも知っているように、ずっと働きづめだった。ぼくのぼろぼろの靴は、朝外に出た途端、溶けた雪でびしょびしょになった。(中略)学校に友だちはおらず、まわりは敵ばかりだった。それでも、壮大な未来の計画を胸に温めてきた。友だちがいなくても、決してくじけなかった。

8

十九世紀末の芸術家の卵にとって、勉強し、名を成すのに、パリほどふさわしい都市はほかにない。啓蒙の都市であるパリは、常に芸術的な興奮状態にあり、世界じゅうに文化的な威光を放っていた。エコール・デ・ボザール〔パリ国立高等美術学校〕は、当時から世界的に有名なアート・スクールだった。だが、一八九〇年代初めのこの頃、難解なフランス語試験に合格する必要があることから、入学できる外国人は限られていた。しかも、女性には入学する権利すら与えられていなかった。

一方、アカデミーと呼ばれる民間の美術学校は、エリート主義でありながらボザールよりリベラルで、外国人や女性の入学が認められていた。女性が男性モデルのヌードを描くのも許されていた。女性アーティストのカミーユ・クローデルは、こうしたアカデミーのひとつであるアカデミー・コラロシで彫刻を学んでいる。

アンドレアス・アンダーソンは、絵画と彫刻を教える私立学校、アカデミー・ジュリアンに入学した。ボストン時代の友人で、画家志望のハワード・クッシングも在学していた。祖父のジョン・パーキンス・クッシング（一七八七〜一八六二年）は商人として成功した人物だが、十九世紀初めはアヘンの密輸人として広東でもっとも影響力がある外国人とされていた。ハワードはほかの孫たちと同様に、金利所得に頼って働かずに暮らしていた。

経済的に余裕のないアンドレアスは、パリでアトリエを借りることができなかった。するとハワードが親切にも、ユニヴェルシテ通りに借りた自分のアトリエを一緒に使おうと誘ってくれた。数か月後、階級ピラミッドの両極端にいるふたりの芸術家は、固い友情で結ばれた。絵を描いていないときのふたりは、パリ在住アメリカ人の上流ブルジョワジーの集まりに加わった。アンドレアスは、そこでハワードの妹のオリヴィア・クッシングと知り合った。母国語の英語のほかに、フランス語、イタリア語、ドイツ語を流暢《りゅうちょう》に話す、若くて聡明な女性だった。

9

一八七一年生まれのオリヴィア・クッシングは、幼少時代の一時期をヨーロッパの一流ホテルを転々としながら過ごした。その後は、祖父によって建てられた、ニューポートでもっとも風光明媚なオーシャンドライブ沿いの豪奢な邸宅で暮らした。

第三者から見ると、オリヴィアの生活はまるでおとぎ話のプリンセスのようだ。働く必要がなく、常に最新ファッションに身を包み、パリの高級ブティックで欲しいものをなんでも手に入れられる。デッサンと塑造《そぞう》のレッスンがないときは、ヨーロッパじゅうを旅したり、演奏会、観劇、社交界のイベントに出かけたりした。兄のハワードやその友人のアンドレアスと一緒に外出しては、ベル・エポックのパリにおける芸術界の名士たち――〝ダンディ〟で知られるロベール・ド・モンテスキュー、画家のジェームズ・アボット・マクニール・ホイッスラー、同じくアントニオ・ド・ラ・ガンダラ、詩人のステファン・マラルメら――と交流した。

ところが、オリヴィアは部屋でひとりきりになると、日記にそのつらい胸の内をしたためた。彼女は現状の生活に満足していなかった。自分をつまらない人間だと思い、自信を喪失していた。

今、この日記を読むと、十九世紀末の上流ブルジョワ家庭の娘だった彼女が、形而上学的な問題にいかに悩まされていたかがよくわかる。オリヴィアは自分の人生に意味を見いだせず、自らが属する社会階級の人々に共感できなかった。ひとりになりたいと願い、芸術、旅行、スピリチュアルな世界に逃避した。

バイロイト、ディナール、ロンドン、ローザンヌ、シャモニー、ヴェネツィア、トリノ、フィレンツェ……一八九一年から一八九三年にかけてのオリヴィアは、ヨーロッパじゅうを駆け回った。この三年間の彼女の日記には、自らが属する社会階級を批判し、不運を嘆くことばが並んでいる。その一方で、彼女の立ち居ふるまい、倫理観、世界観は、いずれもその社会階級によって形成されていた。だからこそ、どうやって抜け出したらいいかわからなかったのだ。

オリヴィア・クッシング

十九世紀末のブルジョワ女性は、偽善的な道徳に縛られた社会で、型にはめられ、窒息しそうになっていた。男性も高くて硬い襟《えり》によって動きが阻まれていたが、女性はそれ以上に硬い服で全身を覆われていた。首元を顎《あご》まで締めつけ、腰まわりにコルセットを巻き、下半身を釣鐘型に膨らんだドレスで包み、両手に手袋をつけなくてはならなかった。「品位を保つため」という名目で首から指先までがんじがらめにされ、いかなるときでも言葉づかいや動作に細心の注意を払わなくてはならなかった。

当時のブルジョワ女性は、宝石やレースで全身を彩りながらも、誕生から結婚までつきまとう「良識」によって完全に自由を奪われていた。確かに彼女たちは、工場での劣悪な労働条件に苦しんだり、当時都会のあちこちに出現していた売春婦に身をやつしたりする必要はなかった。しかしその一方で、囚われの身になることを強いられた。教養ある女性になるために、音楽、デッサン、文学などの芸術一般をたしなんだが、こうしたブルジョワ教育は皮肉にも彼女たちから人間性を奪う。なぜならこうした教育の目的は、女性を純潔で無垢にすることにあるからだ。性的なことに限らず、人生のあらゆることに無知な女性。彼女たちは、翼を羽ばたかせて飛んでいくことができない。翼をもぎ取られてしまうからだ。ブルジョワ女性は、結婚相手にしたがって生きるよう運命づけられている。運命の男性に出会うまで、女性たちは黄金に輝く獄舎で暮らし、憂鬱《ゆううつ》な気分のまま控えの間で待ちつづける。

十九世紀末の教養あるアメリカ人女性の例に漏れず、オリヴィアも、ウォルター・ホイットマンの詩を好み、ラルフ・ワルド・エマーソンをはじめとする超絶主義者たちの作品を愛読した。この時期に一大ブームを巻き起こしたスピリチュアル系の著作にも熱中した。絵画では印象派をとくに好んだ。またこの時期、象徴主義がヨーロッパでもてはやされていたが、神秘性を強調しながら人間の想像力と夢を表現したこの芸術・文学運動に、オリヴィアも夢中になった。「何かを買いにいきましょう！」オリヴィアは時折、何が欲しいのかはっきりとはわからないまま、フランス語で兄のハワードにそう呼びかけた。ふたりのあいだでこの台詞は冗談のたねになった。「いったいわたしに何ができるんだろう？」。その数日後、彼女は日記にそう書いている。これまで幾度も繰り返した自問だった。自分のブルジョワ的生活、格差社会の空虚さを客観的に見つめ直し、漠然とした不安を抱いていた。この件について、彼女はこう記している。

自分はものを持ちすぎではないかとよく思う。たいして欲しくもないのに、必要以上のものを所有している。これらのなかに、なくなって困るものはどれだけあるだろう？　自分のために服やアクセサリーを買ったり、大量の食べ物が目の前に置かれたりするとき、どこか奇妙な気持ちになる。この裏で、必要最低限のものを手に入れるのに苦労している人たちがいるとわかっているからだ。たとえば、わたしが買った帽子の値段は、もしかしたらどこかの家族の一、二か月分の家賃に相当するかもしれない。不思議なのは、自分がどうして、何のためにこんなことをしているのか、さっぱりわからないということだ。

もちろん、一部の人たちがほかの人たちより多くを所有することには、たくさんの理由や道理がある。でも、ひとつずつの事例を個別に見ると、あり余るほどのものを持っているなら、それでほかの人の生活を改善できるのではないかと思い、よくわからなくなってしまうのだ。欲しいものをなんでも所有できるのは理想かもしれないが、食事が不十分だったり住環境が不衛生だったりして健康を害してしまう人や、毎日過酷な仕事を強いられている人だっている。だからといって、自分を恥じているわけではないが、本当にどう考えたらいいかわからないのだ。

オリヴィアのこの考察は、当時のある現実にもとづいている。ベル・エポックは、社会的にはとてつもなく暴力的な時代だった。世界じゅうのあちこちで、労働者は徹底的に搾取され、人々は極貧に苦しみ、幼い子供が働かされていた。産業先進国の指導者たちは、植民地に特例法を適用し、自国の経済開発活動を「文明発展のための使命」と主張して正当化させた。その一方で、労働者の権利はほぼ存在せず、デモが起きると銃で制圧された。

ジャック・ロンドンは、ルポルタージュ作品『どん底の人びと』の執筆のために、世界でもっとも裕福な都市のひとつだったロンドンを取材して回った。本書では、五十万もの貧困層の人々が、過酷な生活を送るようすが報告されている。フランスでも、人口の七〇パーセントが資産を持たないまま他界し、国じゅうの資産の七〇パーセントを人口の一パーセントが子孫に遺贈していた。ブルジョワ階級が芸術、産業、通信の発展を称賛した一方で、何百万人もの労働者が不衛生な住環境に苦しみ、十分な食糧を得られず、身体を暖めるための石炭にも事欠いていた。こうした暴力を、オリヴィアは見過ごせなかった。

10

一八九三年十一月十二日、ボストンに戻ったオリヴィアは、パリに残ったアンドレアスの紹介で、初めてヘンドリックと会った。ふたりはほぼ同い年だった。互いに好感を抱き、尊重し合い、その後も何度か会う機会を設けた。

ヘンドリックはオリヴィアに、自分もパリで芸術を学びたいと思っていると告げた。オリヴィアはその夢を叶えるために、複数の知り合いに資金援助を募った。ヘンドリックは、そうして集まった資金のおかげで一八九四年にフランスに旅立った。

だがボストンを発つ前、屈辱的な出来事があった。アート・スクールの校長が、オリヴィアから大西洋横断客船の一等の切符をもらったと聞いて、ヘンドリックに授業料の請求書を突きつけてきたのだ。ヘンドリックは何かの間違いではないかと思った。学校で雑用係として働くことで、すでに支払いはすんでいたはずだったからだ。ところが、校長の考えはそうではなかった。一等の切符を三等に変更し、差額を学校に支払うよう命じた。ヘンドリックは傷つき、反論したが、結局は泣く泣くその要求にしたがった。

11

パリに到着したヘンドリックは、街のようすに驚嘆し、目を輝かせた。公園や広場などそこらじゅうに、寓話をモチーフにした群像や著名人の肖像などの彫像が建てられていたからだ。

ヘンドリックはすぐに兄のアンドレアスと再会し、自らもアカデミー・ジュリアンに入学した。彫刻家志望者向けの授業では、ヌードモデルを観察しながら、粘土《ねんど》、石膏《せっこう》、石材を使って解剖学的に正確に彫刻や塑造をする練習をした。ヘンドリックにはとくに秀でた才能はなかったが、まじめに、熱心に、真剣に学ぼうとする意欲は高かった。

翌年、アンダーソン兄弟は、若いアメリカ人画家のジョン・ブリッグス・ポッターと一緒に、勉強のためにイタリアを訪れた。ヘンドリックはフィレンツェの美しさに圧倒された。ミケランジェロがメディチ家礼拝堂のためにつくったという、新聖具室の彫刻群を見学した。ヘンドリックは、その「曙《あけぼの》」「昼」「夜」「黄昏《たそがれ》」の四つの彫刻作品に打ちのめされ、その後も長いあいだ影響を受けつづけた。

パリに戻ってからも、ヘンドリックはサン・ジェルマン・デ・プレのアカデミー・ジュリアンで学びつづけた。アンドレアスはアメリカに帰国し、画家としてのキャリアをスタートさせた。ヘンドリックはセーヌ通り六十六番地に部屋を借りて、ルネサンス絵画を学ぶためにルーヴル美術館に足繁く通った。そして、パリのピラミッド広場に建つジャンヌ・ダルク騎馬像の作者、エマニュエル・フレミエの授業を受けた。

一八九五年の終わり、ヘンドリックはひとりでイタリアを再訪した。ナポリの国立考古学博物館を見学するためだ。この博物館には、古代ローマ・ギリシアの彫刻が多数展示されている。ヘンドリックは、この時期にアンドレアスに宛てた手紙で、古代美術の素晴らしさと、二十世紀の彫刻のあるべき姿について熱く語っている。

彫刻には高い知性が必要だ。本当の意味で美を理解し、感情を表現できる者によってつくられなくてはならない。理想を見いだすために、より深く真実を追求しなくてはならない。(中略)彫刻は、学問の一分野になるだろう。知的で強い人間によって束の間の栄光ではなく真実の輝きが追求され、より浄化されて卓越したものになるだろう。

12

ヘレン・アンダーソンは、人間は生きているかぎりずっと、道徳的な行動によって精神を成長させていくべきだと考えていた。ヘンドリックは、母のそうした考え方に影響を受け、自らもいつの間にかそう考えるようになった。芸術家としての野心、美的感覚、宗教上の真理を区別せずに、それらをひとつのものとしてとらえていた。教会へは行かなかったが、精神と道徳心を成長させ、人間を神に近づける力が彫刻にはあると信じていた。

ヘンドリックは、彫刻を始めた当初から、自分が大きな使命を負っていると感じていた。生命の法則にしたがって仕事をすることで、理想が芸術作品として具現化され、人間は「神の創造力」に近づけると考えていた。そうした強い信念を抱きながら、一八九六年の秋にローマに移り住んだ。当時は〝芸術家の街〟と呼ばれていた、マルグッタ通りにアトリエを借りた。

ローマに到着するとすぐ、ヘンドリックは仕事に精を出した。油絵を描き、胸像を制作し、建築を学び、スケッチブックを抱えて博物館や美術館をはしごした。ミケランジェロの作品に衝撃を受け、自分もいずれはああいう巨大で壮麗な彫刻作品をつくりたいと夢見た。

ヘンドリックは、モード・ハウ・エリオットとジョン・エリオット夫妻と親しくなった。モード・ハウは小説家、ジョンは象徴派の画家で、一八九〇年代のふたりのアパートには英語圏の名士たちがしょっちゅう集まった。そうしたパーティーで、ヘンドリックはたくさんの記者、外交官、芸術家と知り合った。たとえば、実業家で考古学者のセオドア・モンロー・デイヴィス。一八八九年から一九一二年にかけて、エジプトの王家の谷の発掘活動に資金を提供したことで知られる人物だ。さらに、アメリカ人彫刻家のオーガスタス・セント＝ゴーデンス、フランス人劇作家で小説家のジャン＝ポール・ロワゾン、イギリス人象徴派詩人のアーサー・シモンズ、スコットランド人の彫刻家で自由主義政治家のロナルド・ゴア卿（一八四五～一九一六年）もいた。ヘンドリックはゴア卿と特別な関係になった。

ゴア卿は、オスカー・ワイルドの友人で、ヴィクトリア朝時代のロンドンの同性愛者社会における有名人だった。ワイルドの『ドリアン・グレイの肖像』に出てくるヘンリー卿のモデルと言われている。ヘンドリックは、エリオット家で出会ったゴア卿から何通も手紙をもらい、昼食や夕食にたびたび招待されている。ロンドンにも同行し、一緒に美術館や博物館を訪れている。

イギリス旅行は、ヘンドリックのファッション感覚に大きな改革をもたらした。少年時代のみすぼらしい服は暗い過去となり、ダンディズムを絵に描いたような身なりをするようになった。常に仕立てのよいスーツを着て、外出時には必ず手袋をつけ、帽子をかぶり、ステッキを手に持った。

二十七歳上のロナルド・ゴア卿は、養子縁組をして一緒に暮らそうとヘンドリックに提案した。ところが、記録が残っていないので詳細は不明だが、その後ゴア卿はこの提案を取り下げ、数か月後に別の美青年、『モーニング・ポスト』紙のローマ特派員だったフランク・ハードとの養子縁組を実現させている。

ゴア卿が心変わりしたのか？　それとも、独立心の旺盛なヘンドリックが提案を拒絶したのだろうか？　ヘンドリックはその後の人生でも、何度も男性から言い寄られ、そのたびに関係を持った。だがいずれのケースでも、相手と一定の距離を保ちつづけている。いったいなぜか？　当時のヨーロッパでは同性愛者が迫害されていたから？　それとも、神経を昂《たか》ぶらせ、取り憑《つ》かれたように仕事に取り組みながら、「生涯の使命」に全身全霊を傾けてきた彼にとって、制作活動のほうが優先順位が高かったからだろうか？　この疑問に答える資料は見つかっていない。ヘンドリックは晩年になって、過去の恋愛にまつわる書簡をほぼすべて燃やしてしまったからだ。

それでも、ごくわずかに現存している恋愛に関する文書で、ヘンドリックは肉体の快楽と婚姻を非難し、いずれも自分にかけられた罠《わな》とみなしている。その一方で、追求すべき美徳として禁欲を挙げ、これを称賛している。芸術家を自認するなら、素晴らしい作品を生み出すために、身も心も制作活動に捧げ、完全な禁欲生活を営み、自らの信念、人生における方針を決して曲げてはならない――ヘンドリックは、まるで預言者のようにそう信じていた。

第2章

愛情

（一八九八～一九〇二年）

1

「今夜の出来事はいったいなんだったのだろう？　あれは夢だったの？」

一八九八年九月三十日、オリヴィア・クッシングは日記にそうしたためている。そしてその数日後にはこう書き加えている。「どうか恋に落ちていませんように。誰かひとりに縛られたくなんてないから」。当時二十九歳のオリヴィアは、まだ恋をしたことがなかった。

一八九九年一月二十二日、彼女の気持ちに変化が生まれた。「わたしにとってAの存在が大きくなっている。（中略）あの人にやさしく接することで、わたし自身の心が温かいもので満たされ、穏やかな気持ちになる」。Aとはアンドレアス・アンダーソンだ。オリヴィア、ハワード、アンドレアスは、三人ともパリからボストンに戻っていた。オリヴィアは女子大学で、古代ギリシア語と哲学を学んでいた。

「怖い。恋に落ちるのが怖い。自分だけはそんなことにならないと思っていたのに。恋がどんなものかはわからないけれど、これがそうだったらどうしよう。もし恋に落ちたら、きっと大きなうねりに巻き込まれてしまうだろう。わたしはそれが怖い……」

オリヴィアの日記は、やがて恋人同士の交換日記へと変わっていった。オリヴィアとアンドレアスは、その時代の社会的な良識を守りながら、会うたびに人知れず日記を交換した。ふたりとも、この恋が人間的な成長をもたらすことを願っていた。そして互いの夢を励まし合った。どちらも熱心な精神主義者だったので、ふたりのあいだには常に神の存在が介入した。だが、その精神世界は、彼らの親世代のプロテスタント信仰とは似て非なるものだった。

十九世紀末、女性は男性より劣った存在とされていた。ブルジョワ階級の女性の一部はそうした差別からの解放を目指したが、階級内での反発にとどまっていた。オリヴィアもこうした新世代の女性のひとりだった。劇作家になりたいと願いつつも、自信が持てず、家族の賛同も得られなかった。

アンドレアスはオリヴィアの夢を支援し、オリヴィアも恋人の支えに励まされた。アンドレアスは、女性でも文学を志すなら無理やり押し込められた殻を破るべきだと、オリヴィアを鼓舞した。この社会問題については、数十年後、ヴァージニア・ウルフが『自分だけの部屋』(一九二九年)というエッセイで取り扱っている。

恋人の支えによって、オリヴィアは、疑念、ためらい、悲しみから解放されていった。


　午後、わたしは岩場のそばにアームチェアを置いて座った。アンドレアスは立ったまま、イーゼルに向かって波を描いていた。遠くに見える波は青かったが、岩にぶつかるときにはクリソプレーズ[宝石の一種。緑玉髄]のような緑色を帯びた。アンドレアスはその美しさをしっかりととらえていた。(中略)アンドレアスと一緒にいると、生きている意味が理解できる。すべてが豊かになり、充実し、無意味なものは何もなくなる。

2

ほぼ同時期の一八九九年六月、作家のヘンリー・ジェイムズがローマを訪れた。ウィリアム・ウェットモア・ストーリーの書簡と公文書を調査するのが目的だった。ストーリーはアメリカ人の新古典派彫刻家で、四年前に他界していたが、ジェイムズが伝記を書く契約を結んでいた。だが、彼は仕事にやりがいを見いだせなかった。すでに小説家として成功を収めていたが、ちょうどこの頃スランプに陥っていた。本人が言うところのこの〝瞑想旅行〟では、二十年ほど前に夢中になったはずのイタリアに少しも魅力を感じなかった。前回は、二作目の小説『ロデリック・ハドソン』を執筆するためにローマを訪れていた。

ヘンリー・ジェイムズはローマで、モード・ハウとジョンのエリオット夫妻の家を頻繁に訪れるうちに、若くて魅力的で〝ダンディ〟で、芸術を心から愛している彫刻家に出会った。ジェイムズはすぐにヘンドリック・アンダーソンの虜《とりこ》になった。ヘンドリックは美しく、カリスマ性があり、情熱的だった。出会ったその日、ミケランジェロに傾倒していると熱く語っていた。その日の夜遅く、ジェイムズはヘンドリックのアトリエに招待された。

ふたりは翌日も会う約束をした。ジェイムズがヘンドリックをランチに誘い、ふたりはディナーの時間帯まで長々と話し込んだ。

ヘンドリックのアトリエには、たくさんのデッサン、テラコッタの胸像、巨大彫像の試作品などが置かれていた。ジェイムズは、ヘンドリックの外見に惹かれつつ、二十五年前の野心に溢れた自分自身を相手に重ねていた。かつてジェイムズは、同じローマで、友人たちと共に世界を変える決意をし、実際に作家として売れはじめていた。ジェイムズは、幼いアルベルト・ベヴィラクア伯爵の小さな胸像を見つけると、おそらくヘンドリックを応援するためだろう、その場で二百五十ドルで購入した。

ヘンドリック・アンダーソン(左)とヘンリー・ジェイムズ

一八九九年七月中旬、ヘンリー・ジェイムズがイギリスに帰国したとき、丁寧に梱包《こんぽう》された胸像が、サセックス州ライの〝ラム・ハウス〟――という名前の家だった――にすでに到着していた。現在、この家はヘンリー・ジェイムズ美術館として一般公開されており、館内には今もヘンドリックが制作した胸像が飾られている。

「(胸像は) ローマで見たとき以上に魅力的で素晴らしかった。手に入れられてとてもうれしい」。ジェイムズは、ヘンドリック宛てに書いた合計七十八通の手紙の、最初の一通にこう記している。

ふたりの文通はその後十六年間続き、その間に五回の再会を果たしている。

ジェイムズにとってヘンドリック宛ての手紙は、ほかの誰宛ての書簡より特別な意味を持っていた。この〝愛されし青年〟［ヘンリー・ジェイムズによるヘンドリック・アンダーソン宛ての書簡を収録した書籍のタイトル］に対し、ほかには見られないような官能的なことばの数々を綴っている。ジェイムズはヘンドリックとの再会を渇望し、帰国後すぐに自宅に招待している。ヘンドリックが〝ラム・ハウス〟を訪れたのは一八九九年八月だった。

その一か月後、ヘンドリックはジェイムズから手紙を受け取っている。


一か月前のあの日の午後、きみと別れたあと、我ながらどうかしていると思うほど悲嘆に暮れてしまった。ふたりで意気消沈しながら、あの小さくて素朴な可愛らしい駅に向かって歩いたね。そこで待っていた残酷な運命が、いきなり調子外れの音を響かせ、きみを遠くへ連れ去ってしまった。あれ以来、どうしようもないほどさみしくてしかたがない。一緒に過ごしたあの三日間（あれがそんなに短かったことが不思議に思われる）をいつも思い出しているよ。

夕暮れどき、自転車でウィンチェルシーからユーディモアの丘に上り、一緒に小道を散策したね。あれほど穏やかな気持ちであの場所を歩いたのは初めてだったよ（これまで三、四回は訪れていたのだが）。日が暮れて帰宅したときには、どうして楽しいことほどこんなに早く終わってしまうのかと、またしても運命のいたずらに悩まされたものだ。

でも、大丈夫。わたしたちはこれから、いくらだって同じような時間を過ごせるのだから！　それにうまくいけば、近いうちにアトリエを手に入れられるかもしれない。きみが創作活動をしながら、快適に暮らせる住居にしよう。残念なことに、ライは彫刻向きの町でも、彫刻家に着想を与えられる町でもない。しかし人間にとってのよい影響は、長い目で見れば芸術家にとってもよい影響になるはず。そしてわたしたちは、互いによい影響を与え合っている。

ヘンリー・ジェイムズは、亡くなる前に、ヘンドリック・アンダーソンからもらった手紙をすべて燃やしてしまった。そのため、この「創作活動をしながら暮らせる住居」をつくるという提案に対し、ヘンドリックがどう返答したかはわからない。ひとつだけ確かなことがある。一八九九年末、ジェイムズに売った胸像の代金二百五十ドルのおかげで、ヘンドリックはアメリカに帰国する切符を手に入れたのだ。

3

ヘンドリックはニューヨークに到着すると、すぐに兄に会った。アンドレアスは、アメリカ東海岸のアート界で名の知れた存在になっていた。彼はすべての知り合いにヘンドリックを紹介し、弟が芸術家として成功できるよう努めた。その甲斐あって、アートコレクターで美術史家のバーナード・ベレンソン（一八六五～一九五九年）の支援により、ヘンドリックの巨大群像彫刻〈セレニティ（安らぎ）〉がブロンズに鋳造《ちゆうぞう》された。この像は、一九〇〇年春に全米芸術家協会で公開され、その後はメトロポリタン美術館に期間限定で展示された。

ちょうどこの頃、美術商のフレデリック・ケッペル（一八四五～一九一二年）が営む画廊で、アンダーソン兄弟の作品展が行なわれた。現存するカタログによると、アンドレアスはヘンドリックの肖像画一枚を含む計二十四点の絵画を、ヘンドリックはアンドレアスをモデルにしたものを含む計六点の胸像と十四点のデッサンを、それぞれ展示している。

ヘンドリックは、美術学校のアート・スチューデンツ・リーグで、教師として彫刻を教えていた。当時の生徒のひとりに、ガートルード・ヴァンダービルト・ホイットニーがいる。のちに彫刻家、アートコレクター、そして芸術家たちのスポンサーになった女性で、ニューヨークのホイットニー美術館の創設者としても知られている。

一九〇〇年十一月、月間グラビア誌の『ザ・センチュリー』に、ヘンドリックを特集した「ある新人彫刻家」という計六ページの記事が掲載された。記事上でヘンドリックは、美に対する自らの信念について熱く語っている。高貴な芸術作品とは「崇高な精神と肉体がもっとも素晴らしい形で結合された」ものであり、そうした作品を制作するには「非常に高い知的表現力」によって造形を行ない、「人間の肉体のたぐい稀《まれ》なる美点を象徴化」しなくてはならないという。ヘンドリックは、モデルによって提示されるものを理解し、表現し、最大限に美化するのが自らの役割だと述べている。また、彫刻家は知性と視覚をフル回転させて、常にアンテナを張っていなくてはならないと主張している。

人物の頭部そのものは面白みがないと、芸術家は知っておくべきである。頭部が興味深いものになるには、魅力ある美点が表現されたときに限られる。物体の形は、見る者の心を高揚させ、揺り動かすほどの理想形に近づくか達するかしたときに、初めて優れたものになりうるのだ。

この記事のおかげで、ヘンドリックは初めて公的機関から作品の制作を依頼された。ニューヨーク州のバッファロー市から、エイブラハム・リンカーン元大統領の銅像をつくってほしいと言われたのだ。アンドレアスとヘンドリックはこの知らせを喜んだ。いよいよアンダーソン兄弟のキャリアがスタートした。これからはどんどん成功してみせると、ふたりは意気込んだ。

4

ニューヨークから数時間列車に揺られれば、両親が暮らすニューポートにたどり着く。アンドレアスとヘンドリックは定期的に実家を訪れた。両親はフィフスワードのアパートから小さな一軒家に引っ越していた。

実家の食卓を囲んだアンドレアスとヘンドリックは、父のアンダースがいまだに母のヘレンにきつく当たっているのを目の当たりにした。酔っぱらった父はいい加減なことばかり口にした。アメリカを貶《けな》し、ノルウェーをなつかしむ振りをし、ヴァイキングの偉大さを讃え、子供の頃に見たノルウェーの風景に勝るものはないとぶつぶつとつぶやき、もう一度漁師になって立派なサーモンを獲ってみせると虚勢を張る。その間、ふたりの兄弟は、黙ったまま酔った父の顔を見つめたり、ひと言も発しない母の表情を眺めたりした。それから苛立《いらだ》ちと怒りを込めた目で、互いに意味ありげな視線を交わした。

父に祖国へ戻る気などないのは明らかだった。もし本当に帰国したいなら、母を支えて、仕事に精を出すべきだ。だが、それほどノルウェーに帰りたいならと、兄弟はある計画を立てた。これ以上母が苦労するのを見たくなかった。

家族で昼食をとっていたその日、アンドレアスとヘンドリックはいつになくやさしく父に接し、酒をたくさん飲ませた。食事を終える午後三時頃には、みんなでノルウェー民謡を合唱した。場が静かになると、父はいつものようにひとり語りを始めた。予想どおりの展開だった。ノルウェーはアメリカとは比べものにならないとくどくど言い、祖国に帰りたいと嘆く。いよいよ計画を実行するときがやってきた。

「父さん、本当？　そんなにノルウェーに帰りたいの？」父のグラスに酒を注ぎながら兄弟は尋ねた。

「ノルウェーは世界でもっとも美しい国だ」アンダースは言った。

ヘンドリックは切符を掲げた。ノルウェー行き客船の、ひとり用片道切符だ。それを見たアンダースの高揚は一気に冷めた。だが、兄弟は違った。父の夢の実現のために祝杯を挙げた。

その日の午後じゅう、アンドレアスとヘンドリックは、父の酔いが冷めないよう酒を飲ませつづけた。ニューヨークへ連れていき、ホテルの部屋に押し込んで靴を脱がせ、ベッドに寝かせ、明朝に迎えにきて港まで送ると伝えた。そして部屋を出る前に、酒のボトルを二本手渡した。

翌朝、二本のボトルは空になっていた。出航前、アンダースは不安そうな表情を見せた。だが、アンドレアスがポケットから金を出すのを見て、元気を取り戻した。アンドレアスは、まるで退職金を支払うかのように、三十六ドルぶんの紙幣を一枚ずつ父に手渡した。兄弟は父を抱きしめ、タラップを上って乗船する姿を見守り、船から下りてこないよう見張りつづけた。

アンダースは一九一四年に亡くなる直前、ノルウェーからヘレンに手紙を送り、自らの過ちを認めて謝罪している。ヘレンは夫が亡くなるまで文通を続けたが、ヘンドリックは父の話を二度と聞きたがらなかった。兄弟にとっての父の最後の記憶は、出港を控えた客船の甲板で、手すりにもたれてシガーを吸っている姿だった。

5

一九〇〇年十二月三十一日、つまり十九世紀最後の日、オリヴィア・クッシングは覚悟を決めた。両親の反応を恐れつつも、自分はアンドレアスを愛していて、たとえ社会階級が異なっていても彼と結婚すると告げた。

お母さんが苦しむのを見るのはつらかった。椅子に腰かけて悲しげな表情をし、目を大きく見開いて虚空を見つめ、時折わたしに視線を向けた。終始穏やかで、やさしくはあったけれど、内心で動揺し、傷ついているのがわかった。でも、わたしが間違っていないことは神さまがご存じのはず。心は安らぎと愛情に満ち溢れている。これまで感じたことのないほど大きなパワーがみなぎっている。

それから数か月間、オリヴィアの両親は、娘の気が変わることを願って、結婚を引き延ばしながら時間を稼いだ。オリヴィアは諦めなかった。

「あの人と結婚したら、必ず幸せになるわ！」。一九〇一年八月十三日、日記にそう綴っている。

同年十月、ふたりはオリヴィアの両親や親戚を伴って、マサチューセッツ州コンコードに数日間滞在した。オリヴィアは、アンドレアスと結婚する意志はよりいっそう固くなったと両親に告げた。

一九〇一年十一月二日、ボストンに帰ったオリヴィアの日記には、アンドレアスが病に倒れたことが初めて言及されている。十一月十日の日記にはこう書かれている。

ねえ、あなた。わたしたちがどれだけ愛し合っているか、母はよくわかっていないみたい。（中略）あなたと結婚すると言いつづけるわたしのことを、自分勝手で感情的だって言うのよ。

それから数週間、アンドレアスの病状は悪化しつづけた。熱が上がり、痩せて、咳《せき》が止まらなかった。

その間も、オリヴィアの母はふたりの結婚を引き延ばしつづけた。とうとう堪忍袋の緒が切れたオリヴィアは、母親に楯突くことにした。一九〇二年一月二日に結婚すると勝手に決めてしまった。

自分はもっと強い心を持っていると思っていた。あなたの体温が上昇するたび、あなたの頰《ほお》がこけるたび、あなたの目の下が黒くなるたび、こんなに苦しい気持ちになるなんて。(中略)神さまは、わたしたちに互いを与えてくださった。この愛を通じて、わたしたちは生きる意味を見いだせた。

十二月二十四日、アンドレアスは肺結核と診断された。オリヴィアは医師から、話をしすぎて病人を疲れさせないように、と注意を受けた。オリヴィアは、恋人と思う存分話ができない不満を解消するため、かつて交換日記をしていた頃のように、日記に思いを綴ってアンドレアスに手渡すようになった。

わたしたちの子供はどこにいるのかしら? まだこちらに呼び寄せることはできないけれど、その小さな魂《たましい》はきっとすぐそばにいるはず。どこかでわたしたちを待っているはず。ねえ、あなた、ふたりの子供がたとえいなくても、わたしたちは愛によってひとつに結ばれている。あなたはわたしにとってずっと素晴らしい人でありつづける。今、あなたを助けるために取るべき道はただひとつ。下品で、卑小で、凡庸なものとは距離を置き、あなたと一緒に崇高な道を進むこと。（中略）ねえ、あなた、わたしは大きな希望を抱いています。わたしたちの子供はやってくる、いつかきっと。

その後もアンドレアスの容態は悪化の一途をたどった。それでも一九〇二年一月二日、結婚式が執り行なわれた。オリヴィアは、たとえ相手が死に瀕《ひん》していても、愛する人と結婚することを望んだ。アンドレアスは、式の最中はかろうじて立っていられたものの、終わるとすぐに床に臥した。翌日、晴れてアンダーソン夫人となったオリヴィアは、「指にはまったこの結婚指輪は、わたしの人生を象徴している」と書いている。

オリヴィアは昼も夜も夫を看病した。夫のために祈り、その額《ひたい》を撫《な》で、体温を計った。だが、アンドレアスの死はもはや何をしても避けられなかった。「わたしはあなたのために、あなたの存在を通じて、人生をかけて何かをしなくては」と、オリヴィアは書いている。

一九〇二年二月一日、結婚式からわずか一か月後、ふたりは最後の会話を交わした。オリヴィアはそのときのようすを日記に克明に書き記している。

「神さまは、きみとぼくにとてもよくしてくださった」オリヴィアの手を握りながら、アンドレアスはそう囁《ささや》いた。「ぼくたちは、神さまをもっとよく理解し、よく知らなくてはならない」

「あなたの魂とずっと一緒にいるわ」

「そう、ずっと一緒だ。ああ、もう話せない……ぼくは幸せだ」

「わたしたちのまわりには愛しかないわ、あなた」

第3章

生命の殿堂

（一九〇二～一九〇六年）

1

三十歳で寡婦になったオリヴィアは、アンドレアスの霊魂に宛てて毎日欠かさず手紙をしたためた。悲嘆に暮れた彼女は、ボストンを拠点とする宗教集団、キリスト教科学の集会に参加しはじめた。イエス・キリストによる治癒方法を「科学的に」実践することで、病気や苦しみを癒やすと主張している団体だ。信者たちは、物質世界は幻想であり、この世界はすべて霊的であるとする革新的理想主義を信条として掲げている。

オリヴィアは、当時アメリカで流行した宗教運動のひとつ、近代スピリチュアリズム〔心霊主義〕にも傾倒した。カリスマ的な霊媒師によって実践されており、死者と対話をし、科学と宗教を融合させることで、物質主義を超越し、人類の進化に貢献すると主張している。平和主義、国際主義、女性参政権、死刑廃止といった、革新的な政治主張にも大きくかかわっていた。オリヴィアはこの教義に深く共感していた。

2

十九世紀から二十世紀への転換期において、社会の工業化、革新的な発明、通信技術と科学の発展によって世界が変動するなかで、人々は新たな指針と信仰の対象を求めていた。電信、電話、初期の無線通信が社会関係を大きく揺るがす一方で、スピリチュアリズム、オカルティズム［神秘学］、超心理学は、あらゆる社会階級で支持者を増やしていった。科学教育を叩き込まれた知識人や無宗教者も例外ではなかった。「十八世紀の初期ロマン主義の時代以来、未知のものと不可知なものがこれほど注目を集めたことはなかった」と、歴史家のエリック・ホブズボームは述べている。

いわゆる〝超常現象〟は、優れた科学者たちによってひとつの独立した研究対象とみなされた。欧米社会の富裕層のあいだでスピリチュアリズムが広まると、交霊術はさまざまな考察、議論、論争の的となった。パリでは、ポール・ランジュヴァン、エドゥアール・ブランリー、ウィリアム・クルックスら一流の物理学者たち、さらに一九〇三年にノーベル物理学賞を受賞したピエールとマリ・キュリー夫妻でさえ、イタリア人霊媒師エウザピア・パラディーノの交霊会に参加した。だが、「あの世との交流」を研究する一流科学者たちが、みな交霊術の信奉者や神秘主義者というわけではない。ほとんどの科学者は、神秘的な現象を科学的に解明したいと考えていた。

十九世紀後半、イエズス会の知識人であるルシアン・ルール（一八五七〜一九五四年）は、スピリチュアリズムでは、「あの世と会話」をするために現実の通信手段が駆使されていると指摘した。たとえば一八五〇年代以降、世界じゅうのいわゆる幽霊屋敷でラップ音と呼ばれる心霊現象が多発したが、これは当時普及していたモールス信号を使った、霊魂による音声メッセージだとされた。

スピリティズム［心霊学。近代スピリチュアリズムの初期の形態］の創始者のひとりであるアラン・カルデックも、著書『霊の書』（一八六一年）で同様の説明をしている。

> 霊媒師は、地球上の遠く離れた地点に向けて電報を送信する電信機と、同じ役割を担っている。わたしたちは相手と会話を交わしたいとき、電信機を操作するオペレーターに対するのと同じように、霊媒師にメッセージを伝える。つまり、可視世界と不可視世界、物質世界と霊的世界という途方もない遠距離間においても、数千マイル離れた場所に向けて帯状の紙にトンツーと文字コードを打ってもらうのと同じ要領で、コミュニケーションが行なわれるのだ。

発明は社会に亀裂を生み、既存の意見や信念を脅かし、現実と非現実の境界線の位置を変える。発明家は、非現実の境界線をより遠くへ追いやろうと、常に不可能に挑戦しつづける。そうした発明家のひとりだったニコラ・テスラは、金融王のJ・P・モルガンをはじめとするニューヨークの資本家たちのおかげで数十万ドルもの資金を手に入れ、ロングアイランド島のショアハムに高さ五十三メートルのトラス型鉄塔を建設した。テスラはここに〈ラジオシティ〉をつくりたいと考えていた。無線通信と無線送電のシステムを構築することで、世界じゅうのいかなる場所でも無償で手に入るエネルギーを活用し、あらゆる機械を動かせるようになるはずだった。テスラは、時刻の同期、リアルタイムでの画像伝送、船舶の位置測定、地球規模のラジオ放送システムの構築の実現を目指していた。だが、これらの目的はひとつも達成されないまま、塔は一九一七年に解体されてしまう。このユートピア的な塔は、かつてマスコミから〝百万ドルの狂気〟と呼ばれていた。

一方、天才発明家のトーマス・エジソンは、人間の霊魂は無数の物理的実体によって構成されていて、これを受容できる機械ができるはずだと主張していた。実際、彼は晩年の数年間、死者と通信できる電話の発明に取り組んでいたという。

それより以前、彼が蓄音機の実演を行なったときは、円筒状のものに人間の声を録音できること、幻聴でも腹話術でもないのに機械が「話をしている」ことに、集まった人たちは驚愕した。この画期的な機械が実演販売されたとき、科学者たちは我が耳を疑い、不信感を露わにしたという。「エジソンの会社の営業スタッフが、自分たちを笑いものにしようとしている」と思い込んだのだ。

蓄音機から「この世のものではない声」が流れてくると、人々は驚き、動揺し、魅了された。実際、初期の頃の蓄音機は不気味な使われ方をしている。葬儀中に棺の上に置いて、故人が息を引き取る直前に発したことばを響かせていたのだ。

3

ボストンにいたオリヴィアは、アンドレアスの霊魂との対話を切望し、あの世と通信する集会に参加した。彼女はそこでリチャード・ホジソン〝博士〟に出会った。肩幅が広く、顎ひげをはやし、ダーク系のスーツに明るい色のラヴァリエール〔幅広のスカーフ状ネクタイ〕を結び、シガーを愛好する、オーストラリア出身の男性だ。一八七〇年代終わりに法学の博士号を取得したあと、一八八〇年代にケンブリッジ大学で詩を学んでいる。一九〇〇年代、ホジソンは、もっとも有名な超心理学研究者のひとりとして知られていた。幽霊屋敷、エクトプラズム〔霊媒師の身体から発するとされる心霊体〕、テレパシー、交霊術の専門家で、超常的心霊現象を「科学的」に研究する団体、心霊現象研究協会（ＳＰＲ）の主要メンバーでもあった。

二十世紀初め、ＳＰＲには著名な科学者や知識人が数多く在籍していた。だがこうした会員の多くは、もともと交霊術の信奉者だったとのちに判明している。擬似科学の正当性を証明するために、先入観にとらわれたやり方で研究を行なっていたのだ。

オカルティズム史上において、ホジソンは、ＳＰＲの一員として行なったブラヴァツキー夫人に関する調査で一躍有名になった。ヘレナ・ブラヴァツキーは神智学協会の創設者のひとりで、超心理学的能力を持つとされていた。ホジソンは、調査のために神智学協会の本部があるインドのアディヤールへ赴いた。そのときの調査報告書で、ヘレナ・ブラヴァツキーは「歴史上もっとも才能があり、もっとも巧妙で、もっとも興味深い詐欺師のひとりである」と結論している。当時の神智学協会は、世界各国に何千人もの会員を抱える本格的な国際組織だった。したがってこの調査結果は大きな波紋を呼び、ホジソンの名を広く知らしめるようになった。

ボストンの高級レストランでディナーをとりながら、オリヴィアは死者との対話についてホジソンに質問をした。ホジソンは、霊媒師の多くは単なる詐欺師だと述べた。そのうえで、「ただし、アメリカには本物の霊媒師もいる」とつけ加えた。

オリヴィアはホジソンに、夫のアンドレアスの霊魂と対話したいので、信頼できる霊媒師を探していると打ち明けた。するとホジソンは、著名なアメリカ人霊媒師、レオノーラ・パイパーに会うよう勧めてくれた。

4

レオノーラ・パイパーは、オリヴィアを交霊会に招待した。このときにパイパーが話したことをオリヴィアはそのままタイプ打ちし、計六ページの文書としてまとめた。そしてその写しを、「科学的」に判断してもらうためにホジソンに送付した。

パイパー夫人は、すっきりした顔立ちで、黄緑色の瞳をした、ふくよかな女性でした。大きなアームチェアに腰かけ、テーブルの上に重ねたクッションに身を預け、ため息をつきながら何かをぶつぶつとつぶやきました。それからいきなり眠りに落ちました。顔がクッションの中に沈み込みます。それから顔を起こし、右手を上げて、低い声で話しはじめました……。

「友よ、汝はここに在る。神のご意志により、われわれは戻ってきた……」レオノーラ・パイパーは、まずは洞窟の奥から響くような声でそう告げる。それからトランス状態に陥り、彼女を通して霊魂が話せる状態をつくりだす。現われた霊魂は、本人ならではの情報を伝え、当事者しか知りえないことを話す。パイパーの声はどんどん力強くなり、自信に満ち溢れていく。

「このような状況では、アンドレアス・アンダーソンの地上における制作活動は終了してしまったかのように思えるかもしれない。だが、それは違う。今の不利な状況を克服することで、アンドレアスの制作は継続され、より解き放たれた状態で完遂されるだろう。今後、アンドレアスの霊魂は肉体に入り込んで制作を続けていく」

「彼の創作活動はこれからも続くんですか？」オリヴィアは驚いて尋ねた。

「そう。続いていく」パイパーは答えた。

「どうやって？　どういう形を取るのですか？」

「残念ながら、地上の魂にはこの謎を解くことができない。その活動はさまざまな形を取って、永遠に続けられる。アンドレアスの魂は無数の形に宿り、最終的には至高の形に到達する」

さらにパイパーは、アンドレアスの霊魂から送られてきたというメッセージをオリヴィアに伝えた。「ぼくの存在を信じてほしい。いつもきみと一緒にいるし、きみもそれを感じられるはずだ。ずっと一緒にいよう。決してきみから離れない」

「わたしがすべきことは書くことだと、アンドレアスは思っているでしょうか？」オリヴィアは尋ねた。「それとも、慈善活動に専念するほうがよいのでしょうか？　わたしには戯曲を書く才能がありますか？」

「そう。それが一番いいと言っている」パイパーは答えた。「あなたにできる最大の慈善活動は、自らの芸術的才能を活かすこと。諦めるのは大きな損失だ」

さらにパイパーは、アンドレアスの魂は弟のヘンドリックの魂と固く結びついていると述べた。「彼らは本物の兄弟だ。そう、本物の」パイパーははっきりした口調で繰り返した。オリヴィアの頬を一筋の涙が流れた。

その瞬間、パイパーは沈黙した。それから小声でゆっくりと、オリヴィアに最後のアドバイスを与えた。「ヘンドリックと一緒に、少し過ごしてみるといい」

5

アンドレアスが亡くなったと知っても、ヘンドリックは手持ちの金がなくて、すぐにはアメリカに帰れなかった。

四か月後の一九〇二年六月七日、オリヴィアとヘンドリックは喪服に身を包んで、一緒にアンドレアスの墓参りをした。ボストンから六キロの美しい庭園墓地、マウント・オーバーン墓地にアンドレアスは眠っていた。現存する資料には、ふたりがこの日どういう会話を交わしたかは記されていない。だが、ふたりの日記、手紙、手帳には、当日のそれぞれの心情が綴られている。

オリヴィアは日記に、自らの悲しみ、苦しみ、絶望を書きとめていた。これまでの人生で自分は何も成し遂げていないと思い、その無能さを悔いた。ヘンドリックは、画家として成功した兄を自分より優れた芸術家とみなし、心から尊敬していた。兄が亡くなったことで、自分のために常に道を切り開いてくれた存在を失ってしまった。ヘンドリックはこの喪失にひどく打ちのめされ、これまでの芸術家人生でもっともつらい日々を送っていた。

ヘンドリックは、ニューヨークで彫刻家としてのキャリアをスタートさせた。一九〇〇年代、アンドレアスが築いた人脈のおかげで、滑りだしは順調だった。一九〇一年五月から十一月までバッファロー市で開催され、八百万人が訪れた汎アメリカン万国博覧会で、ヘンドリックはアンドレアスをモデルにしたブロンズ胸像を美術展示場に展示した。

翌冬、バッファロー市からの依頼に応えて、ヘンドリックはローマのアトリエでエイブラハム・リンカーンの銅像制作に取り組んだ。完成品をアメリカに送ったときは、今後も公共機関から続々と依頼が舞い込むだろうと期待した。ところがバッファロー市から、審査の結果、ヘンドリックの彫像は却下されたという連絡をもらった。ヘンドリックは深く傷つき、以降はどこからも制作依頼を引き受けなくなった。

アンドレアス亡きあと、ヘンドリックは孤独だった。芸術界から冷遇され、居場所が見つからなかった。アメリカのコレクターや記者たちに作品の写真を見せるたび、裸像であることを厳しく批判された。いつかは巨大彫像をつくりたいと願い、自分には壮大な作品がつくれると信じて、何年も粘り強く努力してきたが、作品はいっこうに評価されなかった。これまでのところ、ヘンドリックの彫刻家としてのキャリアは挫折の連続だった。

ヘンリー・ジェイムズが購入した胸像を除いて、ヘンドリックの作品はまだひとつも売れていなかった。アトリエを借りたり、必要な材料を購入したり、ときどき雇い入れる助手たちに報酬を支払ったりできたのは、ひとえに裕福なスポンサーから得た助成金のおかげだった。たいていの場合、こういう苦境に陥った彫刻家は、大衆のニーズに応じた作品をつくろうとする。あるいは、きっぱりとキャリアを諦める。ところがヘンドリックは、そのいずれでもない、もっとも険しい道を選択した。

兄の死後、ヘンドリックはたったひとりで、資金もなければスポンサーもいないにもかかわらず、四十八体の人物像で構成される巨大噴水を制作する決意を固めた。作品は〈生命の泉〉と名づけられた。制作には何年もの年月がかかること、市場のニーズに応じた作品ではないこと、利益をまるで期待できないことは、ヘンドリックも重々承知していた。それでも宗教的な意味で、自分はこの巨大彫刻をつくる使命を帯びていると確信していた。

ヘンドリックは〈生命の泉〉で、自らの信仰心、芸術的感性、理想、そして彼自身が〝魂の永遠の生〟と呼ぶものを表現しようとした。「これこそが、アンドレアスに捧げることができる最高のオマージュではないだろうか?」。ヘンドリックは、オリヴィアにこの計画を打ち明けたときにそう問いかけている。

オリヴィアとヘンドリックの双方にとって、アンドレアスは何ひとつ欠けていない完璧な創造者だった。芸術的な才能があり、愛情深く、寛大で、思いやりがある。あらゆる長所を兼ね備えた稀有《けう》な画家だった。アンドレアスは、高い知性と感受性によって、オリヴィアとヘンドリックが自信を抱けるよう励ましてくれた。しかしこれからは、ふたりとも自らの道をひとりで歩いていかなければならなくなったのだ。

6

一九〇二年六月十日、オリヴィアは、アンドレアスが息を引き取った寝室にヘンドリックを案内した。ヘンドリックはベッドに腰かけ、紙とペンを手に取って、震える手で次のような文章を書きとめた。

ぼくの内面は、墓のように静まり返っている。この悲しみをことばにするのは難しい。死が奪い去ったのはアンドレアスの肉体だけで、残りは神の愛によって運ばれたように思える。神が、平穏と休息を与えるために彼を遠くへ連れ去った。その姿が見える気がする。いまやアンドレアスは、肉体として生きていたときより、ずっと豊かで完璧な生を手に入れた。それは地上の生より深く、よりリアルな生だ。そこでは天国と地上が、ひとつの現実のなかで調和しながら溶け合っている。

7

十九世紀のフランスでは、自由主義思想が広まるにつれて、宗教が批判され、政教分離についての議論が盛んになった。ところが同時期のアメリカでは、自由主義思想は宗教改革者によって政治的に利用され、プロテスタント正統派が批判されたり、個人主義が奨励されたりした。こうしたなかで、個人の自由を重んじる宗教的自由主義が誕生した。宗教的自由主義者は、よりよい社会を築くこと、科学技術の発展を推進すること、宗教について再考することを、すべてまとめてひとつの義務として同時に進行させた。こうした進歩主義者にとって、スピリチュアリティ〔霊性の意〕について考え直すのは、近代化を推進するのに必要な条件のひとつとされた。

聖書を文字どおりに解釈しようとする宗教的保守主義者とは異なり、宗教的自由主義者は、科学に対して拒否反応を示さなかった。それどころか、科学が進歩すれば宗教も進化するはずだと考えた。自由主義者のなかには、プロテスタント正統派をつぶす手段として科学や進歩を利用する者もいた。

宗教的自由主義においては、孤独、瞑想、敬虔《けいけん》な心、神秘体験が奨励され、国際主義と信仰の多様性が擁護された。十九世紀にこうした思想が広く支持されると、文学的、宗教的、文化的、哲学的な運動である、超絶主義（トランセンデンタリズム）が誕生した。

この運動の先導者に、作家のラルフ・ワルド・エマーソン（一八〇三～一八八二年）とヘンリー・デイヴィッド・ソロー（一八一七～一八六二年）がいる。ふたりともそれぞれのやり方で、自然、孤独、菜食主義、平和主義を称賛し、個人主義的で自由主義的な世界観をつくりあげた。どちらも、イギリスのロマン主義、スウェーデン出身の哲学者であるエマヌエル・スヴェーデンボリ（一六八八～一七七二年）の神秘的スピリチュアリズム、さらには道教や観念論の影響を大きく受けている。こうした超絶主義者たちは、ときに〝後期ロマン主義者〟とも呼ばれたが、欧米諸国に東洋の精神性を広める役割を果たした。

エマーソンは、神との関係性は個人が自由に決められると考えていた。信仰とは、これまで信じられていたような神への忠誠や同意の表明ではなく、すべき行動、創作、生活と思想の浄化へと各人を導く直観であると主張した。こうした実践的観念論においては、個人が自分でこうと決めた徳行こそが信仰だった。超絶主義者たちにとって、人間はそれぞれ本質的に優れており、創作によって表わされた神秘こそが美とされた。芸術家は創作活動を通じて、霊的世界と密接な関係を築くのだ。

オリヴィアとヘンドリックはこうした考え方に共感していた。

8

ヘンドリックはローマへの移住を決めたとき、母のヘレンに一緒に来ることを提案した。ひとりでアメリカに残したくなかったのだ。ヘレンは申し出を受け入れた。

ローマでアンダーソン母子は、若いイタリア人女性、ルチア・リーチェと一緒に暮らしはじめた。美しい容姿で、ヘンドリックの彫刻モデルをしていた。生後すぐに教会に置き去りにされ、幼い頃は路上で花を売って日銭を稼いだ。貧しい暮らしを強いられ、十代になると身体を売ったり、芸術家のために裸でポーズを取ったりしていた。

ルチアは、ヘンドリックの専属モデルになった。ヘンドリックを慕い、その繊細さ、ユーモア、やさしさを好ましく思っていた。ヘンドリックのほうも、ルチアの美貌、無邪気さ、長時間ポーズを取りつづける我慢強さを気に入っていた。三人は、つましいながらも仲よく暮らしていた。ローマの小さなアパートで、ヘンドリックはしょっちゅうおどけてふたりを笑わせた。

9

アメリカにひとり残ったオリヴィアは、アンドレアスの死をどうにかして乗り越えようともがいていた。日記で、彼女は夫の霊魂に向かって必死に懇願している。

わたしたちが一緒に暮らしたのは、わずか四週間だった。そう、たった四週間の結婚生活。でもわたしたちの魂はこれからもずっと一緒。もしいつか、この人生でわたしが何かを成し遂げるとしたら、それはあなたと一緒に育んだもの。あなたが授けてくれる命。(中略)この人生をあなたへの愛の証にしたい。そのためにはどうしたらいいの? お願い、わたしがすべきことを教えて。

やがて、オリヴィアの意志が固まった。

わたしたち、この地上に神に捧げる殿堂を建てましょう。(中略)ねえ、あなた、一緒にやってくれるわよね。あなたなら手伝ってくれるはず。だってわたし、自分が負う義務をただ淡々とこなすのは嫌なの。あなたの魂に触れたいのです。

オリヴィアは悲しみを紛《まぎ》らわすため、兄のハワードと一緒にカリフォルニアに旅行した。ボストンに戻ってくると、海辺を散策したり、森の中をそぞろ歩いたりした。ある日、日記にこう書き記している。

昨夜、毛布とクッションを外に出して、月明かりのなか、岩の上で眠った。心地よくて、明るい気分になれた。山の下から空の上まで、すべてを見渡せた。それから眠りについた。すると、何か小さな動物――おそらくリスかハツカネズミ――が顔にのったせいで目を覚ました。わたしが動いたら逃げてしまった。暗闇のなかであたりを見回して、自分の居場所に気づいてびっく

ルチア・リーチェ

りした。空の上を雲が大きな列を成して通りすぎていき、数滴の雨が降ってきた。再び目を覚ました。すると今度は、あなたとわたしが一緒に天の川を渡っていた。もう空には雲ひとつなくて、何百万、何千万という星がきらめいていた。わたしは幸せで、穏やかな気持ちだった。自分がとんでもなく小さな存在に思えたけれど、まわりの輝かしいものをすべて知覚できた。（中略）この夜、わたしは真の啓示を与えられた。おかげで、過去の夢を乗り越えられるようになった。

10

一九〇三年春、オリヴィアは重大な決心をする。イタリアを訪れ、ローマでヘレン、ルチア、ヘンドリックと暮らしはじめたのだ。

新しい生活で、オリヴィアは、アンドレアスが亡くなって初めて楽しい時間を過ごした。リペッタ通り十六番地にあるヘンドリックのアトリエを初めて訪れたとき、その雰囲気に魅了された。〈生命の泉〉のための新古典主義の彫像が、すでにいくつか完成していた。ヘンドリックは、オリヴィアが戯曲を執筆できるよう、ガラス張りの天井の下に小さなデスクを据えた。それから数週間、ふたりはアトリエで一緒に長い時間を過ごしながら、静かに創作活動を行なった。

オリヴィアは粘土をこねるのが好きだった。執筆をひと休みしてスモックを羽織り、ヘンドリ

（左から）ヘンドリック・アンダーソン、ヘレン・アンダーソン、オリヴィア・アンダーソン

ックの助手の真似事をすることもあった。こうして義姉弟は一緒に作業をしながら、芸術について論じ合い、互いの仕事を励まし、アンドレアスの思い出を語り合った。アンドレアスの霊魂があの世で迎えたはずの「新しい生」についても話をした。

ふたりとも三十代だったが、目指すべき理想、精神主義的な考え方が似通っていた。仕事をしていないときは、一緒に自転車に乗ってローマの街を散策したり、美術館や博物館を訪れたりした。

オリヴィアは、ローマで生きる喜びを再び見いだした。「わたしは憂鬱という灰色の壁を打ち破った」。ローマに到着して数か月後、日記にそう書いている。温かく接してくれる義母のヘレンを、親しみをこめてあだ名で呼ぶようになった。ルチアの美しさと女性らしさにも感銘を受けた。ルチア、ヘレン、ヘンドリックと連れ立ってピクニックに出かけたとき、ワインを飲みすぎて、みんなの前で眠り込んでしまった。ボストンの両親や兄弟の前では決して許されない行為だった。

「ここで望んでいるのは、生きることだけ。素朴に、シンプルに、あるがままに生きたい。(中略)生きるのが望みで、それ以外は何もしたくない。心の底から、ただ生きたいと渇望している。(中略)美しく着飾ったり、ヴェールをかぶったりなどしたくない」。この頃からオリヴィアは、ルチアやヘンドリックと一緒に、平気で裸になって海水浴をしていた。

数か月のあいだに、十九世紀のブルジョワ階級という束縛から、オリヴィアは徐々に解き放たれていった。アンドレアスの霊魂に毎日話しかけ、助けを求める一方で、新しい自由を楽しみながら、ヘンドリックとの絆を深めていった。

ヘンドリックとの関係性は、想像していた以上に強固なものになった。わたしとアンドレアスが結婚したとき、彼はとても喜んでくれた。彼にとっても、アンドレアスは大事な存在だったから。(中略)今は本当に不思議に思う。わたしが結婚した人、わたしにとってのすべてだった人がいなくなって、残された人と一緒に暮らしている。そしてわたしたちは、互いに完璧に理解し合っている。大半の夫婦よりずっと近い間柄になった。ヘンドリックは、わたしの気持ちがアンドレアスにあることを、理解してくれている。(中略)

かつて生きた古い世界、あの死んだ世界に、二度と戻ることはないだろう。あの世界での損得勘定、考え方、善悪の感覚は、今のわたしにはもう意味がない。ちがう視点で物事を見るようになった。ただ人生に身をまかせ、感じるがままに生き、隠すべきものが何もなく、「これは理解されないだろうな」とか「ここではこう言っておくけれど、あそこではああ言わないと」などと考えずにすむのは、どれほど心地よいことか。自分で感じたとおりに行動し、ことばにできるのは、なんて気持ちがよいのだろう。

オリヴィアにとって、ブルジョワ階級の「死んだ世界」と縁を切ると宣言するのは、非常に心地よいことだった。だからといって、その階級の恩恵である金利生活を手放しはしなかった。兄のグラフトン・クッシングは、彼女が所有する株式一式を管理し、三か月ごとに数千ドルの小切手をオリヴィアに送っていた。

11

オリヴィアは、アトリエで目にする光景に日々魅了された。ヘンドリックは〈生命の泉〉のための巨大彫像を制作していた。サイズの大きな彫刻は、意欲や美的感覚だけではつくれない。確かな技術が必要とされる。全体の構成を細かいところまで計算し、粘土で塑造されたときの重さを見積もったり、耐久性を考慮しつつ動きの滑らかさを損なわないよう適切なバランスを見いだしたりしなくてはならない。

ヘンドリックは、彫像をつくる前にたくさんのスケッチを描く。次に、制作する作品のミニチュアの彫像をつくる。続けて、巨大な紙の上にデッサンを描いて、足場に乗って壁に掛けておく。それから、鉄骨を組み立てて作品の骨組みをつくる。かなり複雑で込み入った作業だ。

骨組みをつくっているあいだ、ヘンドリックは助手を使わない。ひとりでパーツごとにデッサンを描き、その後は鍛冶屋と協力して仕事をする。炉の前に座って、鉄骨の曲線の角度や長さを細かいところまで確認する。熱した鉄骨を自ら金床《かなとこ》の上で叩くこともある。それからようやく助手の手を借りて、アトリエでパーツを組み立てる。複雑な構造のときは、ヘンドリックの的確な指導のもとで共同で作業を行なう。

骨組みが完成すると、助手たちがその上を粘土の塊で覆う。そしてヘンドリックが器用に手を動かしたりへらを使ったりしながら、手早く塑造していく。

ここまでの作業を終えると、ヘンドリックは作品全体の「エコルシェ」、つまり皮膚を剝《は》いだ筋肉像を制作する。同世代の多くの彫刻家たちと同じように、ヘンドリックも、ルネサンス時代や古代ギリシア・ローマ時代の形態比率を遵守した。自らが理想とする人体の筋肉構造に忠実に像をつくろうとした。だからこそ、皮膚がない筋肉構造のみの解剖像を先に制作しておく必要があるのだ。こうして、すべての動きに不自然なところがなく、筋肉が思いどおりに表現されていると確信してから、上から粘土の薄い層をのせていく。

ここまで終えると、ヘンドリックはこの段階での状態を記録するために、プロの写真家に依頼して写真を撮ってもらう。

それから、石膏で型取りをする。石膏はすぐに固くなってしまうので、失敗を避けるために迅速に行なう必要がある。粘土の原型があまりにも大きい場合、いくつかのパーツに分けて別々に型取りをする。そうして完成した石膏型の各パーツを組み立てて、ひとつの作品に再構築する。

いよいよ最後の段階に入る。石膏型からブロンズに鋳造するのだが、これは鋳造所で行なう必要がある。しかしこの作業には高額な費用がかかるので、ヘンドリックの現時点での限られた手持ち金で負担するのは難しかった。

12

ヘンドリックが作品で表現したのは、現実ではなく理想だった。完璧な肉体を持つ彫像をつくるには、複数の男性モデルを参照し、構造的に美しいパーツだけを選びとってひとつの肉体に統合させる。たとえば、あるモデルの上半身と背中は美しいが、脚が短すぎると思った場合、興味ある部分――この場合は上半身と背中――だけを取り出して、腿《もも》、ふくらはぎ、足首は別のモデルや自分が持っているブロンズ像のレプリカから借りてくる。もし筋骨隆々でたくましい身体を持つモデルがいたら、たとえ一度しかポーズを取らせなくても、気に入ったパーツは何度も塑造に利用する。ただし女性の場合は異なり、専属モデルのルチアがほとんどの女性像の原型になった。

芸術家の役割は、作品において自然を「浄化」させ、完璧な理想を表現することだとヘンドリックは考えていた。アトリエでポーズを取るモデルの複製ではなく、愛、死、喜びなど大きなテーマのもとで結集された、理想的で英雄的な人間一族を生み出したかった。健全で、たくましく、躍動感に満ちた、「科学と宗教の発展」のために敢然と立ち向かっていく人間を創出しようとしたのだ。

ヘンドリックは、同世代のほかの彫刻家たちと同じように、四肢をありえないほど伸ばした、実際の人間には不可能なポーズの像をつくった。彫像の造形におけるこうした表現は、十九世紀末に登場した最新技術、クロノフォトグラフィの影響による。人間や動物の運動の推移を分析する目的で、ショットの連続撮影を可能にした写真技術だ。アルフレッド・ブーシェの『ゴールへ』(一八八六年)も、この技術に着想を得た彫像だ。三人の男が顔を歪め、手を前に延ばして全力疾走する姿が描かれており、一八八六年のサロン展、一八八九年の万国博覧会でそれぞれ入賞している。この作品は、同時代のほかの彫刻家たちにも大きな影響を与えた。

ヘンドリックの彫像には、年老いたり、背中が曲がったり、皺《しわ》が寄ったりした人物はひとつも見当たらない。永遠の春のなかで止まっているような、高揚し、歓喜に満ち、躍動する、成人男女の完璧な裸体のみが表現されている。
二十世紀初頭、「健全な精神は完璧な肉体に宿る」という考え方が多くの人々によって広められた。〝近代ボディビルの父〟と呼ばれるドイツ人、ユージン・サンドウ（一八六七〜一九二五年）もそのひとりだ。生涯を通じて数多くの講演を行ない、実用書の『体力を身につける方法』（一八九七年）、『肉体の構築と再構築』（一九〇七年）、『人生は運動である』（一九一九年）などを刊行して、こうした考え方を一般に普及させるのに貢献した。

オーストリア系アメリカ人のボディビルダー、アーノルド・シュワルツェネッガーが登場する一世紀近く前に、ユージン・サンドウは、完璧に鍛《きた》え上げた両腕、腹筋、両腿を怪力ショーで披露して世界的スターになった。その後も、数々のメジャーグラビア誌のためにポーズを取ったり、一八九三年のシカゴ万博で肉体美を披露したり、一八九四年にエジソン撮影所で撮られた映画に出演したり、イギリス王ジョージ五世のスポーツトレーナーを務めたり、一九〇一年にロンドンのロイヤル・アルバート・ホールで初のボディビル競技会を主催したりして活躍した。ちなみにこの競技会には、作家のアーサー・コナン・ドイルや、彫刻家のチャールズ・ロウ＝ウェッテロングも審査員として参加している。

古代ギリシア・ローマの彫像のように官能的なポーズを取るサンドウの姿は、ポストカードとして世界じゅうにばらまかれた。いずれも、のちに一部のハリウッド映画やゲイ雑誌で見られるような通俗的な写真で、ヒョウ柄のパンツやブドウの葉で陰部を隠した姿で怪力をアピールしている。毛皮の上に裸で横たわり、アスリートのように引き締まった尻を見せつけている写真もあった。

ひげ面のボディビルダー、サンドウは、現在のわたしたちが知っている商業的ボディビルの先駆者だ。巨大トレーニング施設やカラフルな栄養補助食品ショップを開業し、その気があれば誰でもグラディエーター［古代ローマ時代の剣闘士］のような筋肉をつけられると、人々に信じさせた。まず、古代彫像のような肉体をつくるためのエクササイズプログラムを考案した。さらに、メソッドを商品化し、自分のようになりたい人向けに伸長帯という運動器具を考案して特許を取り、大金を稼いだ。

サンドウは自らの著書に、痩せてひ弱そうな若い労働者と、彼のメソッドにしたがって鍛えた頑強な男性の写真を、対比させて掲載した。筋肉を発達させると人間は生まれ変われる、と彼は述べる。がっしりした肉体には、身体的な美しさと同様に、精神の美しさも備わる。だからこそ、近代オリンピックが始まったこの時期（一八九六年）、サンドウは古代彫像を各地に設置し、スポーツを文化的・政治的なイベントとして開催するために尽力してきた。

トレーニングジムでのサンドウと同様に、アトリエでのヘンドリックも、美しい筋肉をつけた身体の像をつくることで、人類は進歩すると考えていた。

13

ヘンドリックは、人間の生命の軌跡を象徴する巨大噴水〈生命の泉〉の制作に、十年近い年月を費やした。現在に至るまで設置は実現していないが、模型によってその全体像を把握することができる。噴水自体はピラミッド型に近い形で、広大な敷地内に置かれ、まわりに遊歩道、ベンチ、清水が落ちる滝などが配されている。三階建て構造で、階段を上り下りして各階にアクセスできる。青いモザイクが底に敷かれた中央の水盤のまわりには、四組の男女像が配されている。人間同士を結びつける「さまざまな感情」を象徴するために、「手と手を取り合い、意識せずに自然に助け合うカップル」として描かれている。

四組の男女像には、〈友情〉〈生きる喜び〉〈愛〉〈人類の進歩〉とタイトルがつけられている。これらよりさらに大きい、複数の成人と子供で構成された群像もあり、こちらは〈朝〉〈昼〉〈夕〉〈夜〉と名づけられている。群像はそれぞれ円形の台座の上にのせられて、噴水の下段の半円形のスペースに建てられている。さらに、「高い知性によって押さえこまれる下等動物」を象徴する二体の騎馬像も加わり、この噴水の巨大さを強調している。

14

ヘンドリックはオリヴィアに、〈生命の泉〉を完成させるためなら、どんなに疲労困憊しても、貧しくても、孤独でも、同世代の人たちから理解されなくても構わない、と胸のうちを明かした。芸術は、単なる娯楽、ファッション、金もうけの手段、議論の対象ではなく、個人の物質的、精神的な生活のすべてをかけて、「創造主としての神の霊魂の不変性」を表現すべきものだと述べている。

「壮大な何かを成し遂げる決意をした精神は、肉体の苦しみなど意に介さない」。ローマを一緒に散策しながら、ヘンドリックはオリヴィアに語った。さらにこうつけ加えている。

ぼくたちは新しい聖書を書かなくてはならない。（中略）魂を結びつける聖書だ。（中略）人々の魂をひとつに結びつけ、出自、財産、健康、教育などに起因する差異には何の意味もないことを明らかにしなくてはならない。（中略）ぼくは、新しい聖書を書き、新しいキリストを生み出し、新しい真実を明らかにさせ、魂のすぐそばにこうしたすべてを築き上げたいと思っている。

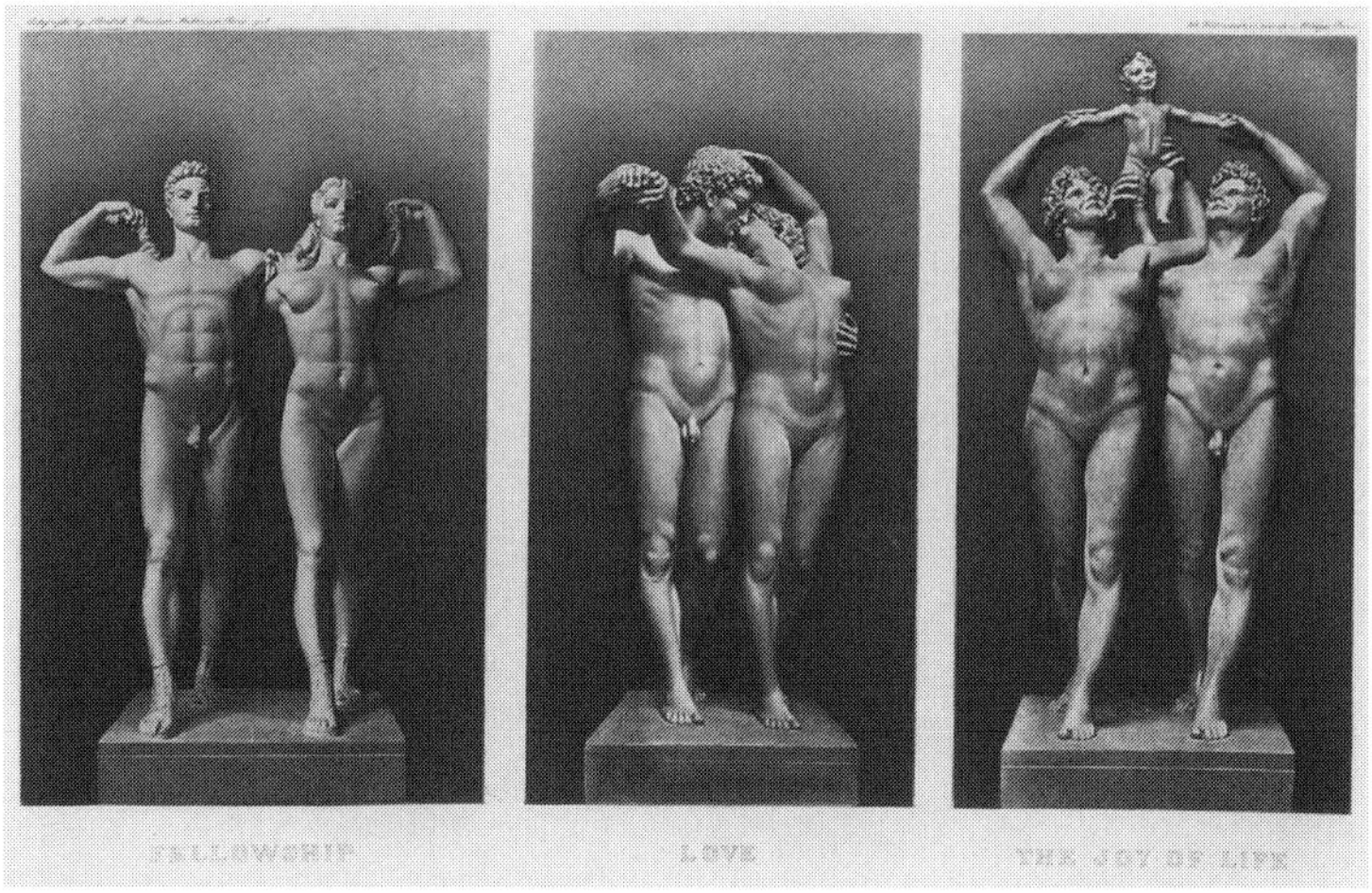

〈生命の泉〉の男女像より

まるで自らを救世主とみなしているような主張に、オリヴィアは恐れをなすどころか、その考え方と熱意を称賛した。自らの芸術によって社会階級の格差を壊そうとするヘンドリックの試みは、ブルジョワ階級の「古い世界」を拒絶するオリヴィアの姿勢と共鳴した。だがオリヴィアは相変わらず、出自階級の拘束から逃れようとしながら、そこから得られる金利所得で生活している矛盾に気づいていなかった。さらに彼女は、アンドレアスの霊魂がヘンドリックの熱意を支えていると信じていた。

オリヴィアは日記にも、ヘンドリックの熱意に感動した旨を綴った。巨大彫像を制作することで、世界統一に貢献しようとする野心を絶賛している。

15

この不思議な義姉弟の関係において、徐々にそれぞれの役割分担が明確になっていった。オリヴィアは高等教育を受けていた。伝統文化の教養を身につけ、四か国語を流暢に操る一方で、価値あるものを生み出せない人間と自らをみなしていた。自己評価が低く、戯曲の執筆などについて頻繁にヘンドリックに助言を求めた。しばしばうつ的な症状に悩まされ、毎日のようにアンドレアスの霊魂にすがり、正しい道を示唆してくれるよう懇願した。そしてその救いをヘンドリックとの関係に求めるようになり、やがて彼を真の預言者とみなすようになった。オリヴィアは日記にこう書いている。

この世には特別な人たちがいる。こうした天才は何でもできる。ヘンドリックもそのひとりだ。ヘンドリックは彫刻家だけど、画家にも建築家にもなれるだろう。その気になれば、俳優、歌手、競馬騎手、フェンシング選手、外科医、エンジニアなど、何にでもなれるにちがいない。

ヘンドリックは十三歳で学校を辞めている。英語、フランス語、イタリア語で意思疎通をするにはとくに問題がなかったが、いずれの言語でも書くと一文につき一か所は綴りを間違えた。文学、絵画、建築、哲学、神学については、独学で初歩的な知識を習得したレベルだった。ところが、芸術や世界について壮大な計画を立てたり、人類の未来を預言したり、神について語ったり、オリヴィアに戯曲のアドバイスをしたりするときは、決して自説を曲げなかった。ヘンドリックはカリスマ性があり、情熱的で、大胆で、忍耐力があり、努力家で、自尊心が高く、母親ゆずりの頑固で楽観的な性格だった。努力を決して惜しまず、行動力があり、信念を決して曲げない。つまり、自らが立てた計画を実現させる才能があった。ヘンドリックはオリヴィアと出会ったことで、自分を称賛し、信頼し、仕事を褒めてくれる味方を見いだした。精神主義的な考え方を共有できる相手でもあった。

オリヴィアは、ヘンドリックの壮大な夢を聞くのが好きだった。ヘンドリックには強い承認欲求があったので、オリヴィアがよく日記に書いている「預言する彫刻家」という人物像に進んで成りきった。この役割は、ヘンドリックの気分を高揚させ、精神を安定させ、想像力を解放させた。誰からも依頼されていないにもかかわらず、巨大噴水を実現させる決意をますます堅固にした。ヘンドリックが次々と壮大な夢を見て、自らを天才だと思い込むほど、オリヴィアは感嘆し、新しい救世主になる使命をまっとうする力があると信じ込んだ。

16

共同生活を始めて一年で、オリヴィアとヘンドリックのあいだには、感情面での強い相互依存関係が築かれた。相手と接することで、ふたりとも変化を遂げた。一九〇四年九月、アンドレアスの絵画作品を一般公開するために、美術館を設立するアイデアをふたりは思いついた。ヘンドリックが本格的に検討を始めると、数か月後には壮大なプロジェクトになった。

一九〇四年十一月、オリヴィアはアメリカに帰国した。すると一九〇五年六月半ば、今度はヘンドリックが義姉に会いにボストンを訪れた。そのときのことを、オリヴィアは日記にこう記している。

今日はヘンドリックと、今後のことでとても大事な話をした。お互いの心のなかにまったく同じ計画の骨組みがつくられた。わたしたちは今、〈生命の殿堂〉を建設したいと思っている。

ふたりは、美術館、図書館、劇場を擁する総合文化施設、〈生命の殿堂〉を構想した。アンドレアスの作品を展示するのにふさわしい場所にしたかった。音楽会、講演会、演劇などが行なわれ、芸術・科学の方面で才能を持つ人たちが集まってくるところが望ましい。

オリヴィアは、戯曲を書きながら、ヘンドリックと〈生命の殿堂〉の話し合いをするために、正式にイタリアに移り住むことに決めた。これからは、ヘレン、ルチア、そしてヘンドリックと共に暮らしつづけるのだ。

一九〇五年九月九日、オリヴィアはヴェネツィアのサン・マルコ広場を訪れた。目の前の寺院の美しさに魅了されながら、〈生命の殿堂〉もこういう巨大ドームを冠するといいかもしれないと考えた。そしてエントランスには、ヘンドリックが制作した巨大な騎馬像を設置する。「壮大な夢を見るのを恐れてはいけない。素晴らしいものを想像するのを躊躇《ちゅうちょ》してはいけない」と、ヘンドリックは言っていた。

オリヴィアは、この作品を実現させるために、ボストンで資金を調達しようとした。二十世紀初頭のアメリカでは、富裕層に課せられる所得税率は非常に低かった。そのため彼らは、美術館や図書館などの知的インフラ設立のために、かなり頻繁に資金を提供していた。

〈生命の殿堂〉の構想を始めてから数か月で、オリヴィアのヘンドリックに対する尊敬は、宗教的な意味での崇拝へと変わっていった。彼女にとっての義弟は、もはや導師、あるいは預言者だった。ヘンドリックは「人類が待ち望んでいた」芸術家で、人類の永遠の繁栄のために制作をし、世界に精神革命をもたらす人物だった。

ヘンドリックが働くのは、今日や明日の生活のためでも、お金のためでもない。あの人の野心に比べたら、どんな裕福な暮らしも、高い身分も、優雅な服も、本も、芸術も、すべてつまらないものに思える。（中略）ヘンドリックは、すべての人類、永遠の生命、霊魂の不死のために制作をする彫刻家なのだ。

17

ベル・エポックは〝彫像マニア〟の時代で、豪奢な建造物、公園、広場などを彩るために、寓話をモチーフにした巨大彫像が次々と建てられた。一九〇〇年代初頭、多くの彫刻家が、ボザール様式、あるいはアメリカン・ルネサンスと呼ばれるスタイルを模した作品を制作していた。

当時、巨大彫像を制作するには高額な費用がかかり、とりわけブロンズ像には法外な資金が必要とされた。したがって、公的機関による巨大彫刻の制作依頼には、初めからサイズ制限が設けられていた。そのせいで、異才の芸術家の美的感覚が、公共機関の要求とそぐわず、真っ向から対立することもしばしばだった。

ヘンドリックは〈生命の殿堂〉の進行状況を、写真に撮って定期的にヘンリー・ジェイムズに送っていた。だがジェイムズは、どうやらオリヴィアとは意見を異にしていたようだ。プロジェクトの実行を考え直すよう、ヘンドリックに繰り返し助言している。アート市場とのつながりを維持するために小さな胸像をつくりつづけるよう、そして〈生命の殿堂〉だけに没頭して社会的に孤立しないよう、根気よくアドバイスしている。

ヘンリー・ジェイムズには鋭い洞察力があった。一時的でもいいからまわりに合わせて、大衆のニーズに応えれば、彫刻家として成功して生計を立てていけるはずだ、とヘンドリックに説いている。誰からも求められない巨大噴水をつくるなんて愚の骨頂と断定し、「短いあいだでいい。売れない裸像ばかりつくるのはやめなさい。その才能を使って魅力的で受けのよい小品をつくり、あちこちに売りさばきなさい」と書いている。

ヘンリー・ジェイムズは、芸術家が〝ポットボイラー〟、つまり「生計を立てるための作品」をつくるのは、決して恥ずべきことではないと考えていた。ヘンドリックへの深い愛情を示しつつ、こうしたアドバイスを繰り返し書き送っている。

だがその警告はヘンドリックの胸には響かず、オリヴィアにジェイムズへの反感を抱かせた。いまやオリヴィアは、亡き夫のアンドレアスと同様に、ヘンドリックも天才芸術家だと信じていた。ヘンドリックの自己犠牲心、粘り強さ、作品の神秘性を評価し、芸術家としての姿勢を支持した。さらに彼女は、名声を得るために社交界でうまく立ち回ろうとし、作品制作に全力を尽くさない、同時代の多くの芸術家たちへの軽蔑を隠そうとしなかった。芸術家たるもの、理想主義的で、高い精神性を持ち、世界を変えることのできる作品をつくるべきだと信じていた。

オリヴィアは、ヘンドリックがアート市場のニーズやヘンリー・ジェイムズの忠告などにまどわされることなく、思う存分制作に打ち込めるよう、今後は自分の金利所得で制作を支援すると宣言した。〈生命の泉〉の彫像群のブロンズ鋳造に始まり、すべての作品のための資金を提供すると決めたのだ。

オリヴィアは、霊媒師のレオノーラ・パイパーのことばを信じていた。アンドレアスの霊魂は、弟のヘンドリックと強く結びつきながら、地上で作品をつくりつづける。〈生命の泉〉を制作するヘンドリックを支えることは、夫の死を乗り越え、夫に愛を捧げつづける手段のひとつだった。そしてパイパーの預言にしたがうなら、壮大で崇高な作品の創作に携わる方法のひとつでもあった。

18

一九〇六年三月、オリヴィアは危篤の母に会うために、急遽ボストンに一時帰国した。アメリカにいるあいだも、ヘンドリックと頻繁に手紙のやり取りをしている。「わたしたちの殿堂は、アメリカの発展に捧げられる記念碑というより、世界の進化を称える頌歌《オード》としてつくられる」。ヘンドリックは、「(殿堂に) 劇場をふたつ建てることにした。ひとつは二千人、もうひとつは三千五百人を収容できるようにする」と書き送っている。

ヘンドリックの脳裏には次々と新しいアイデアが閃《ひらめ》き、週ごとに計画内容が更新された。一九〇六年五月二十一日付のオリヴィア宛ての手紙で、その最新版が披露されている。〈生命の殿堂〉の規模は大幅に拡大され、今後は美術館と劇場だけでなく、植物園、美しい鳥類を展示するバードケージ、さまざまな動物を集めた飼育舎、広大な人工湖、自然史博物館、天文台、美術学校、技術学校、壮大な門扉を持つエントランス、陸上競技場をはじめとするスポーツ施設なども併設されるという。オリヴィアは、素晴らしいアイデアだと称賛した。だが、〈殿堂〉を調和の取れた荘厳な空間にするには、これだけの施設をどのように配置すればよいのだろう？

一九〇六年七月一日付の手紙で、ヘンドリックは、フランス人建築家を雇い入れたことを初めてオリヴィアに伝えた。エルネスト・エブラールという名前だった。

第4章

エルネスト・エブラールを探し求めて

1

「何かお探しですか？」

「エルネルト・エブラールの墓を」

「没年は？」

「一九三三年です」

ペール・ラシェーズ墓地の管理人――パリ市の職員だ――は、大きくてかなり古そうな登録簿を取り出した。デスクの上にのせて、ひび割れた表紙を開く。アルファベット順に丁寧に書かれた名前のリストを、人差し指を滑らせながらすごいスピードでたどっていった。

灰色の空の下をしばらく歩くと、第六十九区画の墓群が見えてきた。管理人からもらったパリ市のロゴが入った区画図を参照しながら歩きつづける。教えてもらった場所に、礼拝堂型の墓屋が建っていた。正面のペディメントに「GとH・ド・サント・マリー、グルー、ルージュール家」と書かれている。建物の背面には「永代使用権五三八号、一八七八年」と記載されていた。

厚い蜘蛛《くも》の巣に覆われた礼拝堂の扉は、鍵がかけられていた。嵌《は》め込まれたガラスは汚れて曇っている。わたしは鉄格子に額を押しつけ、眉《まゆ》の上に手をかざした。屋内の中央に、青い背景に金の十字架が描かれたステンドグラスが飾られている。左右の壁には石板が十二枚ずつ掲げられていた。もちろん、ペディメントにあった名前もこれらの石板に刻まれている。奥のほうの石板に書かれた大文字の文章を読み取ろうとして、わたしは目を細めた。

エルネスト・エブラール
一八七五〜一九三三年
フランス政府任命一級建築士
ローマ大賞受賞
レジオン・ドヌール勲章シュヴァリエ受賞

誰にも見つかりたくないから、こんなところに眠っているのだろうか？　エルネスト・エブラールは、外側に自分の名前が記されてない墓所に埋葬されていた。彼の両親、兄弟、妻、娘は、誰もここには眠っていない。エブラールはいまや、ペール・ラシェーズ墓地における〝パリの名士たち〟の一員になっていた。だがここでは生前と異なり、残酷にも〝名士たち〟のことばの陰で個人の名前は消えていく運命にある。

大理石のプレートに刻まれたエブラールの名を見つめながら、自分がここに来た理由について思いを巡らせた。きっと、彼が生きていた確かな証が欲しかったのだ。ひとりの人物の生涯を追ううえで、墓所のありかにたいした意味はない。だが少なくとも、墓は具体的な何かではある。

この数か月間、わたしはフランス国内でさまざまな公文書を調査してきた。彼の人生について調べ、〈世界コミュニケーションセンター〉プロジェクトにかかわった形跡を探しつづけた。

ところが、かなり粘り強く探しつづけたのに、収穫はほとんどなかった。出生証明書、十通ほどの書簡、封書に紛れ込んだ紙片などは見つかったが、ほとんどがつまらないものだった。確かに、本人の経歴に関する記事や死亡記事は見つかったものの、フランスの公文書には何もなく、プロジェクトに彼が果たした役割を教えてくれるものは見いだせなかった。

そんな中で最大の収穫が、「エコール・デ・ボザールのアトリエ主任教授」の求人に対する応募書類だった。エブラールは晩年の二年間ここで働いていたらしい。全九ページにわたる書類に、それまでの略歴が記されていた。学歴、受賞歴、職歴、任務歴のほか、建築・都市計画の主な実績、出版物、展示会、勲章、研修旅行なども年代順に記録されている。これによると、エブラールは一九二〇年代の数年間、フランス領インドシナで働いていたようだ。

エクス・アン・プロヴァンスの国立海外領土公文書館で調べたところ、確かにエブラールは、一九二一年から一九二六年までフランス領インドシナに滞在していた。当時、フランス植民地帝国でもっとも裕福で人口が多かった地域だ。最後の三年間は民間建築の主任建築士として、その後はインドシナ都市計画部門のリーダーとして働き、ダラット、ハノイ、サイゴン、ハイフォン、フエ、プノンペンなどの開発や整備を行なっている。重要な建造物の設計もいくつか手がけており、ハノイのインドシナ大学（現ベトナム国家大学）の本館、クアバック教会、財務局庁舎（現ベトナム外務省庁舎）などが現存している。

かの有名なプノンペンのホテル、ル・ロワイヤル［現ラッフルズ・ル・ホテル・ロイヤル］も、エルネスト・エブラールの設計だ。一九七〇年から七五年のベトナム戦争におけるカンボジア作戦で、多くの戦場レポーターが滞在したことで歴史に名を刻んでいる。一九七五年にクメール・ルージュによっていったん閉鎖されたが、一九九七年に改装を経て再オープン。現在、プノンペンでもっとも美しいホテルのひとつとして人気を集めている。

エブラールが残した資料、書簡、電報、役所関連の書類などから、現地の行政機関とトラブルがあったせいで、一九二六年以降の契約が打ち切られたことがわかった。しかも任務期間の最後の数か月間は、公用車さえ使用できなかったという。だがそれ以上のことは、これらの文書からはわからなかった。

建築史家によると、エブラールが設計した建造物は、植民地の名士たちのあいだであまり評判がよくなかったという。とくに先住民の同化政策を支持する者たちは、彼の〝インドシナ様式〟を嫌っていた。エブラール自身が契約建築士としての任期中に考案し、普及させた様式で、現地の建築様式とアール・デコを融合させたハイブリット様式であったことから、多文化主義的とみなされていたのだ。

調査を始めた当初、関連資料が少なかったこともあって、インドシナ領フランス時代のエブラールの仕事に興味を抱いた。そしてさらなる調査によって、一九二六年五月二十九日、エブラールはハノイでマルグリット・プーランという女性と結婚したことがわかった。この女性の出生証明書を取得したとき、わたしは自分の仮説が正しかったと知った。ペール・ラシェーズ墓地でエブラールが埋葬されていたのは、義理の家族の墓所だったのだ。あの礼拝堂型墓屋の大理石のプレートのひとつには、義母のシュザンヌ・プーラン、旧姓ゲルーの名が刻まれていた。亡くなる一年前、彼にレジオン・ドヌール勲章を授けたのも、もうひとりのゲルー、当時の国務院の書記官のモーリス・ゲルーだった。

だが残念なことに、エルネスト・エブラールという建築家についての研究は、現時点までほとんど行なわれていないようだった。生前の資料はどこからも現われず、フランスの公文書にも記録がほとんど残っていない。それでもわたしは心のどこかで、いつか必ず大きな発見があるはずだと思っていた。自分の強運を信じて、あちこちの資料館や図書館を訪れつづけた。

2

そしてある日、思いがけない電話をもらった。

「どうしてそんなにエブラールに興味があるんだ?」訝《いぶか》しげな口調だった。相手のことはたいして知らなかった。名前はピエール・ド・ジゴールで、古い写真のコレクターということくらい。エルネスト・エブラールが生涯を通じて撮りためた写真を大量に所有していると、人伝てに聞いていた。一九九〇年代終わりのパリのオークションでどこかからいきなり現われた写真で、その後何度かコレクターたちのあいだで転売されてきた。何か手がかりが見つかるかもと思い、彼に手紙を書いておいたのだ。

エブラールの調査についてかいつまんで説明すると、相手はしばらく黙っていた。何か考え込んでいるようだった。

一週間後、パリにある彼のアパルトマンを訪れた。居間でコーヒーを出してくれたあとでいったん退席し、戻ってきたときは両手に大きな箱を抱えていた。

エルネスト・エブラール

「さあ、これで全部だ」彼が言った。「きみのうしろにあるのは、トルコ、ギリシャ、イタリアで撮られた写真。あっちのはインドだ。こっちのはインドシナ。そしてこの箱に入っているのは、エルネスト・エブラールのプライベート写真だ」

テーブルの上に、エブラール自身が撮ったという何百枚もの写真を広げる。眺めていると、アジア、ヨーロッパ、地中海周辺諸国を旅した彼の人生の縮図を見ている気がした。さまざまな建物、名も知らない通り、一世紀前の日常生活のシーンは、まるでエルネスト・エブラールの人生というパズルのピースのようだった。わたしは大量の写真を発見できて喜ぶ一方で、解読不能な星座に直面させられたように困惑していた。

大きな段ボール箱には、雑多な写真が詰まっていた。多くは経年劣化で小さな棒状に丸まってしまい、容易に広げられないほど紙が硬くなっていた。こうしたカオスのなかに、一冊の古いノートが紛れ込んでいた。表紙には、エブラールの直筆で「インドの旅、一九二三年」と書かれている。わたしはノートを開いた。手書きのメモやスケッチが残されている。細部までしっかり描かれた、タージ・マハルや大型ホテル。うしろのほうのページには、一九二三年にボンベイ、デリー、カルカッタ、ラングーン、サイゴンを巡ったときの旅程と、使った経費の明細が記されている。三十五人の名前が二列に分けてリストアップされたページもあった。一方の列にはポストカードをすでに送った人たち、もう一方の列にはこれから送るべき人たちが残されている。有名建築家も含まれており、アンリ・プロスト、フェリックス・デュマイ、ポール・ビゴー、レオン・ジョセリーらの名前があった。

数時間かけて、丸まった写真を広げながら調べた結果、十数枚ほどにエブラール自身の姿を発見した。

新しいものは、一九二〇年代終わりから一九三〇年代初めにかけて、フランス領インドシナや

アメリカでのエルネスト・エブラール（右から二番目）

ギリシャで撮られていた。この頃のエブラールは太りぎみだった。第一次世界大戦の頃の写真は軍服姿で、知的に輝く瞳をしていた。もっと若い頃の写真も一枚見つかった。

その写真で、エブラールは櫛《くし》で撫でつけた髪を横分けにして、蝶《ちょう》ネクタイを締め、八人の男たちと一緒に立っていた。中央の上品そうな男性だけが座っている。鼻メガネをかけ、口ひげをたくわえて、大きな円柱形の箱に右手を添えていた。わたしはこの箱をしばらく眺めた。中に何が入っているのだろう？　建築の図面を丸めて入れているのだろうか？　服装や、箱に置かれた手の感じからして、この人物は高い地位にいるように見える。いったい誰なのだろう？

その答えは、すでに収集していた資料に見つかった。この写真を発見した数日後、これまでの調査記録を見直している最中に気づいたのだ。

「髪と眉――栗色。瞳――栗色。額――ふつう。鼻――中程度。口――ふつう。顎――丸い。顔――卵型。身長――一七二センチ。誕生日――一八七五年九月十一日。両親――ジャンとカロリーヌ・エブラール」。パリ市の資料室で手に入れた、エブラールの兵役時のデータだ。十九世紀から二十世紀にかけてのフランス人男子は、四十五歳までに兵役を課せられる可能性があり、こうしたデータは定期的に改訂されていた。このデータでは、本人の軍歴や身体の特徴に加えて、居住地の変遷も記録されている。その「継続して居住した場所」という項目のおかげで、エルネスト・エブラールが一八九九年七月六日にニューヨークに旅立ったことがわかった。エコール・デ・ボザールを卒業し、建築士の資格を取得したわずか数日後だ。それから十か月間アメリカに滞在している。

さらに、くだんの「エコール・デ・ボザールのアトリエ主任教授」の求人に対する応募書類にも、過去の研修旅行の履歴が記されていた。「一八九九年――アメリカ滞在。キャス・ギルバート氏(建築家、ニューヨーク税関庁舎の建築設計コンペで一位受賞)との共同制作のため」

キャス・ギルバート……まさか、超高層ビルのパイオニアと称されるあの建築家か? ベル・エポックには世界一だった高層ビル、ウールワースビルを設計した人物だ。わたしは我が目を疑った。

だが、コレクターの自宅で見せてもらった写真を、本人の写真と見比べれば一目瞭然だった。

そう、エルネスト・エブラールの隣に座る鼻メガネの男は、建築界のレジェンド、キャス・ギルバートだったのだ。

3

一八八七年、キャス・ギルバートは、建築科の学生、サミュエル・スティーヴンス・ハスケルを見習いとして雇い入れた。ハスケルはその後パリに留学し、エルネスト・エブラールと知り合う。そして一八九九年初頭にアメリカに帰国すると、再びギルバートの事務所で働きはじめた。ギルバートはその後の十年でみるみる著名になっていくが、当時はまだどこにでもいる無名の建築家にすぎなかった。ミネソタ州の州都セント・ポールからニューヨークに移り住んだばかりで、この町でキャリアを積もうと意気込んでいた。

ニューヨークに新しい税関庁舎を建てるための建築設計コンペが発表されると、ギルバートは必ず勝ち取ると決意した。そしてハスケルに、パリのエコール・デ・ボザールを卒業した新人建築家のうち、仕事を手伝ってもらえそうな人を探すよう頼んだ。当時のボザールは、建築分野で世界的に知られる名門校だった。ギルバートは、このエリート校出身の若いフランス人を自分の事務所に迎え入れれば、ライバルを出し抜く切り札になるかもしれないと考えた。

ハスケルはギルバートに、当時二十四歳のエブラールを推薦した。ギルバートは了承し、エブラールもオファーを受け入れた。アメリカに到着したエブラールは、ふたつの任務を課せられた。ひとつは、ニューヨーク税関の旧庁舎の機能と配置を徹底的に調査すること。もうひとつは、新庁舎のファサードのデザインと完成予想図を考えること。エブラールの仕事ぶりは素晴らしかった。一八九九年九月十七日付の手紙で、キャス・ギルバートはこう書いている。「昨夜、税関庁舎のプロジェクトを完成させ、コンペ事務局に書類を送付した。（中略）参加者のうちでおそらく一番の出来だと思う。（中略）エブラールはわたしの期待に完璧に応えてくれた」

つまり、エルネスト・エブラールがキャス・ギルバートと並んで撮ったあの写真は、おそらく一八九九年の九月中旬に撮られたものと考えられる。

数か月後、ギルバートはこのコンペに見事に勝利し、ニューヨークでの輝かしいキャリアをスタートさせた。税関の新庁舎の建築は、マンハッタンの南端でこの三年後に着工されている。現在、この建物はアメリカの国家歴史登録財に指定され、公文書記録管理局の資料館が置かれている。

4

段ボール箱に収められた写真は、エブラールのその後の人生も物語っていた。在ローマ・フランス・アカデミーの留学生たちと一緒に、ヴィラ・メディチの庭園でポーズを取っている写真が数枚見つかった。ある写真で、エブラールはコートを着て、ボーラーハットをかぶり、顔に笑みを浮かべている。一九〇四年、「タペストリー工場」というテーマの建築設計コンペで、エブラールは建築部門でローマ大賞を獲得した。その特典としてイタリア留学奨学金を給付され、同年十二月二十九日にローマにやってきたのだ。

当時、ヴィラ・メディチに入るフランス・アカデミーの留学生は、〝ローマからの送付品〟と呼ばれる課題を、パリのボザールに毎年提出しなくてはならなかった。留学生は、滞在一年目は新しい建造物の研究はできず、古代建築の実測復元研究を義務づけられていた。ところが一九〇〇年代以降、一部の反骨精神を持った者たちがこれに反発する。そのひとりがトニー・ガルニエだ。留学一年目に提出した古代建築の図面はわずか一枚で、自らが考案した工業都市プロジェクトの図面を二枚も送りつけている。その後、ガルニエはこの「工業都市」を二十年近くも構想しつづけた。

一方、エルネスト・エブラールは、規定の課題に熱心に取り組んだ。ローマ留学中にイタリアじゅうをくまなく回り、トルコ、ギリシャ、エジプトへも足を延ばしている。二十世紀初頭のこの頃、芸術家たちの多くは、イーストマン・コダック社のフォールディング・ポケット・カメラNO1といった折りたたみ式蛇腹カメラを使用していた。おそらくエブラールもこの手のカメラを使って、地中海周辺諸国を巡る旅を記録していたのだろう。

エブラールは、パリに提出する課題のために、フォロ・ロマーノの〈バシリカ・アエミリア〉、イスタンブール考古学博物館の〈アレクサンドロス石棺〉、フィレンツェのサンタ・トリニタ教会にあるルカ・デッラ・ロッビア作〈フェデリギ司教の墓〉を研究した。これら素晴らしい作品について学ぶうちに、徐々に考古学に熱意を傾けるようになる。当時の考古学は、まさに大きな変革のさなかにある学問だった。

考古学は、科学的な学問として確立されるまでの長いあいだ、象形文字や〝美しい破片〟を求める愛好家、芸術家、知識人たちによって実践されていた。ところが十九世紀になると、人文科学や自然科学の研究メソッドを参考にして大きな進化を遂げる。とりわけ、一八七四年にローマに設立されたローマ・フランス学院〔歴史学や考古学を研究するためのフランスの施設〕は、この学問が科学的に発展するのに大きな役割を果たした。だが、この施設が完成してから四半世紀後の二十世紀初頭、考古学を実践しているフランス人は、まだほとんどがエコール・デ・ボザール出身芸術家で占められていた。

エルネスト・エブラールは、最先端技術に頼りながら幅広い知識を活用できる有能な建築家だったが、同時にフランス考古学界を代表する存在にもなりつつあった。ローマに留学した四年間に、ローマ・フランス学院が入るファルネーゼ宮をたびたび訪れ、同世代の一流考古学者や美術史家たちと親交を深めている。そのひとりに、古典美術や新古典主義を専門とする美術史家、ルイ・オートクールがいた。建築雑誌『ユルバニズム』の、一九三三年五月に刊行されたエルネスト・エブラール追悼特集号に、オートクールはこう書いている。

ローマに到着すると、わたしはすぐにエルネスト・エブラールと親しくつき合いはじめた。（中略）彼はローマ・フランス学院の日帰り研修にしょっちゅう同行した。遺跡、あるいはわたしと一緒のときは十七世紀や十八世紀の建物を訪れては、建築家としての経験談を語ってくれて、歴史家としてのわたしたちの考察に新しい着眼点を与えてくれた。ほっそりした身体つきで、褐色の肌をし、眼窩《がんか》の奥の瞳をいつも輝かせ、思索の奥深さや意志の強さを感じさせた。古典美術に関する膨大な知識を持っていた。彼がパリに提出した課題は、考古学者の友人に頼んで急遽集めたデータを手早くまとめたような、荒唐無稽な図面とは似ても似つかなかった。エブラールは、文献について論じることも、建造物を理解することも、どちらもできる人だった。

エルネスト・エブラールはローマで、古代ローマ時代を専門とする歴史家であり、のちにアカデミー・フランセーズ会員になったジェローム・カルコピーノにも会っている。カルコピーノは、一九六八年に刊行された著書『ローマの思い出』で、古代ローマ時代に建造されたオスティア港の地図制作を、エブラールに手伝ってもらったと書き残している。フィウミチーノにある別の古代ローマ時代の港湾地区、アウグストゥス港を、ふたりで訪れたときのことも書いている。エブラールはプロ意識から、現地で見つけた環状地下通路の中に入りたがった。トラヤヌス六角港の脇に造られた水路の一部と推定されているが、十九世紀のフランス人考古学者、シャルル・テクシエ（一八〇二～一八七一年）が発掘のために入ったときは、コウモリの大群に襲われて這々《ほうほう》の体で逃げ出したという逸話が残っている。

エブラールはその真偽を確かめようと、七十五年前にテクシエが侵入したとされる隙間を探しはじめた。するとアカンサスの茂みの陰に、それらしきものが見つかった。エブラールとカルコピーノは這いながら中に潜り込んだ。テクシエが書いていたように、内部は確かに地下柱廊になっていた。ところがそのとき、天井ヴォールトの石膏細工から何かがたくさんぶら下がっているのが目に入った。眠りにつくコウモリの大群だった。ふたりは驚いて尻餅をつき、這いつくばりながら慌てて元の道を逃げ出した。テクシエの話は本当だったのだ！

5

一九〇六年春、ヘンドリック・アンダーソンは、〈生命の殿堂〉の設計図を書いてくれる建築家を探していた。当時、エルネスト・エブラールはヴィラ・メディチの留学生だった。芸術家と考古学者としての活動の合間に、在ローマ・アメリカン・アカデミーで授業を担当していた。そんなある日、生徒のひとりを介して、ひとりの彫刻家が自分に会いたがっていると知った。

最初の会見で、ヘンドリックは巨大建造物がずらりと並ぶリストを示した。そして、これらの建物をすべて、きちんと調和を取りながらひとつの図面にまとめてほしいと述べた。

ヘンドリックの大胆な計画に驚いたエブラールは、小さな口ひげを撫でながらしばらく考え込んだ。それから、このプロジェクトの未来について、困惑しながら尋ねた。「これほど多くの壮大な施設を完成させるのに、どうやって資金を集めるのですか？　いったいどこに建てるのですか？」。ヘンドリックは正直に「まだ何も決まっていない」と答えた。だが、話が具体的になったら、アメリカの裕福な篤志家たちに資金援助を募るつもりだと説明した。

するとエブラールは、スポンサーを見つけやすくするよう、建物の数を減らして小さめの規模から始めてはどうかと提案した。

ヘンドリックはその申し出をきっぱりと拒絶した。〈生命の殿堂〉と付属の建物群は、すべてひっくるめてひとつの壮大で素晴らしい建造物なのだ。「財政面を気にするあまり、計画の実現が妨げられるのは言語道断」と、頑なに言い張った。

一九〇六年五月二十六日、エブラールはヘンドリックから五百フランの小切手を受け取った。この仕事での初の報酬だった。この頃、オリヴィアは危篤の母に会うためにアメリカに滞在していた。ヘンドリックは義姉への手紙で、エブラールを〝助手〟と紹介している。

一九〇六年七月、ヘンドリックは手紙にこう書いている。

エルネスト・エブラールは、ぼくたちの大胆な計画に大きな関心を抱き、非常に真剣に取り組んでいる。彼が夏休みでローマを発つ前に、話をする機会を設けた。戻り次第、ぼくから新たな提案をすることになったよ。数か月ほどエジプトに滞在したがっていたので、勉強のためにぜひ行くべきだと勧めておいた。威厳に満ちた建造物について、もっと理解を深めてほしいからね。

最後の一文には、エブラールへの皮肉が込められている。ローマ大賞を獲得したほどの建築家なので、エブラールは当然「威厳に満ちた建造物」については完璧に理解していた。ところがプライドが高いヘンドリックは、自分はすでに天才だが、エブラールはまだ見習いの若造にすぎないと考えていた。

エブラールは、〈生命の殿堂〉の設計に取りかかった最初の数か月間、クライアントのヘンドリックに愛想よくふるまい、なるべく期待に応えようとした。それでもヘンドリックが次々と巨大建造物を追加し、設計の修正を願い出るたび、驚きと疑念を露わにせずにはいられなかった。もっと分別を持つよう何度も説得を試みた。わざわざ建築家を雇ってこんな途方もない作品を設計させるなんて常軌を逸している、と繰り返し苦言を呈した。「真実を伝えるのがわたしの義務です。これらの建造物は何ひとつ実現できません」。エブラールがそう断言しても、ヘンドリックは馬耳東風だった。

ヘンドリックは、荘厳さや巨大さに対する自らの美的感覚こそがこのプロジェクトの唯一の指針だと信じていたので、何を言われても動じなかった。たかが〃助手〃の疑念や無理解など痛くも痒《かゆ》くもなかった。自分のほうが優位に立ち、考え方も正しいと確信していたので、穏やかで威厳ある口調で対応しつづけた。

納得しないエブラールに対し、ヘンドリックは「人類の魂の統一」は不可欠だと説き、〈生命の殿堂〉の必要性を訴えた。エブラールは呆気に取られ、〃このクライアントと論理的な話はできない〃と諦めた。そして、彼を満足させるために、少しもやる気が湧かないまま、数か月かけて壮大な建物群のスケッチを描いた。ヘンドリックは大喜びした。

6

エルネスト・エブラールは建築家として、この誇大妄想的な建設プロジェクトにどうして協力することにしたのか？　わたしにとって、このことは長いあいだ謎に包まれていた。

ローマのアンダーソン美術館に収蔵される七十箱分の資料のうち、十八箱がオリヴィアに関するもので、四十六箱がヘンドリックと〈世界コミュニケーションセンター〉に関するものだ。残りの六箱には、一九七八年に亡くなったルチアに関する資料が収められている。ざっと見たところ、ルチア関連の資料は取るに足りないものばかりのようだった。行政関連のさまざまな書類、ヴィラ・ヘレンの維持に関する一九五〇年代の請求書類、そして「世界の首都のためのヘンドリック・クリスチャン・アンダーソン委員会」に関するもの。この委員会は、ヘンドリックの死後にルチアが立ち上げており、数人の友人のみが入会していたようだが、ほとんど活動をしないまま短命に終わっている。

調査に取りかかった当初のわたしは、オリヴィア、ヘンドリック、そして〈世界コミュニケーションセンター〉の資料のみに焦点を当てていた。平和主義を唱えるパンフレットやリーフレット、雑誌の記事、支持者たちの手紙、スケッチブック、下書き、オリヴィアが書いた戯曲の原稿など、当時の彼らについて理解するのに欠かせない資料がこれらの箱に詰まっている。ところがエルネスト・エブラールが書いた書簡は、一九二七年にヘレンが他界したときのお悔やみの手紙しか残っていない。ほかはいったいどこへいったのか？

わたしはこの謎に何年も悩まされてきた。ところがその答えは、意外にもルチアに関する資料の箱から見つかった。アンダーソン美術館の資料室でそれまで何度も調べものをしてきたが、興味のあるものは何もないと思い込み、ずっとこの箱をなおざりにしてきたのだ。

謎のカギは、アメリカ人作家リリアン・トムソン・マウラーとルチアが一九五〇年代に交わした手紙に隠されていた。当時、リリアンは夫婦でワシントンに暮らしていた。夫のエドガー・アンセル・マウラーはジャーナリストで、ナチスドイツの台頭に関するルポルタージュで一九三三年にピューリッツァー賞を受賞している。一九一〇年代、マウラー夫妻はヘンドリックとオリヴィアと親しく交流していた。

ルチアは、ヘンドリックの死後十年がたった頃にリリアンに宛てた手紙で、オリヴィア、ヘンドリック、〈世界コミュニケーションセンター〉に関する資料を、アメリカのどこか適切な機関に寄贈できないかと相談していた。自らの死後にこれらの資料が散逸したり消失したりするのを恐れたのだ。そこでリリアンは、ワシントンのアメリカ議会図書館で働く直筆資料部門担当主任学芸員、デイヴィッド・C・マーンズに連絡を取った。マーンズは、オリヴィアとヘンドリックの資料に興味を抱き、まずは一部を見せてほしいと願い出た。ルチアは資料を抜粋して送り、その後マーンズは寄贈を了承している。

一九五九年五月十二日、ルチアはマーンズ宛てにこう書いている。「ヘンドリック・クリスチャン・アンダーソンと彼の義姉に関する資料と書簡類を、三つのケースに収納して蒸気船でお送りしました」

ワシントンに荷物が発送されたと知ったリリアン・トムソン・マウラーは、ルチアをこう称賛している。「あなたのおかげで、ヘンドリックの資料は安全に保管されるでしょう。今後、よりよい世界を構築したいと願う人が現われたら、彼が成し遂げたことをいつでも参照できます。(中略)世界はヘンドリックを決して忘れないでしょう」

その三年後の一九六二年、ルチアはアメリカ議会図書館に二度目の寄贈を行なっている。ルチアは自らの発案によって、多くの文書を守ることに成功した。だが、ローマから七千キロ以上離れたところに数ケース分の資料を二回に分けて発送し、しかもそれが全体の一部だけだったことから、結果的にアンダーソン関連資料は散逸し、閲覧が容易ではなくなってしまった。そして、過去数十年間にヘンドリック・アンダーソンや〈世界コミュニケーションセンター〉に興味を抱いたごく少数の人たちの例に漏れず、わたしも関連資料はローマのアンダーソン美術館にすべて収蔵されていると思い込んでしまった。しかも美術館にはすでに膨大な資料があったので、疑いを抱く余地すらなかったのだ。

ルチアの手紙を見つけると、わたしはすぐに携帯電話でメールを打ちはじめた。翌日、アメリカ議会図書館から返事を受け取った。

当館には、一九〇八年から一九二八年までの書簡が、「エブラール、エルネスト」の索引名でファイルホルダー十二冊分収蔵されています。アンダーソン関連の収蔵品は、議会図書館の資料閲覧室にて予約不要で自由に閲覧が可能です。

第5章
オリヴィアの夢想
（一九〇六〜一九〇七年）

1

二〇一四年秋のある夜、ローマで『世界コミュニケーションセンターの創設』の本を発見したとき、ヘンドリック・アンダーソンとエルネスト・エブラールのふたりの名前が立案者として表紙に書かれていたことに、わたしはすっかり騙されてしまった。いや、わたしだけではない。一九一〇年代初頭、このプロジェクトについて記事を書いたほとんどのジャーナリストも、アメリカ人彫刻家のヘンドリックとフランス人建築家のエブラールが立案者であると信じ込んだ。

オリヴィア・クッシング・アンダーソン

だが、ワシントンのアメリカ議会図書館で〝アンダーソン・ペーパーズ〟を閲覧したおかげで、このユートピア計画の立案に重要な役割を果たした第三の人物がいたことが判明した。オリヴィア・クッシング・アンダーソンだ。『世界コミュニケーションセンターの創設』は、英語版とフランス語版の二種類が刊行されており、彼女は翻訳者としてしか紹介されていない。ところが、ヘンドリックの陰に隠れてはいたが、じつは彼女こそがこの都市を構想した張本人だった。

確かに、ヘンドリックの誇大妄想癖は決して義姉のせいではない。だが彼女がいなければ、こうした都市を建設するなど思いつきもしなかっただろう。オリヴィアとヘンドリックは、そのプラトニックな愛情物語のなかで、互いの個性を融合させ、多くの影響を与え合った。共に重要な使命を負っていると確信し、「大きな夢を見る」よう励まし合った。しかし、現存する資料によると、この理想都市プロジェクトを最初に構想したのはオリヴィアだ。そして皮肉にもそのことが、非凡な芸術家を夢見ていたヘンドリックを誇大妄想へと駆り立てたのだ。

2

オリヴィアは、いったいどこからこうしたアイデアを引っ張り出してきたのだろう？　それを知るには、古い文献を読み、昔の新聞を広げ、忘れられた過去を掘り返す必要がある。十九世紀末、各地で万国博覧会が開催され、国際主義、芸術、技術の進歩、革新的な発明が称賛された。一八九三年九月二十七日、シカゴでも万博が開催されている。じつはこのとき、食器洗浄機、スプレー缶、クルップ社の大砲といった最新発明品の展示会場とは別の会場で、史上初の万国宗教会議が開催されていた。

シカゴ万博が行なわれたのと同時期、西洋、東洋、アジアのあらゆる宗教の代表者が一堂に会し、「神と人間のために、人類は統一されなくてはならない」と異口同音に主張していた。プロテスタントの牧師、インドのヒンドゥー教僧侶、イスラム教に改宗した欧米人、仏教の伝道師、カトリックの司祭、さまざまな宗教団体の代表、神智学協会の著名人たちが、シカゴに集まった。このイベントを主催したのは、プロテスタントの一派、長老派教会の牧師であるジョン・ヘンリー・バロウズ（一八四七〜一九〇二年）だ。彼は、この国際会議が単なる学者の集まりではなく、宗教関係者たちの出会いと対話の場になることを望んでいた。

万国宗教会議は、友愛精神を深め、各宗教の真理を学び、キリスト教とほかの宗教との溝を埋め、善意ある人たちの協力体制を促し、世界平和を推進することを目的として開催されます。

開会式には四千人以上が参加した。人類史上初めて、世界じゅうから宗教指導者がやってきて、魂の統一、科学と宗教の関係、宗教的自由主義などについて話し合った。欧米社会に科学主義が浸透しつつあったこの時期、世界の大変革に備えて宗教的な憲章を作成しようとしていた。参加者たちは、神と科学を対立ではなく調和させ、自分たちの信仰に正当性と信頼性を与えるにはどうしたらいいかを議論した。

世界じゅうの宗教的自由主義者が、この史上初の万国宗教会議を注視していた。世界規模のシンクレティズム［異なる宗教が合体・融合している状態］の兆候を感じていたからだ。会場でもっとも注目を集めた人物のひとりに、ヒンドゥー教伝道師のパイオニア、スワミ・ヴィヴェーカーナンダ（一八六三〜一九〇二年）がいる。短命だったが、ヨーガ理論の講義で欧米諸国に多大な影響をもたらした。万国宗教会議では、開会式のスピーチで〝普遍宗教〟が到来すると述べた。これは、すべての人がひとつの宗教を信仰すること、あるいはこれまでの宗教に代わって新しい宗教が生まれることを意味しているのではない。〝普遍宗教〟とは「統一されたすべての宗教」であり、各宗教がそれぞれの独自性を守りながら、ほかの宗教を同化させることを意味していた。ヴィヴェーカーナンダがスピーチを終えると、盛大な拍手が起こった。

すでに世界は資本主義に支配されていた。宗教的自由主義者は、自由貿易主義者が世界市場を推進したのと同様に、宗教も世界規模で融合されるのを望んでいた。〝普遍宗教〟は、各人が自らの意識を目覚めさせるために、伝統宗教の概念を好きなように組み立てる、宗教の自由市場のような形で提示された。そして宗教的自由主義者は、各人の目覚めた意識が広大なネットワークを通じてほかの人たちの意識と結びつき、物質的にも精神的にも人類の進化をもたらすことを願っていた。

イエズス会司祭で、地質学者、古生物学者、神学者、哲学者、進化論支持者でもあるピエール・テイヤール・ド・シャルダン（一八八一～一九五五年）は、この「意識のネットワーク」について生涯にわたって考察を続けている。彼はこれを生物圏《バイオスフィア》に倣《なら》って叡智圏《ノウアスフィア》と呼んだ。ギリシャ語の「ヌース＝精神」と「フィア＝球体」を組み合わせた「精神の球体」を意味する造語で、「人間のコミュニケーションによって形成される、地球を取り巻く思考の薄い層」を指す。テイヤール司祭によると、陸路、海路、空路、郵便網、コード網、ケーブル網、エーテルの波動といった地球上の優れた通信システムによって、地球の表面に思考の層が徐々に発達し、やがて「人類の真の神経系」が形成される。世界はもともと不安定で未完成なので、人類は「この地球のあらゆるコード、ケーブル、母線が結合される究極の頂点、いわゆるオメガ点」を必要としているという。

テイヤール司祭は自らの著書で、人類は「意識を収束」させながら進化しつづけ、やがて巨大な魂の融合体が構築される〝オメガ点〟に達するだろうと預言している。コミュニケーションの発展と世界的波及の末に到達するこの〝オメガ点〟は、進化における究極点、人類の魂が復活する段階とされる。

3

一九〇七年春、ヘレン、ルチア、オリヴィア、ヘンドリックの四人は、ポポロ広場三番地にある豪華なアパートに引っ越した。部屋の窓はオベリスクの噴水と花咲く展望テラスに面し、遠くにレジーナ・マルゲリータ橋とモンテ・マリオが一望できる。オリヴィアはこのアパートを気に入ったが、それでもしばしば悲しみに沈み、うつの発作に悩まされた。

オリヴィアの日記には、相変わらずアンドレアスとの思い出やスピリチュアル関連の考察が綴られていたが、この頃からメシア信仰的な色合いを帯びはじめた。オリヴィアはもはや、亡き夫の霊魂に毎日呼びかけるだけでは飽き足りなくなっていた。アンドレアスの絵画は美術史上重大な事件であり、「新しい時代の始まり」を意味すると断言している。

彼女は、預言者モーセ、ダビデ王、イエス、古代ギリシア人、世界を支配するキリスト教国、クリストファー・コロンブス、アメリカの理想などをテーマに、毎日欠かさず戯曲を執筆した。それでも自信がなく、この仕事で大成できるとは考えていなかった。「わたしの肉体が、わたし自身を狭いところに閉じ込めている」と日記に書いている。そして「生命への愛ゆえ」の自殺をほのめかしている。死への願望も書き綴った。頻繁に深い悲しみにとらわれ、現実感を失って気分を高揚させたり、人類の未来に関する神秘的な幻影を見たりした。

オリヴィアは夢想にふけりながら、思いついたことを次々とノートに書きとめた。こうした考察のすべてが、のちの〈世界コミュニケーションセンター〉構想の骨幹となった。一九〇七年以降の彼女は、幸せで充実した生活を送るのに必要なものをすべての人間に供給できる、大規模な国際組織の実現を夢見ていた。よりよい教育と医療を提供するシステムが構築され、新しいアート・スクールが設立され、教育法が改革され、個人と世界の意識が融合する社会を渇望した。オリヴィアは、世界は無限の物質的・精神的な粒子で構成されており、最新のインフラによってこれらを動かせると信じていた。

鉄道網は素晴らしい役割を果たしている。交通、電信、電話、橋、機械、改良された農業技術、化学肥料、貨物輸送、旅客輸送は、いずれも〝敬虔なるサービス〟と呼ばれるべきものだ。これらは、人間の肉体が調和され、発達したことで誕生した。人間の魂が目覚ましく成長した証だ。以前は、人類の意識は世界のごく限られた地域のみに集中していた。インド、中国、エジプト、メソポタミア、ギリシャ、パレスチナ、イタリアなどがそうだ。だが、意識が集中する場所は移り変わった。いまや地球全体が、交通、産業、商業のネットワークによって再編成されている。

オリヴィアは、財、サービス、情報、芸術作品の流通が活発化することで、人類の統一が実現されると信じていた。資本主義社会のインフラ、商取引、通信技術の発展によって、人類は平和、友愛、民主的な方向へ導かれると考えた。彼女は、技術とネットワークの歴史においてたびたび現われる、ユートピア思想にのめり込む知識人のひとりだった。

十八世紀以来、通信技術の発展が世界を平和で民主的にするという神話は、何度も繰り返し生まれてきた。数学者、化学者、経済学者のアレクサンドル＝テオフィル・ヴァンデルモンド（一七三五〜一七九六年）は、パリ＝リール間に軍用の光学通信［腕木通信とも言う］線が敷かれた直後、この発明は「大衆の民主化を可能にする」と予測した。ところが実際は、光学通信は軍事省と内務省に独占されてしまう。そしていまや誰もが知るように、電信、電話、電磁波による通信技術が開発され、インターネットが広く普及しても、地球上で戦争をなくすことはできなかった。

4

オリヴィアは、ピエール・テイヤール・ド・シャルダンがコミュニケーションの世界的波及、〝ノウアスフィア〟、〝オメガ点〟について考察する十年以上も前に、こうしたことを夢見ていた。ふたりの考え方の類似には驚かされる。オリヴィアは、〝ノウアスフィア〟とほぼ同じ意味を持つ〈世界の意識〉について、すでにその理論を文章化していた。通信技術の発展は世界にユートピアをもたらし、人類は世界平和と国際協力に向かって物質的・精神的に成長するはずだと述べている。そして、こうした発展が実現するには、〈世界の意識〉を結集させる革新的な中枢をつくらなくてはならないと主張している。

人類は多くの国々を行き来し、さまざまな文明を経ながら進化してきた。そしていまや、人類は電線や通信ケーブルでつながっている。思想と利害の共同体として結びついている。もはや世界統一は避けられなくなり、世界じゅうの才人によって具体案が考察されている。建設労働者、道路工事作業員、大工、鉄道従業員、船乗り、船長、商人、銀行頭取ら素晴らしい仕事をする人たちのおかげで、無意識的あるいは意識的に、世界は統一に向けて大きく前進している。だが、それ以上に大事なことがある。こうしたすべてに精神的な意義を与えなくてはならない。

この文章が書かれたとき、まだ〈生命の殿堂〉は構想されていなかった。ところがオリヴィアはすでに、世界の首都を建設する必要性を強く感じていたのだ。

将来、一国における都市間のように、国家間が友愛で結ばれるだろう。世界はひとつの連邦になるのだ。さまざまな目標を掲げた世界連邦が形成され、祖国という概念は消失する。男も女もみな、世界の産業、科学、芸術の推進のために力を注ぐ。世界じゅうに鉄道網が張り巡らされ、都市間をスムーズに移動できる。農業技術が改良され、物流が開発され、世界じゅうの工場が改革される。国ごとにではなく、地理的・物理的な特性を考慮したうえで生産地が割り当てられ、品質の高い商品が需要に応じて適切な方法で運搬される。これまで一国の首都だった街は、今後は単なる世界都市となる。世界の四、六か所に中枢がつくられる。

そしてどこかに、中央政府の本拠地である「世界の首都」が築かれるのだ。

第6章 欺瞞（一九〇八年）

1

一九〇八年一月二十四日、エルネスト・エブラールはアンダーソン家の食事会に招かれた。パリのエコール・デ・ボザールの生徒、アントナン・トレヴラスも同行した。このとき、エブラールは初めてオリヴィアに会った。ヘンドリック、オリヴィア、エブラールの三人が、ひとつのテーブルを囲む初めての機会だった。

食事はなごやかな雰囲気で進んだ。ヘンドリックは急に何かを閃いた顔になり、巨大建造物に関する新しいアイデアを披露した。エブラールは礼儀正しくふるまい、そのアイデアを必ず図面に取り入れると約束した。

一九〇八年初頭のこの時期、〈生命の殿堂〉は〈国際センター〉と名を変えていた。オリヴィアは食事をしながら、このプロジェクトの精神的コンセプトについてエブラールに説明した。エブラールは注意深く耳を傾け、最後に首肯して同意を示した。しかしその表情には、訝しげな苦笑が浮かんでいた。

オリヴィアはエブラールを、まじめだがやや皮肉っぽく、眼光鋭く、才気に溢れ、自信に満ちた人間だと思った。

エルネスト・エブラールは批判的なものの見方をするが、理路整然とした、論理的な考え方ができる人間だ。そこそこ成功した人物のようにふるまい、自分の意見に威厳と重みをつけようとする。仕事ぶりは非常に正確。彼が携わることで、わたしたちの作品にフランス的な信頼性がもたらされるだろう。

さらにオリヴィアは、エブラールの人物像に辛辣《しんらつ》な評価を与える。「もちろん、彼は決して天才ではない」。この手厳しいことばは、今後のふたりの関係における心理状態を的確に表わしている。オリヴィアにとって、エブラールの才能は「脅威」だった。ヘンドリックこそが天才だ。天才がふたりもいるはずがない。

その一方でオリヴィアは、エブラールが「非常に知的で、高い教養があり、壮大な建造物を鑑賞したり評価したりすることに多大な関心を持っている」と認めている。そして鋭敏な観察力で、エブラールが「自分が手がけたものが駄作や凡庸であることに我慢ができない」タイプだと判断している。

2

エブラールがアントナン・トレヴラスを同行したのは、ある考えがあってのことだった。この二年間、研修のために地中海周辺諸国を二度にわたって旅しながら、この〈生命の殿堂〉――いまや〈国際センター〉だが――という非現実的なプロジェクトに断続的に取り組んできた。ヘンドリックが突拍子もない建造物を考えついて図面の修正を要求するたびに、こんな常軌を逸したプロジェクトを実現させるのは無理だと説得を試みたが、毎回徒労に終わった。何度も話し合いを重ね、たくさんのスケッチを描いてきたが、その関係性はいっこうに変わらなかった。

エブラールは内心、こんなプロジェクトは実現不可能と確信していた。人類の魂を統一させるという夢物語に根気よく耳を傾けながらも、少しも納得していなかった。窓から金を捨てているとしか思えない。だがどうやらアンダーソン義姉弟は、この〈国際センター〉にかなり執着していて、経済的にもゆとりがあるようだった。それにこのプロジェクトのおかげで、エブラールは定期的に多額の収入を得ている。プロジェクトが非現実的だからといって、金の卵を産む雌鶏を殺す理由にはならない。計画が無謀だからという理由で、高額の報酬を拒絶できる建築家がどこにいるだろう?

ヘンドリック・アンダーソンと同様、エルネスト・エブラールも貧しい家庭で生まれ育った。両親はパリ郊外のアパルトマンの管理人だった。エブラールは第三共和政のエリート教育制度のおかげで、フランス社会でのし上がってきた。そして、アンダーソン義姉弟に率直に語ったように、ローマ大賞受賞者という肩書きを建築家としてのキャリアアップに利用するつもりだった。エブラールにとって建築家として成功するとは、フランスの国威と芸術のために尽くし、パリで名を挙げて、豊かな生活ができるようになることだった。

アンダーソン義姉弟の野心は、エブラールの野心とは真逆だった。オリヴィアとヘンドリックは、芸術界をあまりに物質主義的で、世俗的で、ブルジョワ的で、保守的だと考えていた。この業界とは袂《たもと》を分かつつもりだった。こうしたこともひとつの理由となって、ヘンドリックの才能から誕生した、人類の魂の進化に貢献する巨大建造物をつくろうとしていたのだ。

食事が終盤に差しかかった頃、エブラールは突然、隣に座る小柄で内気そうな青年を指し示し、「国際センタープロジェクトはあまりに大規模で壮大なので、円滑に仕事を進めるために、今後は彼の手を借りるつもりです」と告げた。「今後数か月間、このアントナンがわたしの指揮下で図面を制作します」

じつに巧妙な策略だった。エブラールは、報酬を得ている以上は彼らの仕事を進めなくてはならないと思ってはいたが、魂がどうとかいうくだらない話のために何時間も無駄にするのに嫌気がさしていた。トレヴラスは才能ある若者だ。だが、エブラールがまだ〝研修生〟にすぎない彼を食事会に同行したのは、このやりがいのない労務を押しつけるためだった。

エブラールは、アンダーソン義姉弟に隠していることがあった。じつは、ふたりの仕事と並行して、古代ローマ時代を専門とする歴史家、ジャック・ジレール（一八七八〜一九六二年）と共同で大規模な遺跡発掘計画を進めていたのだ。スパラトゥム（現クロアチアのスプリト）に建てられた、古代ローマ皇帝ディオクレティアヌスの宮殿を完全に復元するプロジェクトだ。エブラールが初めてこの地を訪れたのは一九〇六年だった。そのときから、都市の図面の分析、遺跡の測量、宮殿修復調査のために、複数回にわたって再訪する予定を立てていた。エブラールはこの壮大なプロジェクトに夢中になった。これは自分にとって大きな実績になるはずで、パリで名声を得られるかもしれないと考えた。

夕食を終えると、エブラールはシガーに火をつけ、ヘンドリックに媚《こ》びるようなお追従を述べた。それから、ローマに自分のアトリエを借りてほしいと願い出た。大きな製図テーブル二台、ロール状の製図用紙数巻も要求した。アンダーソン義姉弟はこうした要求を当然と思い、快く承諾した。

3

深夜、エブラールたちが帰っていくと、ヘンドリックはオリヴィアに、エブラールを〝助手〟に選んだのは正解だったと言った。そして、「あの男は、国際センターの仕事に熱心に取り組んでいて、このプロジェクトの重要性をきちんと理解している」と述べた。

オリヴィアも同意見だった。「これでようやく帆が上げられた。ヘンドリックはしっかりと舵《かじ》を握り、船員たちはみな自らの持ち場につき、船は目標に向かって進み出した」と、その日の日記に書いている。

翌日、ヘンドリックはオリヴィアと一緒に散歩をしながら、新たに浮かんだアイデアを打ち明けた。

まるで生まれる前から赤ん坊の将来を決めてしまうようだけど、（建築家たちが）この仕事を終えて、設計図が完成した暁には、本を刊行したらどうかと思うんだ。非売品にして、世界じゅうの国王や国家首脳に贈呈する。ぼくたちのアイデアが奇抜でも奇妙でもないことをわかってもらったうえで、この計画が実現されるよう支援してもらうんだ。

4

一九〇八年三月初め、ヘンドリックは風変わりな人物と知り合った。ポーランド系アメリカ人で、理想主義者のデイヴィッド・ルービン（一八四九～一九一九年）だ。第二次世界大戦後に設立された国際連合食糧農業機関（ＦＡＯ）の前身、国際農業研究所（ＩＩＡ）の創設者だった。彼の存在は、ヘンドリックのプロジェクトに長きにわたって影響を与えつづけた。

アルゼンチンの作家、ホルヘ・ルイス・ボルヘスは、短編小説「議会」で、ウルグアイの裕福な地主であるドン・アレハンドロ・グレンコウが、一九〇四年に立てた壮大な計画のために私財を費やす話を書いている。その計画とは「すべての人間、すべての国の代表者が集まる世界会議を設立する」ことだった。ドン・アレハンドロは、協力者たちを世界じゅうの国々に派遣し、本を収集して〝現代版アレクサンドリア図書館〟を設立しようとした。

この架空の人物と同じように、デイヴィッド・ルービンも、農業分野での〝世界会議〟を設立したいと願った。ただ、最終的に夢破れたドン・アレハンドロの物語がフィクションだったのに対し、ルービンの人生は実話だった。ひとりのユートピア主義者が本当に夢を実現させたのだ。

ルービンは十九世紀中頃、ポーランドでユダヤ系家庭に生まれたが、幼少時に両親に連れられて移民となった。初めはイギリスで暮らし、六歳でアメリカに渡った。ルービンはそこで成長し、〝セルフメイドマン〟、つまり独立独歩の人となった。若い頃は極貧で、サンフランシスコで宝飾店スタッフ、ロサンゼルスで工事現場の労働者、アリゾナで金鉱夫、ニューヨークやニューオーリンズで旅商人をするなど、職と土地を転々とした。その後は、カリフォルニアのサクラメントで開業し、さまざまな事業を手がけて財産を築き、篤志家になった。一八八〇年代には、果樹栽培と穀物栽培に対する投資も始めた。

当時の農業は、世界経済において威信を失い、重要視されなくなっていた。絶大な権力を持つ仲介業者に搾り取られ、急激な価格変動に苦しみ、過剰生産、投機の恐怖、価格の下落、作物の病害、気候変動などにも頻繁に悩まされていた。農産物を海外輸送する大型船は、大企業によってチャーターされたが、農業生産者たちはこの力関係において完全に従属的だった。こうした状況を知ったルービンは、市場の情報を入手できれば、農業生産者たちの大きな強みになると考えた。そこで、彼らを代表する協同組合などの団体に自らもかかわる決意をした。

ルービンは、同世代の多くのユートピア主義者の例に漏れず、宗教的および預言的な意味での人類の幸福と世界の統一を夢見ていた。長く患っていたうつを克服した一九〇〇年、これまでの精神主義的探求の集大成として『光あれ』というエッセイを刊行している。ルービンは真剣に〝世界教会〟を設立したがった。宗教的自由主義者として、支持者に神の教えを説く代わりに、経済学を教えるつもりだった。情報の民主化が、人類の進歩のカギになると考えたからだ。とくに通信と電話が大きな役割を果たすと信じ、近代の通信・交通網を称賛した。こうしてルービンは、貿易摩擦を回避し、国際平和を維持し、公正と公平を守るために〈国際農業研究所〉設立に尽力した。

一八九六年、計画を実現しようとして幾度も失敗を喫したルービンは、アメリカを離れてヨーロッパに移住した。ロンドンで、彼の計画は非現実的とみなされた。そこでパリに移ったが、フランス政府も彼の計画をまともに取り合わなかった。ルービンはローマに賭けることにした。

一九〇四年十月二十三日、イタリア人法学者で経済学者のルイージ・ルッツァッティ（一八四一～一九二七年）の仲介で、ルービンはイタリア国王ヴィットーリオ・エマヌエーレ三世への謁見が許された。国王は、国際農業研究所のような組織は自国にとって有益だと即断し、年に一度の助成金を提供すると約束した。

数週間後、イタリア首相で自由主義者のジョヴァンニ・ジョリッティ（一八四二～一九二八年）

は、一九〇五年五月に国際農業研究所のキックオフ会議が開催されるべく、外交使節団に協力を要請した。世界各国に駐在する大使たちはみなその要求にしたがった。そして五月二十八日、アメリカ穀物大手がヨーロッパでの価格下落を画策しているという懸念が一部の国々に広まるなか、四十か国の代表者が参加する会議が無事に開催された。

一九〇五年六月七日、国際農業研究所の目的が正式に発表された。農業、食品取引、および農業労働者の貸付、保険、報酬について、統計・技術・農学・経済上の情報を収集、整理、公表すること。いかなる国家の経済政策や商業活動に対しても権限を有さない一方、情報にもとづいて各国政府に勧告を与えられるとされた。一九〇六年から一九〇八年にかけて、ヴィラ・ボルゲーゼに本部が設立され（現在は〝ヴィラ・ルービン〟と呼ばれている）、一九〇八年五月二十三日に国王主催の落成式を実施。そして同年十一月末、第一回総会が開催された。ひとつの国際機関の誕生だった。

5

デイヴィッド・ルービンと知り合ったヘンドリックは、ポポロ広場のアパートに帰ってきてオリヴィアの顔を見るなり、『光あれ』を得意げに振り回した。

素晴らしい人に出会った。まさに真の預言者だ！　あんな人物にはなかなかお目にかかれない。彼となら何日でも話をしつづけられる。彼のプロジェクトはぼくたちのと共通点が多い。話をしていたとき、デイヴィッド・ルービンはぼくに手のひらを見せながらこう言ったんだ。

「わたしは、世界じゅうの国王と首相をこの手につかみ取った。ところが、彼らはそれに気づいていないんだ！　アンダーソン君、きみが今いるこの部屋に、中国、ロシア、日本、ドイツ、イタリアといった国々の大使たちが一堂に会した。彼らはわたしの話に耳を傾け、わたしのプロジェクトがよいものだと確信した。どうしてか？　彼らの役に立つからだ。アンダーソン君、彼らはみな、このプロジェクトが国内経済と国際経済のどちらにも意義があり、利益をもたらすと信じている。わたしは実用的で技術的なことについても詳細にわたって話をした。科学的な事実や経済的な知識をたくさん披露して、彼らを感心させたんだ。どうしてか？　本当のことは言えないからさ。自分が理想主義者で、このプロジェクトは単にわたしの理想にすぎないとは言えない。そんなことを言ったら、つまり本当のことを言ったら、わたしは空想家と呼ばれてしまうだろう。ねえ、アンダーソン君、わたしは彼らを欺《あざむ》いているが、彼らはそれを知らないんだ」

デイヴィッド・ルービンの成功は、ヘンドリックとオリヴィアの妄想を駆り立てた。ユートピア主義者のふたりは、ルービンの組織のように、自分たちの〈国際センター〉にも世界のあらゆる芸術と技術を結集させたいと願うようになった。彼らのプロジェクトは、まだ都市の形にはなっていなかったが、国際組織を擁する壮大な建物がすでに複数考案されていた。「来たるべき世界の土台を築く人間が何人か必要だ。ヘンドリックもそのひとり」と、オリヴィアは書いている。

6

アントナン・トレヴラスとエルネスト・エブラールの仕事は遅々として進まず、とうとうアンダーソン義姉弟は怒りを爆発させた。一九〇八年六月、遅延の理由が明らかになった。エブラールは、建築家であると同時に考古学者でもあり、アンダーソンのプロジェクトと同時進行でディオクレティアヌス宮殿の復元計画にも携わっていたのだ。まったくの寝耳に水だった。トレヴラスが、学業を続けるためにパリに戻らなくてはならないことも判明した。

アンダーソン義姉弟は騙されたと思った。「きっとあの人たちは、このプロジェクトを非現実的だと思っているのだろう」。オリヴィアは苛立たしげにそう書いている。「理想のために身を捧げるわたしたちのような人間の言うことを、まともに受け止めることができないのだ」

六月十一日、エブラールはアンダーソン家で夕食をとった。ふたりのプロジェクトのために素晴らしいものをつくりたいという意欲は今もある、と彼は述べた。そして、遺跡の仕事のせいでこれ以上迷惑はかけないと約束した。「夏休みが終わったら、優秀な製図工をふたり連れてローマに戻ってきます。ひとりはこちらのプロジェクトに、もうひとりはディオクレティアヌス宮殿のほうに携わらせます」

第7章

不和

（一九〇八〜一九一〇年）

1

ヘンドリックとオリヴィアは、マルグッタ通りのアトリエを不意打ちで訪れた。エルネスト・エブラールとふたりの製図工のために借りた部屋だ。少なくともひとりの製図工は、自分たちのプロジェクトの仕事をしているはずだった。ところが、大きな作業台の上には、ディオクレティアヌス宮殿に関する考古学資料しか置かれていなかった。古代につくられた舗装や壁の、モザイクやレンガひとつずつまで細かく描かれた図面が、山と積み重ねられている。ジョルジュ・モクシオンとシャルル・プリソンというふたりの製図工のローマ滞在費用は、オリヴィアが全額負担していた。そうすれば、自分たちのプロジェクトを優先的に進めてもらえると思ったからだ。彼女は騙されていたと気づき、「時間の無駄だわ！」と怒りを露わにした。

エブラールは、アンダーソン義姉弟の気をそらすことで場を収めようと、製図工たちの仕事の説明を始めた。「これらの図面はすべて、スプリトにいるときに原寸大で描いたものです。これから縮小して、復元図に入れ込みます。今はまだ鉛筆描きですが、決定したらインクで描き直します」

ヘンドリックは返事をせず、〈国際センター〉の進捗状況を見せるよう要求した。エブラールは部屋を横切り、隅に置かれていた資料の束を手に取った。そして、美術館の平面図と断面図を開いた。
「たったこれだけ？　三か月もあったのに？」ヘンドリックはエブラールを凝視しながら尋ねた。それから断固とした口調で「こんなことは到底許されない。すぐにでも遅れを取り戻すように」と命じた。

2

一か月後の一九〇九年二月末、エブラールは、動物園、音楽・絵画学校、三百人の学生を収容できるアパートを、それぞれ美しい図面に仕上げてアンダーソン義姉弟に提示した。ヘンドリックは満足し、追加ぶんの建物をさらに設計するよう要求した。エブラールは困惑し、このプロジェクトの規模はもはや常軌を逸している、と述べた。「この計画は実現不可能です。あなたは大金を無駄づかいしています」。ヘンドリックは、「ぼくがきみに報酬を支払っているのは、理想を形にしてもらうためであって、苦言を呈してもらうためじゃない」と反論した。

それから数か月間、エブラールはアンダーソンの報酬を受け取りながら、隠れて宮殿の復元作業を続けた。遺跡の仕事になるべく多くの時間を使いたかった。そこで、スポーツジム、スタジアム、陸上競技場の設計は、弟のジャン・エブラールに任せたいという希望をヘンドリックに告げた。ジャンはパリのボザールを卒業後、ニューヨーク州イサカのコーネル大学で建築を教えていた。

〈ヘンドリックはこの申し出を了承し、挨拶の手紙をジャンに送った。その手紙で〈国際センター〉では男女に平等の地位を与える、と説明した。男女が同じようにスポーツ施設を利用できるようにしてほしいと要求したのだ。

男性用ジムと女性用ジムのいずれにも、彫像展示室を併設させたい。肉体が美しく発達した、古代ギリシア彫像を飾りたいと思う。大講堂も建てたい。優秀な医師によって、彫像を使いながら解剖学を教えてもらいたい。芸術的観点から見た肉体構造について講義を行なえる施設も必要だ。ジムの隣に大浴場もつくりたい。プールがあればなおいいだろう。トルコ風呂、ふつうの浴槽、シャワー風呂などを備えたものがいい。男女それぞれのジムに、十分な広さを持つ図書館や読書室も併設させたい。カラカラ浴場のようなものもいいかもしれない。あの浴場には、のんびりして、広々として、温かい場所というイメージがある。ある意味では理想的な施設かもしれない。

数か月後、ジャンはオリンピック・スタジアムのスケッチを提出した。「ハーバード大学のスタジアムと、カリフォルニア大学バークレー校のスタジアムを参考にして、より規模を大きくしました」と、手紙で説明している。おそらくジャンは兄から、アンダーソンとうまくつき合うコツをレクチャーされたのだろう。手紙には「スタジアムの規模は、古代ローマ時代のチルコ・マッシモ［戦車競技場］に匹敵します」と書き添えてあった。アンダーソン義姉弟はこのアイデアに手放しで賛同した。

3

一九〇九年の初夏、ディオクレティアヌス宮殿の復元という大仕事を終えたエブラールは、休暇を取る必要があると感じ、シチリアへ観光に出かけた。タオルミナとパレルモからアンダーソン宛てに絵葉書を送っている。

オリヴィアは立腹した。ヘンドリックのほうは〈生命の泉〉の制作と〈国際センター〉プロジェクトのために、休まず仕事をしていたからだ。エブラールが雇った製図工のひとり、ジョルジュ・モクシオンも一緒に作業をした。モクシオンは二十九歳で、長い顎ひげを生やし、ひっきりなしにパイプを吹かしていた。ふたりは互いの能力を認め合いながら、力を合わせて〈国際センター〉に建てる塔の構想を練った。

一九〇九年七月、パリに戻ったエブラールは、ジャコブ通り二十三番地に建築事務所を開業した。ヘンドリックに手紙を書き、設計の進捗状況を知らせる写真を同封した。その手紙で、今後数か月ぶんの報酬について問い合わせをしている。

ところで、わたしは月々いくらまで支出が可能でしょうか。まず、製図工ひとりにつき四百から五百フランの報酬が必要です。わたし自身も月々五百から六百フラン頂きたく思います（わたしだって働くつもりですので）。そちらで出していただける金額、この仕事を進めるのに受け取れる金額が知りたいです。こちらから金額を提示することはできません。このプロジェクトは大規模ですし、かなり特殊な難しい作業が必要とされるので、過去の仕事と一概には比較できないからです。素晴らしいものをつくるために最善を尽くします。なるべく支出を抑え、採算を度外視してでもこのプロジェクトに取り組むとお約束します。こんなお願いをするのはまことに恐縮ですが、わたしの意向をご理解いただきたいのに加えて、当方の判断だけで勝手なことをすべきではないと思ったからです。これはわたしの義務でもあります。では、お返事をお待ちします。よろしくお願いします。

交渉のための書簡が数回やり取りされた。アンダーソン義姉弟は〈国際センター〉の図面が一年以内に完成することを望んだ。エブラールは二年は欲しいと述べた。

実際に図面を引くより、建造物をきちんとした形に整えることに、より多くの時間がかかります。（中略）一番厄介なのが試作です。たとえば、ローマ大賞の設計競技では四か月の作業期間がもらえますが、わたしたちは試作に三か月を費やし、図面引きには一か月しかかけません。建築家の仕事もこれと同様です。（中略）正直なところ、わたしはこれまで試作しかしてきませんでした。仮に自分の思いどおりになるなら、これほど大規模なプロジェクトなら、最短でも試作に三年から四年はかけるでしょう。建築家がひとりで取り組むとしたら、これひとつに専念せざるをえないほどの規模ですから。

アンダーソン義姉弟の決断により、作業期間は一年間で、報酬は月々千五百フランとされた。エブラールは、ジョルジュ・モクシオン、アントナン・トレヴラス、フェリックス・デュマイの三人を製図工として雇った。三人は数か月間、エブラールのために断続的に働きつづけた。エブラール自身は、国際大通りと国際会議場の建物の設計に取り組んだ。

一九〇九年十月十五日以降、エブラールはヘンドリック宛てに、〈国際センター〉の最新版全体図、美術学校の建物の試作、彫刻展示室が入る巨大ドーム建築の断面図、絵画展示室が入る別のドーム建築の図面などを次々と送った。この時期、計画は滞りなく進んだ。

「新しいアトリエは作業がしやすく、とても気に入っています」と、エブラールは書いている。「これほど大規模な計画は、パリにいるほうがやりやすいです。ローマにいるときと違って、スプリト（ディオクレティアヌス宮殿）に時間を費やさずにすむので、試作がスムーズに進みます」

エブラールとアンダーソン義姉弟のやり取りは、フランス語で行なわれた。オリヴィアはフランス語を不自由なく読み書きできた。アンダーソン側の書簡はいつも「ヘンドリック」と署名されていたが、実際にタイプを打っていたのはオリヴィアだった。ふたりの立場の違いが現われていたと言えるだろう。

〈国際センター〉のさまざまな図面は、すべて書留でやり取りされた。二十世紀前半の建築界で一般的だった、サイアノタイプという写真方式によって複製された〝青写真〟の図面だ。これを木の棒に巻きつけ、紐《ひも》をかけた状態で、フランスとイタリア間を往復させていた。

4

エブラールは、何年ものあいだなおざりにしてきたプロジェクトの仕事に、一九〇九年末になってようやくまじめに取り組むようになった。一九〇九年十二月十五日の手紙にこう書いている。

殿堂と図書館の新しい図面をお送りします。(中略)アンダーソンさん、ご覧のように設計と試作は順調に進んでいます。これほど大規模なプロジェクトの設計を行なうのに、どれだけ膨大な作業が必要とされるか、おわかりいただければ幸いです。わたし自身、この壮大な計画に対して、これだけの仕事を成し遂げられたことに我ながら驚いています。正直なところ、このプロジェクトは素晴らしい傑作になるとほぼ確信するに至っています。

ところがこうした主張に反し、実際のエブラールはこのプロジェクトだけに取り組んでいたのではなく、並行して別の仕事も行なっていた。建築事務所としてコンペに参加するために、アンダーソンの報酬で製図工たちを雇い、〈国際センター〉とは関係のない仕事をさせていたのだ。一九〇九年四月、エブラールはフランス政府任命建築家として、国立図書館の建設に携わりはじめた。芸術アカデミー会員の建築家であるジャン゠ルイ・パスカルが、このプロジェクトの主任を務めている。エブラールは週三日の午後はこの仕事に専念した。さらに、一九一〇年のサロン展の準備にも追われていた。ディオクレティアヌス宮殿の発掘・復元に関する資料を、展示室一室を丸々使って公開する予定だった。

エブラールはアンダーソンに定期的に図面を送ることで、こうした状況をごまかしていた。ローマにいるオリヴィアは、いまやエブラールは自分たちのプロジェクトだけに専念していると信じていた。

世界合衆国の実現に貢献するのは、なんて素敵なことかしら。ええ、この〝合衆国〟は必ず実現されなくては。将来、必ずそうなるはず。（中略）この計画を指揮しているのは、わたしのヘンドリック。いいえ、むしろ彼は使者。そう、神の意識を伝える使者なの。

5

エブラールは、一九一〇年のサロン展に出品した考古学資料で名誉賞を受賞した。受賞者発表のために弟のジャンもアメリカから駆けつけており、兄弟ふたりで喜んだ。エブラールはこの快挙を電報でアンダーソンに伝えた。

オリヴィアは喜んだ。だが、それはエブラールのためではなかった。むしろ、ヘンドリックの〝天賦《てんぷ》の才〟に比べたらたいしたことはないのに自惚《うぬぼ》れている、と思った。彼女が喜んだのは、この名誉ある賞を獲得したことで、エブラールがいよいよ〈国際センター〉に全力を注ぐ気になるだろうと思ったからだ。一九一〇年六月三日の手紙で、エブラールはこう述べている。

今取り組んでいるこのプロジェクトの仕事について、このように評価していただけるのを心から喜んでおります。わたし自身も、この仕事が比類なき傑作になるのを望んでおりますし、サロン展を超える名誉を授かるのを期待しています。一建築家として、想定しうるかぎりでもっとも大規模なこのプロジェクトに携わることができるのを、大変光栄に思っています。必ずこの仕事を成し遂げて、優れた作品をお見せしたいと強く願っています。

エブラールは、ようやくプロジェクトに真剣に取り組みはじめた。だが、計画は拡張の一途をたどり、ヘンドリックの巨大建造物への嗜好《しこう》は高まる一方だった。いつまでたっても現状に満足せず、次々と奇抜な要求をエブラールに突きつける。とりわけ、美術館のファサードに、著名人の彫像を百体並べることにこだわった。さらに、ここ数年のうちに世界じゅうに建てられた美術館、劇場、美術学校、動物園のうち、どれがもっとも優れているかを比較する調査を行なうよう要求する。ヘンドリックの誇大妄想には終わりが見えなかった。

各国のさまざまな都市に建てられた建造物の図面を集め、並べて比較することで、ぼくたちのプロジェクトがどこかから突然湧いて出たものではなく、各分野の最高のものを集結させたのだと、簡潔かつ論理的に示すことができるはずだ。また、こうした比較対照によって、建造物を結集させるメリットを示すこともできるだろう。

エブラールはこの要求に応じて、オランダのハーグの平和宮に関する資料、パリのグラン・パレの詳細図、ドイツの複数の劇場の資料、最新の建築コンペ情報、アメリカのボザール様式の建造物の情報を収集した。

6

一九一〇年七月八日、オリヴィアは、パリに住む妹のルイーザがアメリカン・ホスピタルで緊急手術を受けるという電報を受け取った。オリヴィアはすぐに列車でフランスに向かった。

パリに到着すると、エブラールに電報を出した。そして数日後、ジャコブ通り二十三番地の五階にある建築事務所を訪れた。明るい部屋にいくつもの製図テーブルが置かれ、たくさんの図面が散乱していた。古代建造物を描いた美しい水彩画が数枚、壁に飾られている。製図工たちはエブラールを心から尊敬しているようで、オリヴィアはそのことに驚いた。こんな天才でもない人間が敬意の対象になるなんて……と、まったく理解できなかったのだ。

エブラールはオリヴィアに進捗状況を説明し、こう述べた。「製図工たちには、このプロジェクトについてまだ他言しないよう命じています。正直なところ、わたしは実現の可能性を今も不安視しているので……」。エブラールの疑念に、オリヴィアはひどく立腹した。

7

一九一〇年の夏、エブラールは、トスカーナのレッジェッロにあるサルティィーノという集落で、ヘンドリックたちが借りた別荘で数日間の休暇を過ごすことにした。一八九二年、サン・テレーロからサルティーノまで全長八キロの鉄道が敷設されてから（現存していない）、フィレンツェに至近で夏は涼しいこの集落は、十九世紀末から二十世紀初めにかけて観光地として賑わった。「モミの森に囲まれた山の上の集落で、とても素敵なところだよ」と、ヘンドリックはぜひ来るよう勧めている。エブラールはこの集落に九月十六日に到着した。

翌日、エブラールとヘンドリックは一緒に森を散策した。エブラールはアンダーソン義姉弟と楽しく過ごしながら、胸に秘めた不安を正直に吐露した。〈国際センター〉の設計はすでにかなり進行していたが、今も実現性を危ぶんでいた。「このプロジェクトの建物をひとつつくるだけでどれだけの費用を要するか、本当にわかっていますか？」と、食事をしながら幾度となく尋ねている。オリヴィアとヘンドリックは苛立ち、これだけの年月がたっても結局エブラールの疑いは晴れなかったのだと悟った。

エブラールは、〈国際センター〉の仕事に携わることで、建築について新たな着想が得られるのを期待していた。しかしその一方で、このプロジェクトの常軌を逸した規模と奇抜さに不安を感じていた。いずれこの仕事は、アメリカ、フランス、イタリアなどの国々で公開されるだろう。そのとき、自分の名前がヘンドリック・アンダーソンと並んで紹介され、パリで愚弄《ぐろう》されるのを恐れたのだ。

さらにエブラールは、規模が大きすぎるせいで十分に練りあげられないまま、作品が公開されるのを懸念していた。「これほど壮大なプロジェクトは、仕上げるのに時間がかかります」と、繰り返し主張している。そう言いながらも、エブラールはアンダーソンの報酬を使って別の仕事もしているので、それほど多くの時間は割けない。だからこそ、規模を縮小してくれるよう四年前から訴えているのだが、なかなか聞き入れてもらえなかった。

そしてある日の食事どき、エブラールはこう打ち明けた。

以前、このプロジェクトについて他言はしないと申しましたが、じつはその約束を破ってしまいました。わたしの上役に当たる建築家、ジャン＝ルイ・パスカルにかいつまんで話をしたのです。経験豊富で、パリで尊敬されている人物ですが、このプロジェクトには建設的に大きな価値があると言っていました。わたしは驚き、とても喜びました。建築の発展に大いに貢献しうる計画とも言っていて、心から感動しました。

オリヴィアはエブラールを睨《にら》みつけた。どうして他人の意見を求める必要があるのか？「この四年間、こちらが報酬を支払っているプロジェクトの意義を、この人はまったく信じていなかったのだ」。オリヴィアは苦々しい思いでそう結論した。卑怯で、臆病で、金と名声に固執するちっぽけな人間。「エブラールを指導するのに、ヘンドリックはそうとうな熱意と忍耐を必要としている」と、彼女は日記に綴っている。

サルティーノでの休暇を終えた三人は、車に乗ってフィレンツェへ向かった。エブラールはふたりをサンタ・トリニタ教会に案内し、ドメニコ・ギルランダイオのフレスコ画とルカ・デッラ・ロッビアのフェデリギ司教の墓を見せた。エブラールはローマ留学時代、ボザールに提出する課題のテーマにこの墓を選択していた。芸術を愛好する三人はその後はウッフィツィ美術館を訪れた。

8

一九一〇年九月二十三日、ローマのアンダーソン家に滞在していたエブラールは、パリから電報を受け取った。事務所名義で建築設計コンペに応募していた「精神病院」プロジェクトが、見事予選を通過したのだ。彼はこの知らせをヘンドリックたちに伝え、本選のプレゼン準備のためにすぐにフランスに戻らなくてはならない、と告げた。

オリヴィアとヘンドリックはこのとき、何年も高額な報酬を支払ってきた建築家が、本人の主張に反して、別の仕事も行なっていたとようやく気づいた。オリヴィアは我慢の限界だった。冷たい口調で相手にそう告げると、エブラールも怒りだした。そして口論が始まった。

「お願いだからわかってください！」エブラールは懇願した。「わたしにとって、このコンペはまたとないチャンスなんです。この病院のプロジェクトが無事に通れば、二万フランもの大金が手に入るんです」

オリヴィアはエブラールに軽蔑のまなざしを向けた。「わたしたちが支払っている報酬では足りないと言いたいんですか？　あなたはいつも、時間がない、時間が欲しい、と言う。でもほかのことをする時間はあるんですね！」

「そこまでおっしゃるなら、お答えしましょう。ええ、あの報酬では足りませんとも。建築設計コンペに参加することの何がいけないんですか？　あなたたちに要求されている仕事がどれほど大変かわかりますか？　とても巨大な作品です。だから時間が必要なんです。ダニエル・バーナムがシカゴの都市計画をしたときに受け取っていた報酬を知ってますか？　年間十万ドルですよ！」

このとき、それまで沈黙を守っていたヘンドリックが仲裁に入った。いつもと変わらない、穏やかで威厳のある口調だった。

「エルネスト、そういう話にぼくはまったく関心がないんだ。ぼく自身は、金もうけのためにこのプロジェクトを構想したわけではない。初めからそう話しているはずだ。この仕事で得られる利益は決して多くない。月々の報酬が十分でないなら、心から申し訳なく思うよ。でも、これ以上は出せないんだ。もし、本当に報酬が足りないなら、大変残念だが契約を解消しよう。プロジェクトの実現のためにはやむを得ない」

「わたしはローマ大賞を受賞し、サロン展の名誉賞も獲得したんですよ」エブラールは言い返した。

「それが何か？」ヘンドリックは応じた。

「今回の建築設計コンペでも予選を通過しました。これはすごいことなんですよ。優れた建築家の証明です。アメリカにいるほかの建築家に、このプロジェクトについて聞いてごらんなさい。どれだけ費用がかかるか、わたしがこのプロジェクトでいかにもうけていないか、よくわかるはずです。わたしほど優秀な建築家も、コストの安い建築家も、決して見つかりませんよ。十万ドル以下でこれだけの設計をしてくれる人など、どこを探してもいません。あなたのしていることは時間の無駄だ。このプロジェクトは常軌を逸している！　実現は不可能です！」

ヘンドリックはゆっくりとエブラールに近寄った。余裕のある態度でしばし沈黙し、それから穏やかな口調で話しはじめた。

「エルネスト、わかったよ。今後、きみはきみ自身の人生を生きて、十分な収入を得られる環境に身を置きたいんだね。確かに、ぼくにはダニエル・バーナム並みの報酬を支払うことはできない。それでもこの四年間、きみはぼくたちが支払った小切手をすべて受け取ってきた。そして四年間ずっと、きみはぼくたちのプロジェクトを二の次にして、自分に有利な仕事を優先してきた。かつてはスプリトのディオクレティアヌス宮殿、そして今度は建築設計コンペの精神病院。スプリトの仕事はぼくたちのプロジェクトに大きな弊害をもたらした。きっとこのたびのコンペも同様だろう。ぼくはきみのキャリアの足枷《あしかせ》になりたくはない。高い利益を得られる仕事を優先したい気持ちはわかるよ。もうこれ以上、国際センターの仕事をしたくないと言うなら、その気持ちは理解できるし、ぼくも別の人を探そうと思う」

「アメリカで、わたしほどの経験を持つ建築家は見つからないですよ」

「わかってるよ、エルネスト。よくわかってる。だからこそ、きみと契約を解消するのはつらいんだ。でも、きみがいようがいまいが、国際センターは実現されなくてはならない。前に進む手段を見つけなくてはならないんだよ」

エブラールは怒ったまま、スーツケースを持って家を出た。パリ行きの特急列車にまだ間に合う時間だった。

ヘンドリックは、駅へ向かうエブラールに同行した。道すがら、ふたりはひと言もことばを交わさなかった。

エブラールはしかめ面をしたまま、プラットフォームに立った。何か言おうとするのを、ヘンドリックが遮った。「エルネスト、よい旅を。ぼくが言ったことをゆっくり考えてみてほしい。契約を解消することになったとしても、その気持ちを尊重するよ。どうかきみ自身が決断してくれ」

第8章

啓示

（一九一〇年秋）

1

どうしてエブラールは、結局アンダーソンのプロジェクトを最後まで遂行したのか？　その謎を解き明かすには、彼がアンダーソン義姉弟とやり取りした書簡、そしてオリヴィアが書き残した日記を読み込む必要があった。ワシントンのアメリカ議会図書館には、オリヴィアの日記六十六冊が収蔵されている。一方、ローマのアンダーソン美術館に保管されているのは、出版する目的で（のちに中止になったが）ヘンドリック監修のもとでタイプ打ちされた複写版だけだった。こちらはオリジナルに変更が加えられており、人名が消されていたり、数行、数段落、あるいは数ページぶんがごっそりと削除されたりしている。

オリヴィアの日記には、現実にやり取りした会話がそのまま書き写されていたり、事実が詳細に描写されていたりと、貴重な情報が多く残されている。日々の生活における重要なエピソードのほか、プロジェクトの進捗状況も細かく記載されている。ただし、あくまでオリヴィアの視点なので、その点を考慮して慎重に批判的な考察を行なう必要がある。でないと、オリヴィアの主観にとらわれすぎてエブラールを見誤ってしまう危険性がある。

これは、台北の国立台湾科技大学で建築学科の教授を務める、レミ・ウェイ＝チュウ・ワンと話をしていて気づいたことだ。一九九〇年代にパリに留学中、彼はふたつの研究論文を執筆している。ひとつはフランス領インドシナ時代のエルネスト・エブラールの建築作品に関するもの、そしてもうひとつは〈世界コミュニケーションセンター〉に関するものだった。

二〇一七年六月、ワンとわたしは、パリ国際大学都市［留学生向けの各国の学生寮施設］のスイス館の前で待ち合わせをした。約束した場所でカメラを構えていたワンは、わたしがうっすらと予測していたとおりのことを言った。

> 今から二十年ほど前、ローマでオリヴィア・アンダーソンの日記を閲覧したんです。おかげで、エルネスト・エブラールが金もうけのことしか考えておらず、金のためだけに〈世界コミュニケーションセンター〉の設計をしたとわかりました。金、金、金……。彼にとっては、名声とキャリア、そして金がすべてだったんです。アンダーソンに対して、報酬の増額、小切手、期限の延長ばかり要求していました。

一九〇六年から一九一〇年までの四年間、エブラールがアンダーソンのプロジェクトに興味があるふりをして小切手を受け取りつづけたのは、確かに非難に値する行為かもしれない。だが、本書の後半で明らかにしていく予定だが、エルネスト・エブラールがプロジェクトを遂行した本当の動機は、オリヴィアの日記だけではわからない。実際、エブラールは純粋に財政的な理由から、アンダーソンの要求に応えきれなかったのだ。

2

アンダーソンとエブラールの要求は、互いにまったく嚙み合っていなかった。アンダーソン義姉弟がエブラールに求めたのは、プロジェクトの〝助手〟としてヘンドリックの指導にしたがうことだった。その結果、エブラールは、建築については門外漢のヘンドリックを師匠のように仰ぎ、指示どおりに動かなくてはならなかった。そしてある程度器用に、状況によってはユーモアを交えながらその役割を演じた。こうしたさまざまなことから、三人の関係はぎくしゃくしたり、緊張感をはらんだり、対立したり、ときには喧嘩になったりした。

オリヴィアは、ヘンドリックを比類なき天才とみなしていたので、エブラールがその誇大妄想的な考え方を軽い口調でからかうのが我慢できなかった。オリヴィアは日記で、エブラールの英語の発音を再現し、文法の誤りやフランス語なまりをあげつらった。アンダーソン義姉弟は、本人のいないところでエブラールをあだ名で呼んで揶揄《やゆ》した。一番よく使われたあだ名は〝バイ・ジョブ〟だ。「もちろん」「なんとまあ」「神に誓って」などを意味する古くさい間投詞で、英語を話す際に本人がしょっちゅう口にしていたからだった。エブラールから親しみを込めて送られてきた絵葉書に対してさえ、ふたりは辛辣な感想を口にしている。

エブラールが公然と無神論を表明することにも、オリヴィアは苛立ちをおぼえた。スピリチュアルな話題が上るたび、エブラールは冗談めかして「わたしの宗教は建築ですから」と述べた。オリヴィアはこの軽薄さを侮辱的で低俗だと感じた。

エブラールは、ヘンドリックの作品に感銘を受けたようすを見せたことは一度もなかった。アトリエを訪れても、作品の意義を理解しようとせず、おざなりなお世辞を口にするだけだった。オリヴィアは、エブラールは芸術作品の本質を理解できないのだと結論した。そのため、エブラールがプロジェクトのためにどれだけ素晴らしい仕事をしようと、すべてヘンドリックひとりの功績と考えた。

アンダーソンの仕事を続けるか否かについて、エブラールが激しく葛藤したことは想像にかたくない。彼はふたつの感情の板挟みになっていた。ひとつは、クライアントの要求に応え、その仕事を遂行したいという気持ち。もうひとつは、プロジェクトの奇抜さに対する嫌悪感と、恥をかくことへの恐れ。それでもこの仕事を遂行した理由を知るには、一九一〇年十月十日にロンドンで起きた出来事を振り返る必要がある。

3

一九一〇年の時点で、「都市計画」や「都市計画家」といったことばは、フランス建築業界ではまだあまり知られていなかった。こうした単語が広まりだしたのは、翌年の一九一一年、フランス建築家・都市計画家協会（ＳＦＡＵ）［のちのフランス都市計画家協会（ＳＦＵ）］が設立されてからだ。初代会長に就任したのはウジェーヌ・エナール（一八四九～一九二三年）で、創設者である十人ほどの建築家に「エルネスト・エブラール」の名も見られる。そのうち、アルフレッド・ドナ・アガッシュ、マルセル・オービュルタン、エドゥアール・ルドンの三人は、第一次世界大戦中に出版された書籍『破壊された街をどう再建するか。都市、町、村に適用される都市計画という概念』で、「都市計画」ということばをこう定義づけている。

> 都市計画は、交通、医療、美観など、都市にまつわるあらゆる問題にかかわっている。都市計画は学問の一分野であり、芸術でもある。実践者には正確な知識と特殊な能力が求められる一方、才能と直観なくしてその資質は開花しないだろう。
> 建築技師は論理的な打開策を探り、建築家は優美なあるいは趣のある建造物で街を彩る。そして、こうしたすべてをひとつのコンセプトのもとで調和させ、いわゆる〝美しい街〟をつくるのが、都市計画家の役割だ。

十九世紀前半、失業した農民が大量に都市に流入したことで、家賃が高騰し、賃金が下落し、やむなく掘っ立て小屋に暮らす人が急増した。工業化が進むと、都市部には貧困者が溢れかえった。技術史家、都市計画史家のルイス・マンフォードは、著書の『歴史の都市』（一九六一年）

でこの激動の時期に言及している。

一八二〇年から一九〇〇年にかけての都市部は、まるで戦場のような混乱と無秩序に襲われていた。あらゆる建設工事は、銀行家、企業家、先端技術の発明家たちの発案に委ねられていた。当時の都市部が、ディケンズが『ハード・タイムズ』で描いたコークタウン（石炭の町）のようになったのは、よくも悪くもすべて彼らの責任だ。実際、欧米諸国の都市は、多かれ少なかれみな同じような様相を呈していた。十九世紀、猛スピードで工業化が進むにつれて、都市は醜悪で不衛生になっていった。貴族が暮らす高級住宅街でさえ、人口過多で住みにくくなった。

一八三九年、アメリカ人作家のハーマン・メルヴィルは、見習い乗組員としての実体験をもとにした小説『レッドバーン――初航海』を、二十歳の若さで執筆した。本書では、リバプール港の繁栄が煌《きら》びやかに描かれる一方で、地下の貧民街で孤独に暮らし、飢餓《きが》、寒さ、病のせいで子供を抱いたまま死にかけている母親たちの姿も淡々と書き記されている。一八五一年、文豪ヴィクトル・ユゴーも、リールの地下で似たような光景を目撃している。当時、産業先進国の労働者たちは、安全で滋養のある食糧どころか、空気や灯りすら手に入れられなかった。彼らが暮らす不衛生な地域は、チフス、コレラ、天然痘といった伝染病の温床だった。

アンジュ・ゲパンとウジェーヌ・シャルル・ボナミというふたりの医師は、一八三五年発表の『十九世紀のナント』と題した論文で、ナントでの貧民街の死亡率が高級住宅街の六倍に上る理由についてこう説明している。

下層階級の人たちの暮らしぶりについて知りたければ、フュミエ通りに行ってみるといい。この通りはこの階級の人たちでほぼ埋め尽くされている。頭を低くして、汚水が溜まった地下に潜ってみよう。地下貯蔵室のように冷たくてじめじめした空気のなかを、細い通路を下っていく。汚れた地面の上で足を滑らせそうになり、ここで転んだら泥だらけになってしまう、と不安な気持ちにさせられる。極貧の労働者たちは、このような不快な場所に暮らしているのだ。

傾斜した通路の両脇の低いところに、暗くて、寒くて、がらんとした部屋がある。壁の上を汚水が流れ、直径六十センチほどの半円形の通気口から外の空気が入ってくる。悪臭に我慢できるなら、室内に入ってみてほしい。ただし、床がでこぼこしているので足元に気をつけて。石畳もタイルも敷かれていない。あるいは汚れが溜まって見えないだけかもしれない。三、四台ある寝床はいずれも傾いたりぐらついたりしている。腐りかけた土台にくくられている紐が緩んでいるのだ。寝床には藁《わら》布団と、一枚しかないのでめったに洗わない毛布のみ。シーツや枕はあったりなかったり。収納家具はない。家具といえば、織り機と糸車があるだけだ。

この階級の子供たちは、泥まみれのままで暮らしている。働ける年齢になると、少しでも家計の足しにするために、つらくて苦しい肉体労働をさせられる。むくんだ青白い顔をして、目は充血して目やにが溜まり、ひどく痩せていて、見れば誰でもいたたまれない気持ちになるはずだ。アンリ四世大通りで遊んでいるピンク色の肌のほっそりした子供たちとは、まるで別の生きもののようだ。


十九世紀を通じて、社会改革者、衛生学者、労働運動家、経済学者、聖職者、議員、芸術家たちは、工業社会における貧困層の実態を嘆き、都市と社会の問題点を提起し、近代都市計画の土台を築いてきた。エティエンヌ・カベー、ヴィクトル・コンシデラン、シャルル・フーリエ、ジャン＝バティスト・アンドレ・ゴダン、ピエール＝ジョゼフ・プルードン、ロバート・オウエン、カール・マルクス、フリードリヒ・エンゲルス、ピョートル・クロポトキンは、それぞれにユートピア社会の構築を推進したり、あるいはそれを超越した社会を提唱したりしながら、新しい基盤の上で世界を改革しようとした。作家、建築史家のミシェル・ラゴンによると「彼らは工業社会に対し、技術主義的な宗教と倫理と共に、免疫抗体（社会主義、アナーキズム）を与えた」という。

同じ頃、自由主義者の名士たちも、都市生活における弊害を解決するために、理想的な都市モデルを構築する必要性を感じていた。その典型が第二次帝政下のパリだった。サン＝シモン主義［ユートピア社会主義のひとつ］に影響を受けたルイ＝ナポレオン・ボナパルトは、一八四四年に『貧困の根絶』という著書を刊行。一八五一年十二月二日にクーデターを起こし、その一年後に皇帝ナポレオン三世になった。翌年、皇帝はセーヌ県知事のオスマン男爵と共に、百万人が暮らすパリの街を整備する大改造計画を始める。不衛生な住居群は取り壊され、不動産開発業者によって土地が収用され、ブルジョワ向け住宅が建設された。この〝戦略的美化政策〟は、コレラを根絶させる目的に加えて、富裕層のために都市空間を近代化し、安全を確保するために行なわれた。オスマン男爵は、パリをまっすぐに貫く大通りを開通させることで、民衆の反乱を効果的に鎮圧できるようになると考えた。

> 巨大な建物を取り除くことで、（中略）見通しが改善され、（中略）暴動時に防衛がしやすくなる。（中略）大通りを建設することで、公共の秩序が保たれる。陽当たりと風通しがよくなり、軍隊が通行しやすくなる。こうした見事な策略によって、暴動のリスクが抑制され、人々の暮らしの向上が図られる。

だが十九世紀中頃において、オスマン男爵が行なったような都市整備はまだ例外的だった。この時期、都市計画理論は進歩しつつあったが、近代的な大都市に適用されるには至っていなかった。ドイツで都市拡張計画が始まったのは、一八七〇年代に入ってからだ。ウィーンでは一八八九年、建築家のカミロ・ジッテが、都市計画概論について書いた著書『都市を建設する技術』で、都市計画にはその街の歴史を考慮する必要があると述べた。その七年後、オットー・ワーグナーは著書『近代建築』（一八九六年）で、十九世紀後半の建築様式から脱却するには、新しい様式、新しい材料、新しい技術を追求すべきという画期的なアイデアを提唱している。ワーグナーはその後、その考察を近代都市にまで拡大させ、ウィーンの都市計画を実現させている。

一八九八年、イギリス人都市計画家のエベネザー・ハワードが『明日の田園都市』という著書を刊行。彼が目指したのは、従来の都市でも農村でもない、第三の形態の都市だった。周囲を農地に囲まれた、広さ数平方キロメートルの円形の土地に、三万二千人未満の人々が暮らす田園都市。イギリス初の田園都市は、一九〇三年、リチャード・バリー・パーカーとレイモンド・アンウィンというふたりの建築家・都市計画家によって、ロンドン郊外のレッチワースに建造された。

一九〇〇年代初め、世界じゅうの建築家の見解はほぼ一致していた。大都市の建築と都市計画において生じる問題は、計画性のなさ、そして政府の無理解と支援不足に起因している。この時期、街の整備にも都市計画理論が適用されはじめていた。だが、国によってその度合いはまちまちで、都市計画をテーマにした雑誌や書籍はまだほとんど刊行されていなかった。

そんな折り、都市計画が急速に進むきっかけをつくった出来事が起きた。一九一〇年十月十日から十五日のあいだにロンドンで開催された、国際シンポジウムの「都市計画会議」だ。世界有数の建築家、建築技師、大都市の行政担当者たちをはじめ、千四百人ほどが参加した。同時期、ロンドンの美術学校ロイヤル・アカデミーでは、史上最大規模の都市計画展が開催された。

4

シンポジウムに参加するためにロンドンに到着したエルネスト・エブラールは、アンダーソンの仕事をどうすべきかまだ迷いつづけていた。国立図書館の建設計画の主任、ジャン＝ルイ・パスカルの助言にしたがって、今後も続けていくべきだろうか？　だが、あの仰々しい殿堂とやらの図面をアンダーソンにときどき送るだけで、お茶を濁しつづけられるだろうか？　あるいは、あの常軌を逸した〈国際センター〉計画から、ここですっぱり手を引くほうが賢明だろうか？

エブラールは、新しいアイデアを形にしたいという意欲と、プロジェクトの奇抜さに対する不安とのあいだで葛藤していた。また、この仕事を成功させるには、多大な努力が強いられることもわかっていた。

エブラールはパリのボザールで、標準的な建築教育しか受けていなかった。都市計画は、当時はまだ美術学校で学ぶべき教科とされていなかった。エブラールはこれまで誰からも、都市を設計する技術を教わっていない。つまり、ロンドンのシンポジウムに参加したほかの多くの建築家と同様に、この時点では都市計画について完全な素人だった。

一九一〇年十月十日から一週間、エブラールはチャリング・クロス・ホテルに滞在した。講演を聴いたり、レッチワースの田園都市を訪れるツアーに参加したり、同業者たちとディスカッションをしたりした。シンポジウムの初日は古代都市、二日目は現代の都市、そして最後の二日間は未来都市をテーマに討論が行なわれた。

未来都市に関する講演で、ウジェーヌ・エナールは、都市を機能ごとに厳密に分割したうえで、通路を複数の層に分けて建設する案を提唱した。地面の上の層には車道や歩道を建設し、下の層では配管やケーブルを敷設したり、地下鉄や貨物列車を通したり、廃棄物処理を行なったりする。さらに近い将来、大都市で飛行機に乗降する施設が整備され、一般の人たちが利用できるようになると予言した。エナールはこの数か月後、フランス建築家・都市計画家協会の初代会長に就任している。

人間は、鳥の滑空を模倣しましたが、昆虫を模倣することも決して不可能ではありません。(中略)つまり、推進力を生むプロペラに加えて、揚力を生むプロペラを備えた軽量な飛行機が開発され、目指す地点の上空でほぼ停止できるようになるはずです。目標の花の上でミツバチが停止できるのと同じ要領です。

エナールは、こうした〝ミツバチの飛行機〟、つまりヘリコプターが、将来的に建物の屋上で離着陸する可能性について言及している。また、オスマン様式の高層建築に設置されるエレベーターを使って、地下駐車場にこうした飛行機を収容できるようになるとも主張している。今となってはこのアイデアは一笑に付されてしまうが、当時のロンドンでの会議の希望に満ちた雰囲気をよく表わしていると言えるだろう。

5

エブラールは、ロンドンでの講演と展示に強い感銘を受け、シンポジウム全体に漂う国同士の健全な競争意識を好ましく感じた。宿泊ホテルの部屋で、ヘンドリックに向けて興奮した筆致で手紙を書いている。

この会場の展示は非常に素晴らしく、来てよかったとつくづく思っています。都市計画の歴史がここに集結されています。より快適で便利な町をつくるためにどうやって建物が配置されてきたか、すべて示されているのです。

現時点では、ドイツとイギリスが都市計画運動をリードしています。彼らは自国の町が醜いことに気づいており、美化するためにあらゆる方法を模索しています。(中略)アメリカのものでは、ワシントンの改修計画、そしてダニエル・バーナムによるシカゴの都市計画が展示されていました。ワシントンのほうは、よく考え抜かれていて興味深かったです。素晴らしい計画なので、このまま実現されるといいですね。ただ、建築家の視点で見ると、建物の設計に特筆すべきものはありませんでした。もっとも、展示されている図面はラフなものだけでしたが。数枚の透視図はよくできていました。図面は二十五枚ほど展示されていて、そのうち一枚の全体図はそれだけでかなり広いスペースを占めていました。

バーナムの都市計画のほうは、より大規模に展開されていて、六十枚ほどの図面が展示されていました。サイズはいずれもそれほど大きくありません。芸術的観点から見ると、この作品はそれほど素晴らしいとは思えませんでした。図面は十分に練り上げられたとは思えないですし、アメリカ人イラストレーターのジュール・ゲリンによって描かれた透視図の遠近法も、この作品の建築的な特徴をうまく表現できていません。（中略）結論として、取り組みとしては興味深いのですが、芸術的には不完全です。シビックセンターという大きな建造物のファサードは、古典建築の下手な模倣にしか見えない。本人が出版した本にも図面が掲載されていますが、本物を見るほうがよりはっきりとわかります。

興味深いものはほかにもありました。ベルリン拡張計画コンペの出展作品、ウィーンの都市計画などです。また、パリのサロン展と同様の年次展覧会が行なわれているロイヤル・アカデミーは、期間中は都市建築の展覧会場になっていましたが、これまで見た建築展覧会のうちでもっとも大規模なものでした。

アメリカ人建築家のダニエル・バーナム（一八四六〜一九一二年）は、一九一〇年のロンドンの都市計画会議でもっとも注目された参加者のひとりだ。一九〇六年にシカゴ都市計画に取りかかり、これに関する書籍を一九〇九年に刊行している。この本は建築界で大きな反響を呼んだ。エブラールは、そのバーナムを批判したことで、自分のほうがもっとよいものをつくれると暗に主張している。

ロンドンで世界最先端の都市計画を知ったエブラールは、あることに気づいた。アンダーソンの突飛な要求に応えて、みんながあっと驚く革新的な作品を生み出せば、自分にとってプラスになるのではないか？　この計画と図面が一般公開されれば、有能な都市計画家として世界的に有名になれるのではないか？

エブラールはずっと、アンダーソンのプロジェクトが実現される見込みはゼロだと考えていた。ところが、ロンドンからパリに戻ったときには考え方が一転していた。これを実現させれば自分に有利になる。いまやエブラールは、このプロジェクトに真剣に取り組んで、〈国際センター〉を比類なき傑作にしたいと願っていた。

6

一九一〇年十一月、エブラールは大量の製図用紙を注文し、製図工を集め、アンダーソンの計画にかつてないほど熱心に取り組みはじめた。ところが、ふたつの出来事がその仕事を妨げた。ひとつは、スプリトのディオクレティアヌス宮殿の模型の制作だ。一九一一年にローマで数か月間にわたって開催される、万国芸術博覧会に展示する予定だった。そしてふたつ目は、フランス北西部のマイエンヌ県に駐屯する第二十六歩兵連隊での、八日間の兵役だった。

「屋外で過ごし、体を動かすのはとても気持ちがいいです。十四年前に一年を過ごした兵舎に戻ってこられて喜んでいます」。エブラールはアンダーソン義姉弟にそう手紙を書いている。兵役中、エブラールは士官養成教育を受けるよう打診されたが、時間がかかりすぎるとしてこれを退けた。建築に全身全霊を注ぎたかったのだ。

「すべて順調です。なんとしてもやり遂げてみせます」。兵役から戻ったエブラールは、アンダーソンにそう書き送っている。オリヴィアとヘンドリックは、エブラールがとうとうやる気を出してくれたことに喜び、製図工を増やしたいので報酬を増額してほしいという要求にも快く応じた。一九一〇年十二月二日、五人で切り盛りしていた建築事務所で、エブラールはアンダーソン宛てにこう書いている。

この仕事は複雑で、作業が広範にわたり、かつ高度な技術が要求されるため、何度も試行錯誤を繰り返しています。ふつうの人にはどうでもよいことに思えるかもしれませんが、こうした細かいことにこだわることで、このプロジェクトが単なる大胆なひらめき、あるいは浅はかな思いつきなどではないことを、ほかの建築家たちに示すことができるでしょう。

一九一〇年十二月二十五日、さらにエブラールはこう書いている。

わたしはますますこのプロジェクトにのめり込んでいます。完璧なものにしたいのですが、作業が広範にわたるので苦労を強いられています。だからといって諦めるつもりはありません。むしろこの仕事に誇りを抱いており、いずれおふたりがわたしに声をかけてよかったと思ってくれるのを願っています。おふたりが大きな犠牲を払って構築したこのプロジェクトで、わたしに設計を依頼したことを決して後悔させません。

わたしは夢中になって仕事をしています。現在、八人の製図工を使っていますが、よいものをなるべく早くつくることに心血を注いでいます。今月と来月はそうとう忙しくなるので、三千フランの小切手を送っていただけませんか？　この重要な時期に、なるべく集中して仕事をしたいのです。

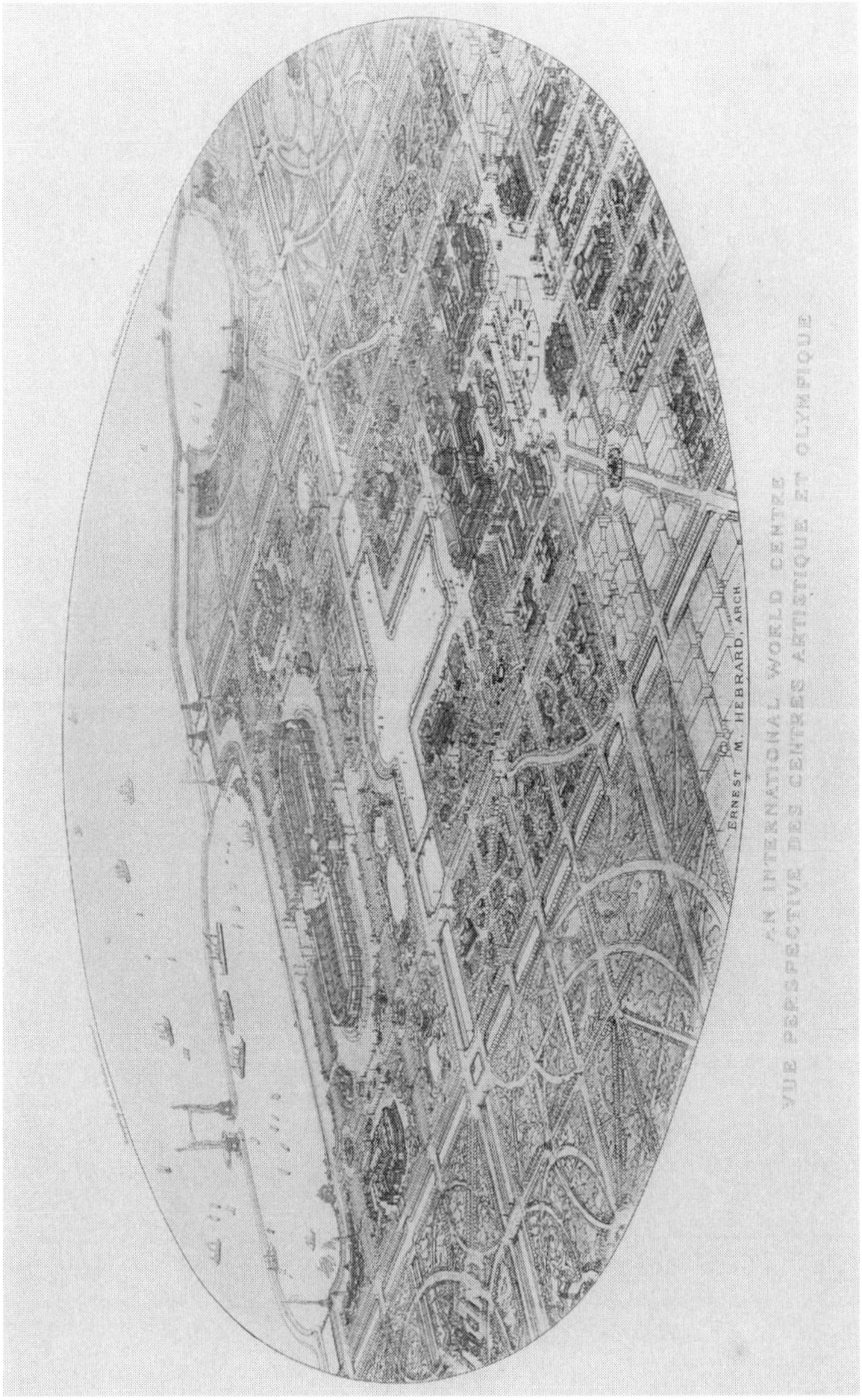

芸術センターとスポーツセンターの透視図

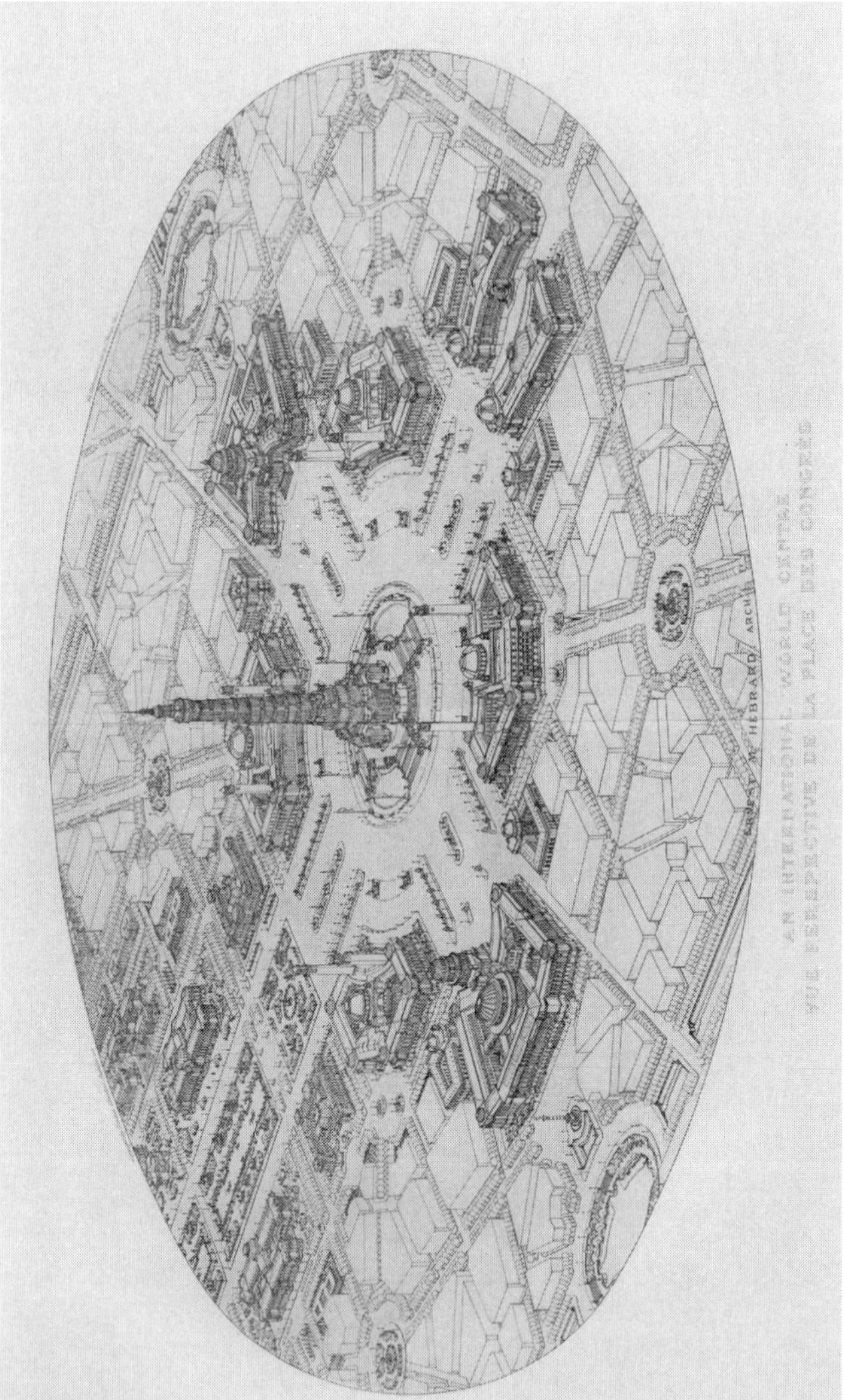

国際会議場広場の透視図

アンダーソン義姉弟はこの手紙を読んで一安心した。さらに驚くべきことに、オリヴィアはいまやエブラールの才能を認めていた。「知的で、野心があり、才能に満ち、専門分野の知識が豊富で、やると決めたらとことんやり抜く」とみなしている。

一九一一年一月中旬、巨大なスポーツジムと大浴場が完成した。古代ローマのカラカラ浴場を参考にしたとエブラールが言うと、アンダーソン夫妻は大喜びした。

7

一九一一年三月十一日、ローマのアパートを訪れたエブラールを、オリヴィアとヘンドリックは温かく迎え入れた。この時期に制作していた図面はかなり大判で——幅四メートルに達するものもあった——郵送できなかったので直接持参したのだ。エブラールはみんなによく見えるよう、図面を居間のテーブルの上に誇らしげに広げた。

彫刻美術館、巨大図書館、〈芸術の殿堂〉のファサード、ドーム屋根、メインエントランスの詳細図。「エブラールは素晴らしい仕事をしてくれた」。オリヴィアは称賛を惜しまなかった。いずれの建物も洗練されたデザインで、荘厳で、非常に巨大だった。「エブラールは最善を尽くしながら、着々と仕事を進めている。時間がたつにつれて、ますます仕事に没頭しているようだ」

（左から）オリヴィア・アンダーソン、ヘレン・アンダーソン、ヘンドリック・アンダーソン、エルネスト・エブラール

エブラールはローマに三週間滞在した。そのあいだに、博覧会に展示する予定のディオクレティアヌス宮殿の模型の仕上げをした。それからヘンドリックと一緒に図面を制作したり、彫刻アトリエを訪れたりした。

エブラールはパリに戻る前に、オリヴィアとヘンドリックを伴って、ローマ市内のディオクレティアヌス浴場跡を訪れた。エブラールが制作した宮殿の模型、そして一九〇〇年に建築部門でローマ大賞を獲得した友人のポール・ビゴーとの共作である古代ローマの立体地図が、ここに展示されていた。立体地図は広さ五十平方メートルとかなり大きかったが、エブラールは生涯を通じてこれに手を入れつづけた。考古学と地形学の最新の調査結果を取り入れ、古代ローマのかつての街並みを見たいと願う都市計画家たちの要望に応えるものになっている。歴史的真実を土台にして、考古学的な客観性と神話性を融合させた夢のような作品だった。

浴場跡の展示会場で、オリヴィア、ヘンドリック、エブラールは並んでこの石膏製の〃カプト・ムンディ〃［ラテン語で「世界首都ローマ」の意］を鑑賞した。ヘンドリックが叫んだ。「なんて素晴らしい作品だ！ぜひともぼくたちの図面の参考にさせてもらおう！」

8

一九一一年三月末、ヘンドリックは、亡き兄のアンドレアスに捧げた〈永遠の生命〉を万国芸術博覧会に出品した。四体の彫像から成る作品で、各国の芸術作品を集めた展示室に設置された。〈生命の泉〉から選んだ巨大彫像三体も、美術館のエントランスそばのテラスに設置された。誰からも目につく絶好の場所だった。ところが、これではヘンドリックの作品だけが目立ちすぎるとして、ほかの芸術家たちから主催側にクレームがついた。オリヴィアはヘンドリックを擁護するために、タイプ打ちした手紙を数回にわたって主催側に提出した。おかげで三体の巨像は、どうにか最後までテラスにとどまることができた。

ヘンドリックとオリヴィアの芸術界に対する姿勢は、大きな矛盾をはらんでいた。ふたりは自分たちだけの理想主義にどっぷりと浸かり、いかなる芸術グループとも交際せず、人づき合いを拒み、世間から遠ざかって生きていた。同時代のクリエーター集団からもブルジョワ階級からも分断されていた。ふたりはヘンドリックの〝天賦の才〟のもとに人類を集結させることしか考えていなかった。だからこそ、こうして国際的なイベントに出品はしても、いつも誰からも注目されなかった。

9

「今日、わたしの心は感謝の気持ちでいっぱいです」。オリヴィアは歓喜に震えていた。一九一一年五月十六日、〈生命の泉〉がとうとう完成したのだ。三十体の成人像、十六体の乳児像、二体の馬像で構成された作品。最先端技術を誇るドイツの鋳造所の職人たちが、〈生命の泉〉をブロンズで鋳造するために、わざわざローマまでやってきた。ドイツ語を話せるオリヴィアが、面倒な手続きを一から十までひとりですませ、高額な費用も負担した。

その頃、エブラールの建築事務所は上を下への忙しさだった。エブラールと九人の製図工は、アンダーソンのプロジェクトの図面制作に連日取り組んだ。作業ピッチを維持するには、あと少しの資金が必要だった。ヘンドリックとオリヴィアは、追加の送金には応じたものの、完成が待ちきれなくて何度も催促をした。エブラールは、進捗状況を確かめにパリに来るようふたりに提案した。

ヘンドリック・アンダーソン（左）とエルネスト・エブラール。パリのジャコブ通り23番地で仕事をしているところ

プロジェクトの図面がいつ完成するのか、おふたりとも不安を感じていることでしょう。わたし自身も、お待たせしていることを心から申し訳なく思っています。ですが、どうか信用してください。これらの図面を目にした人たちに、このプロジェクトのことをまじめに考えてもらうには、こういうやり方で制作するしかなかったのです。十月二十三日の期日までに終えるとお約束します。（中略）そのときまでには、ぜひともこちらにいらしてください。

いずれにしても、わたしは決してこのプロジェクトに嫌気がさしたのではなく、むしろ最終段階に入った今、ますますのめり込んでいます。それにしてもなんて巨大なプロジェクトでしょう。この全体図には、まるで全世界が描かれているようです。

五月二十六日、アンダーソン義姉弟はエブラールの事務所を訪れた。六人の製図工が忙しそうに立ち働いていた。彼らが描く図面の美しさにふたりは目を見張った。

一週間にわたって、ヘンドリックも事務所で一緒に仕事をした。図面のチェックをしたり、修正を要求したり、追加の制作を頼んだりした。滞在最終日、およそ十人の製図工の数か月分の給与として、数千フランの小切手をエブラールに手渡した。事務所を出るとき、ヘンドリックの手には〈国際センター〉の主要建造物の暫定図面のコピーと資料一式が握られていた。

翌日、オリヴィアとヘンドリックはサン・ラザール駅で列車に乗った。シェルブール港に到着すると、ホワイト・スター・ライン社の大型客船アドリアティック号に乗り込み、一等室でニューヨークへと向かった。

第9章 ウォール街の平和主義者たち（一九一一年夏）

1

もし現在、ヘンドリックとオリヴィアが〈世界コミュニケーションセンター〉実現化の支援を求めてニューヨークの実業界に乗り込んでも、著名な篤志家に会うことはおそらく叶わないだろう。ところが今からおよそ一世紀前の一九一一年六月、この偉業が実際に成し遂げられた。平和主義者の篤志家たちが彼らのプロジェクトに興味を抱き、正式に支援すると決めたのだ。その理由を知るには、いわゆる〝ブルジョワ的〟平和主義が欧米社会でどのように台頭したかを振り返る必要がある。

一九〇一年にノーベル平和賞を受賞したフランス人の自由主義的経済学者、フレデリック・パシー（一八二二〜一九一二年）は、著書『平和運動の歴史』（一九〇四年）にこう書いている。「フランス帝国で大きな戦争が何度か勃発した直後の一八一四年、世界初の平和協会が誕生したのはアメリカだった」

その後の数年間で、社会階級の上層に属する宗教関係者や自由主義的知識人たちが、イギリス、アメリカ、スイスで次々と近代的平和協会を設立した。イギリスでは一八一六年、クエーカー教徒によって恒久・普遍的平和推進協会が設立され、これがのちに強大な権力を誇るロンドン平和協会になった。海運業者でプランテーション経営者のアメリカ人ウィリアム・ラッド（一七七八

〜一八四一年）は、かねてから自由貿易を妨げる戦争と奴隷制度に反対する姿勢を示していたが、これからは軍事紛争を仲裁する国際会議が必要だと考え、一八二八年にアメリカ平和協会を設立した。そして一八三〇年、博学で知られるスイス人篤志家で、自由貿易を擁護して奴隷主義に反対していたジャン゠ジャック・ド・セロン（一七八二〜一八三九年）は、ヨーロッパ初の平和協会をジュネーヴで設立した。

歴史上初の国際的な平和集会である第一回国際平和会議は、一八四三年にロンドンで開催された。この会議はかなり宗教的な色合いを帯びていたが、一八四八年にブリュッセルで開催された第二回国際平和会議ではその傾向が抑制され、より自由主義的になった。この第二回会議には、十九世紀前半を代表する自由主義者たちが参加している。とりわけ、イギリス人政治家で実業家のリチャード・コブデン（一八〇四〜一八六五年）、フランス人立法議会議員で経済学者のフレデリック・バスティアのふたりは、保護貿易政策に反対する立場を取り、国の代表としてこの会議に参加している。翌年、パリで開催された第三回国際平和会議では、フランス人作家のヴィクトル・ユゴーが、いまや有名となった〝ヨーロッパ合衆国〟を提唱するスピーチを行なっている。

一八六〇年代以降は、国際主義的な労働運動家たちも平和主義を唱えはじめた。彼らは、自由主義的知識人たちと同様に普遍的平和を理想とする一方、これまでその土台とされてきた自由主義そのものを疑問視した。彼らアナーキスト、社会主義者、共産主義者たちは、生産手段としての私的財産と同様、国家の軍隊保有を批判した。軍隊が砲撃によってストライキを鎮圧したり、植民地戦争を行なったりするのは、支配階級にとって有利であるからにすぎないと考えたからだ。

十九世紀後半になると、「国際平和」という共通の理想を掲げつつも、その方針が真っ向から対立する人たちが平和運動に集まってきた。

一八六七年、ふたつの平和団体が設立された。ひとつはパリを拠点とする「国際平和連盟」、もうひとつはジュネーヴで設立された「国際平和・自由連盟」で、後者によって同年に開催された平和・自由会議には、およそ六千人が参加してさまざまな意見を交換し合った。参加者には、自らの信仰にもとづく平和主義を掲げるプロテスタントやカトリックの宗教関係者たち、自由貿易を無条件に支持するベルギー人のギュスターヴ・ド・モーリナリ（一八一九〜一九一二年）をはじめとする自由主義的経済学者たち、ロシア人革命家でアナーキストのミハイル・バクーニン（一八一四〜一八七六年）、イタリア統一運動推進者のひとりであるジュゼッペ・ガリバルディ（一八〇七〜一八八二年）、カール・マルクスによって創立宣言が起草された「第一インターナショナル」の代表者たち、さらにフランス人哲学者でサン゠シモン主義者のシャルル・ルモニエ（一八〇六〜一八九一年）などがいた。ルモニエはこの会議の主催者のひとりでもあり、〝ヨーロッパ連邦の設立〟を奨励し、『ヨーロッパ合衆国』というタイトルを冠した連盟機関紙の刊行にも尽力した。

アナーキストのジェームズ・ギヨーム（一八四四〜一九一六年）は、本会議の壇上でこう宣言している。「恒久平和を確立するには、労働者を抑圧する法律を無効化し、あらゆる特権を撤廃して、すべての国民を労働者階級とする必要がある。つまり、こうした結果を伴う社会革命を受け入れなくてはならない」。この発言は、労働運動に携わる平和主義者たちから喝采《かっさい》を浴びたが、参加者全員の賛同が得られたわけではなかった。一部の自由主義的平和主義者からは「恒久平和を確立するには、むしろヨーロッパ合衆国を創設するほうがよい」と反発の声が挙がった。

こうして、平和主義者たちによる知的レベルの高い議論が活発に行なわれたにもかかわらず、十九世紀後半には多くの軍事紛争が勃発した。大規模なものでは、クリミア戦争（一八五三～一八五六年）、アロー戦争（一八五六～一八六〇年）、南北戦争（一八六一～一八六五年）、フランスによるメキシコ出兵（一八六一～一八六七年）、普仏戦争（一八七〇～一八七一年）などが挙げられる。これらの紛争は、平和主義的な主張を無効化させ、自由主義者たちのあいだに深い亀裂をもたらした。

それでも〝立憲主義的〟平和主義者たちは、戦争と植民地主義を非難しつづけた。彼らは、国際法の設立、国家の軍縮、紛争の平和的解決を訴えた。こうした考え方の議員たちは、自由主義者であろうが社会主義者であろうが、各国の議会で発言をし、機関紙を発行し、国際会議を幾度となく開催した。しかし彼らの活動は、欧米諸国の国家機関で成功を収めることはなかった。

そして別のタイプの平和主義者、いわゆる〝ブルジョワ的〟平和主義者たちは、国家の枠を超えたところで集結し、民間慈善団体に参加したり、傷痍軍人支援に乗り出したりした。アルジェリアで農場と製粉会社を経営するスイス人実業家、アンリ・デュナン（一八二八～一九一〇年）

は、一八六二年に『ソルフェリーノの思い出』という書籍を出版。一八五九年六月二十四日、イタリア統一戦争中の戦闘であるソルフェリーノの戦いに遭遇したときの記憶を綴っている。何万という負傷者たちが、誰にも助けてもらえないまま苦悶《くもん》しつづける姿を目の当たりにしたのだ。一八六三年、デュナンの牽引によって赤十字国際委員会が設立され、翌年に初のジュネーヴ条約（正式名は、疾病者の状態改善に関する第一回赤十字条約）が締結される。ジュネーヴのブルジョワ家庭出身、スイス人法学者で篤志家のギュスターヴ・モアニエ（一八二六〜一九一〇年）が、一八六四年から一九一〇年まで同委員会の総裁を務めた。

平和主義的思想が欧米諸国の一般大衆まで浸透し、世界的な影響力を持つ団体が誕生したのは、ようやく一八九〇年代に入ってからだ。こうした平和主義の民主化には、帝国間の敵対感情が激化し、各国の政府と軍部が世界戦争の可能性を考えはじめたという背景がある。この頃から、平和に関する国際会議が頻繁に開催されはじめた。一八八九年から第一次世界大戦が始まるまでのあいだ、国際的な平和イベントは二十回ほど行なわれている。

一八九一年、世界じゅうの平和団体のさまざまな活動を総括したり連携させたりするために、国際平和ビューローが設立され、世界でもっとも重要な平和団体とみなされるようになった。副事務局長を務めたオーストリア人女性、ベルタ・フォン・ズットナーは、小説『武器を捨てよ！』（一八八九年）を刊行。世界的なベストセラーとなり、女性解放運動と平和運動のふたつの声明書として多くの人々に影響を与えた。

そして一八九九年、かなり不安定な地政学的状況下で、〝立憲主義的〟平和主義者たちが、ようやく初の勝利を獲得した。オランダのハーグで万国平和会議が開催されたのだ。一九〇七年には第二回会議も開催されている。当時、多くの自由主義的平和主義者たちは、この会議によって新たな国際組織が誕生することを期待していたが、残念ながらそうはならなかった。じつは、ロシア皇帝ニコライ二世（一八六八〜一九一八年）が第一回会議の開催を提唱したのは、決して平和主義を理想に掲げていたからではなく、敵対国との破滅的な軍拡競争を回避したいという思いからだった。だがこの機会に、歴史上初めて主要国の代表者が一堂に会したことで、戦時国際法の締結、常設仲裁裁判所の設立が実現された。

2

一九一一年六月、大西洋横断客船に乗ったアンダーソン義姉弟が、たいまつを掲げる自由の女神像を仰ぎ見ていた当時、アメリカきっての金融街であるウォール街にも平和活動家たちが多く存在していた。

当時のアメリカでは、国の外交政策に関して国民の意見がふたつに割れていた。ひとつは、国粋主義的、いわゆる〝現実主義的〟外交で、一八九七年から政権を握っていた共和党が採択した政策だ。一八九八年の米西戦争、一八九九年のフィリピン＝アメリカ戦争、キューバの軍事占領、ニカラグア、コロンビア、ドミニカ共和国、パナマ、ホンジュラスへの軍事介入など、一八九七年から一九一三年にかけて、ウィリアム・マッキンリー、セオドア・ルーズベルト、ウィリアム・ハワード・タフトが大統領だった時代にアメリカ帝国主義が誕生した。米西戦争が勃発したとき、多くの大企業経営者はこの戦争を支持し、積極的に奨励した。とりわけ、新聞出版業界の富豪であるウィリアム・ランドルフ・ハースト（一八六三〜一九五一年）とジョゼフ・ピューリッツァー（一八四七〜一九一一年）は、発行部数を伸ばすために扇動的な捏造《ねつぞう》記事をばら撒き、国民の好戦感情を煽った。

だがアメリカのビジネス界におけるすべての人間が、植民地戦争に賛同していたわけではない。一部の金融家や実業家は、こうした軍事介入が自分たちの利益に反するとして戦争反対を唱えた。彼ら自由主義的国際主義と国際仲裁を支持する資本家たちは、〝現実主義〟とは別の外交政策を支持した。〝理想主義的〟外交だ。

こうしたアメリカ人資本家たちは、国際平和運動に資金を提供した。もっとも高額な寄付をしたのが、実業家のアンドリュー・カーネギー（一八三五〜一九一九年）だ。近代的フィランソロピー［慈善活動］を確立した億万長者である。カーネギーは生涯を通じて軍国主義に反対し、国際社会の平和のために数百万ドルの私財を投じた。ハーグの平和宮、ワシントンの汎アメリカ連合本部、コスタリカの中米司法裁判所など、自由主義的国際主義を象徴する一九〇〇年代の建造物の建設にも資金を援助している。こうした建物は、世界平和と人類の進歩のためにつくられたとされ、理想主義的なジャーナリストたちから〝平和の殿堂〟と称された。

同じ頃、〝ブルジョワ的〟平和主義が社会に広まるのに、カーネギーと同じくらい重要な役割を果たしたアメリカ人実業家がもうひとりいた。出版社経営者で億万長者のエドウィン・ギン（一八三八～一九一四年）だ。ボストンの上流階級出身で、禁欲的なプロテスタントであり、メタルフレームのメガネ姿が印象的な人物だった。長いこと政治・社会問題にはかかわってこなかったが、五十歳のときに二十五歳下の進歩的な音楽家と再婚したのを機に、菜食主義者、平和主義者、そして動物権利擁護者になった。

一九〇二年、彼の出版社、ギン・アンド・カンパニーは「国際平和ライブラリ」と名づけた叢書を刊行。ポーランド出身の銀行家、鉄道事業家、平和主義的篤志家であるイヴァン・ブロッホ（一八三六～一九〇二年）が著した『将来の戦争』、アンドリュー・カーネギーの演説集、エマヌエル・カントの『永遠平和のために』（一七九五年）、平和活動家のベルタ・フォン・ズットナーの回想録などが出版された。

同時期、ギンは国際平和学校、のちの世界平和財団（一九一〇年）を設立する。ギンはこのために、当時としては莫大な百万ドルもの資金を投じた。

慈善活動に心身を捧げていたギンは、カーネギーにも協力を要請したが、あっさりと拒絶される。世界一の富豪であるカーネギーは、〝人類のための篤志家〟としての栄誉をほかの誰かと分かち合うつもりは毛頭なかった。その後カーネギーは、自分自身だけの財団、かの有名なカーネギー国際平和財団を設立している。

3

オリヴィアとヘンドリックは、ニューヨークである人物と知り合った。栗色の髪を横に撫でつけ、洗練された身なりで、親しみやすい性格の、四十五歳の男性。法学者、銀行家、鉄道事業家であるウォルター・J・バートネットだ。ビジネス界では名が知れた人物で、アメリカ西部における長距離鉄道の建設を取り仕切り、ウエスタンパシフィック鉄道の社長を務めていた。こうした事業のかたわら、世界連邦主義を提唱する平和団体、世界連邦連盟での活動も行なっていた。一九〇六年に刊行した小冊子『世界連邦』では、自由貿易とインフラの整備によって世界を統一させるべきだと主張している。世界連邦連盟は、アメリカ政府は国際司法機関の設立に尽力し、軍事費を抑え、平和主義的な国際機関の創設に協力すべきだと、政界でロビー活動を行なっていた。

一九一一年六月九日、アンダーソン義姉弟が〈国際センター〉プロジェクトのプレゼンをすると、バートネットは興奮したようすを見せ、エブラールが描いた図面を平手で叩きながら「なんて大胆なプロジェクトだ！　だが、必ず実現できるはずだ！」と叫んだ。そして、自由主義的平和主義者の実業家や金融家たちの心を掌握するには、さらに建物をつけ加えたほうがいい、と助言した。「国際司法裁判所、世界銀行、国際平和学校が必要だ」

次に会ったとき、バートネットは、世界連邦連盟に加入している金融家たちをヘンドリックに紹介した。彼らは一様に〈国際センター〉のプロジェクトに感銘を受けた。ヘンドリックはこの機会を利用して、このプロジェクトを実現させるにはどういう手段を用いたらよいかを相談した。長時間にわたる話し合いの末、経験も資本も豊富な彼らは、ヘンドリックに三つの助言を行なった。ひとつは、著名な政治家たちに話をすること。人脈をつなげるために、まずは連盟のほうからワシントンで働きかけてくれるという。第二に、強い影響力を誇る平和主義者の篤志家と会うこと。もっとも見込みがあるのはエドウィン・ギンだという。そして三番目の助言は、富裕な投資家たちの関心を集めるために、このプロジェクトを不動産投機計画にすることだった。

4

幸運な出会いに大喜びしたアンダーソン義姉弟は、〈国際センター〉をより発展させて、〈世界の首都〉プロジェクトとして再構築する決意を固めた。ふたりはかなり前からそういう考えを漠然と抱いてはいたが、はっきりと決断したのは一九一一年六月のニューヨークでだった。「この計画がいつ実現されるかはわからない」と、オリヴィアは日記に書いている。「でも、世界の首都を建設するプロジェクトが、わたしたち以上に固い信念、強い願いによって構想されることは二度とないと確信している」

それから二週間、ヘンドリックはニューヨークじゅうを駆け回り、平和主義者の集まりに参加してプロジェクトを紹介したり、人脈を広げたり、支援者を探したりした。そのあとは、たいていはひとりで、ときにはオリヴィアを伴って、アメリカ国内を鉄道で数千キロも移動した。シカゴでは、バートネットの友人たち、そして建築家のダニエル・バーナムにもプロジェクトを紹介した。ミネアポリスでは、億万長者のT・B・ウォーカーと会見した。フィラデルフィアでは、ちょうど開催されていた都市計画展を鑑賞したのち、交通歴史博物館の創設者と会談した。

その後、ヘンドリックはワシントンを訪れた。一九一一年六月二十六日から二十八日まで滞在し、世界連邦連盟の支援のおかげで上院議員たちにプロジェクトを紹介する機会を得た。宿泊したウィラード・ホテルで、ヘンドリックはオリヴィアに手紙を書いている。

ほとんどの人たちは、ぼくの構想の壮大さに及び腰になる。自分たちのささやかな暮らしや環境を超越するものを理解できないのだ。だけど、ぼくたちはそれを受け入れ、彼らにあまり多くを期待してはいけない。望みが高すぎると、頼れる相手は少なくなる。プロジェクトを紹介すると、ほとんどの人たちはことばを失い、動揺し、困惑する。ぼくの主張を認め、やりたいことを理解してくれる人もいないわけではないのだが。いずれにしても、誰がどう思おうと、このプロジェクトは必ず実現させてみせる。

5

ヘンドリックはボストンでオリヴィアと合流し、一緒にエドウィン・ギンに会いにいった。ギンはプロジェクトの意義を称え、エブラールが制作した図面を賛美した。ヘンドリックの斬新なアイデアに感嘆し、必ず支援すると約束した。その後の数年間、ふたりは文通をしたり、実際に会ったりして友好を深めた。ローマに滞在したギンが、ヘンドリックの胸像制作のためにポーズを取ることもあった。

ヘンドリックはボストンで、アメリカ平和協会の地方駐在員、アーバン・レドゥーと知り合った。アメリカ人とカナダ人のハーフで、がっしりした体格をしている。きらきらと輝く灰色の瞳をした、カリスマ性のある男だった。ボヘミア王国の首都プラハで数年ほどアメリカの領事官を務めたのち、外交官の職を辞したという。「アーバン・レドゥーは国際主義と平和主義の専門家だ。世界じゅうで右に出るものはいないくらいよく知っている」。ウォルター・J・バートネットはそう証言している。

オリヴィアとヘンドリックは、〈世界の首都〉プロジェクトの実現について意思決定権を持つ人物に会いたいと思っていた。そのためにはロビイストが必要だ。ふたりはレドゥーに白羽の矢を立てた。恒久平和を確立させる方法について語る雄弁さに感銘を受けたのだ。

「アーバン・レドゥーは、このプロジェクトを実現させるのに必要な人物だ」。一九一一年七月六日、ヘンドリックとレドゥーが五時間かけて話し合いをしたあと、オリヴィアは日記にそう書いている。「彼は国際関係の専門家だ。バートネットやギンをはじめとする多くの人たちから、外交問題をもっともよく知る人物とみなされている」

レドゥーは、オリヴィアとヘンドリックの目の前で、〈世界の首都〉プロジェクトを褒め称えた。「わたしも長年、おふたりと同じことを考えていました。ぜひ一緒にやりましょう。必ずうまくいきますよ！」

数日後、アンダーソンとレドゥーは一年間の契約を交わした。法律事務所で双方が署名した雇用契約書によると、レドゥーはパリに拠点を置き、ヨーロッパを移動しながらプロジェクトの宣伝をし、築いた人間関係を書面にて報告する。報告書には、〈世界の首都〉の建設に各国が関心を抱いた理由を、事実と統計にもとづいて詳細に記さなくてはならない。レドゥーは、ヨーロッパ各国の関連当局でロビー活動を行なう予定だった。彼の一年ぶんの報酬、および妻と子供たちをパリに移住させるのに必要な費用として、アンダーソンは一万ドルを支払う約束をした。レドゥーはその半額――当時としてはかなりの大金だった――を契約締結時に支払うよう要求した。オリヴィアは、その要求を承諾したことについて日記で次のように書いている。

たとえレドゥーの仕事が期待どおりではなく、この一年で一万ドルを損したとしても、このお金を銀行に寝かせたまま、二度と訪れないかもしれないチャンスをみすみす逃すはめになるよりはましだと思った。（中略）躊躇している暇などない。自分たちに残された時間がどれくらいあるかなんて、誰にもわからないのだから。

一九一一年七月二十六日、アンダーソン義姉弟とレドゥー一家は、豪華客船オリンピック号の一等室に乗り込んだ。タイタニック号の姉妹船で、まだ新しくてどこもぴかぴかに輝いていた。ヘンドリックは甲板で絵を描き、オリヴィアはプールで泳いだ。

レドゥーとアンダーソン義姉弟にとっては、この船旅が互いをよく知るよい機会になった。

「アンダーソンさん、〈世界の首都〉プロジェクトは、あなたにとって具体的にどういうメリットがあるんですか？」豪華なディナーを味わいながら、レドゥーは尋ねた。

「メリットですか？」

「ええ。この仕事が終わって、〈世界の首都〉が無事に建設されたとき、あなた自身にはどういう経済的メリットがあるんですか？」

「そうですね」ヘンドリックは答えた。「このプロジェクトが実現すれば、建設に協力してくれた国々にとっては、数十億ドルの経済的メリットになるでしょう。でもぼく自身にとっては、仕事を成し終えたという満足感だけです」

「それでも何かしらの利益はあるでしょう」と、レドゥーは食い下がった。

「いいえ、ぼくにとってお金は重要ではないので」

「信じられない！」レドゥーは驚嘆した。

6

一九一一年八月初旬、パリに到着したヘンドリックは、エブラールの制作が最終段階に入ったと知って喜んだ。自分がアメリカにいるあいだに、パリでは仕事が順調に進んでいたらしい。このプロジェクトでもっとも大きな建造物のひとつ、〈進歩の塔〉の作業が進行中だった。アンダーソン義姉弟は、このタワーが世界一高くて壮麗な建物になることを望んでいた。

ヘンドリックは、プロジェクト名を〈国際センター〉から〈世界の首都〉に変更したと告げ、それに伴って規模をさらに拡大すると述べた。エブラールは驚いて目を丸くした。

「〈世界の首都〉ですって？　そんなの、完成に十年はかかりますよ！」

「いや、大丈夫だよ」ヘンドリックは反論した。「主要な部分はすでに完成しているから。あとは、国際司法裁判所、世界銀行、国際平和学校、宗教の殿堂、そして五十万人の住民が暮らすのに必要なインフラをつけ加えるだけだ。製図工をあと数名雇って、いくらか簡略化しながらやればすぐに終わるはずだよ」

エブラールたちがすべての仕事を終えるのは、一九一二年末頃になりそうだった。その間に、オリヴィアとヘンドリックは次の段階に取りかかることにした。出来上がった図面をなるべく多くの人に見てもらうために、〈世界の首都〉プロジェクトを紹介する書籍を刊行すると決めたのだ。英語版とフランス語版を五百部ずつ、いずれも豪華本として印刷するつもりだった。

ふたりはパリでフォトグラヴュール、印刷、製本の職人たちと会い、世界じゅうの名士に豪華本を送付しようとしていた。

ヘンドリックたちは、エブラールの助言にしたがって、腕の立つ職人たちを雇った。フォトグラヴュールはジュール・ショーヴェ、銅版印刷はシャルル・ウィットマン、活版印刷はルヌアール印刷所に依頼した。高級紙に印刷される豪華本の制作費用の見積もりは、合計一万五千ドルに上った。

〈進歩の塔〉の透視図

ところが、オリヴィアの銀行口座にはもうそれだけのお金が残っていなかった。〈生命の泉〉のブロンズ鋳造、エブラールの報酬、アーバン・レドゥーの報酬で、貯蓄を使いはたしてしまったのだ。オリヴィアは、お金を工面してくれるよう兄のハワードとグラフトンに手紙で頼み、パリにいる妹のルイーザに会いにいった。

しかしきょうだいたちはみな、このプロジェクトを単なる道楽とみなし、資金提供を断った。ルイーザは、ヘンドリックはオリヴィアから大金を騙し取って妙なことをしていると不信感を露わにし、もう支援をやめるよう厳しい口調で忠告した。

オリヴィアは、「このプロジェクトは、わたしにとって重要な意味を持っているのよ」と主張し、騙されてなどいないと反論した。ルイーザは、姉の言うことに耳を傾けながらも、決して意見を曲げなかった。彼女にとってのヘンドリックは、大言壮語癖がある誇大妄想症で、悲嘆に暮れる姉を自らの名声のために利用している落ちぶれた彫刻家でしかなかった。ハワードとグラフトンも、口には出さなかったが同じように感じていた。

家族から資金援助を得られないと知ったオリヴィアは、幼なじみに泣きついた。裕福な家柄のその女性は、オリヴィアのために小切手を送ってくれた。

7

アンダーソン義姉弟は、〈世界の首都〉の紹介本に、歴史に残る素晴らしい序文を掲載したいと考えた。歴史上の名高い建造物を振り返りながら、このプロジェクトが人類の進歩の賜物《たまもの》であると印象づける文章が欲しかった。エブラールは、重要な役割を担う人物として、個人的な知り合いでもある著名な美術史家、ガブリエル・ルルーを推薦した。

ルルーは執筆を承諾した。アンダーソン義姉弟は、エブラール、レドゥー、ルルーの顔合わせをするために、パリのカフェで会う約束を取りつけた。

ところがアーバン・レドゥーが、待ち合わせの時間に大幅に遅れたうえ、酒に酩酊した状態でやってきた。そして自己紹介もそこそこに身の上話を始めた。パリで住居を探すのが大変だったと愚痴をこぼしたり、生後五か月の我が子を〝国際主義ベイビー〟と自慢したりして、ぐだぐだとしゃべりつづけた。

「レドゥーさん！」ヘンドリックはとうとう鋭い目つきで言い放った。「ぼくたちには時間がないんです。あなたの今後の予定について話をしてください」

「わたしの今後の予定ですって？　もうご存じでしょう？　国際主義ですよ、国際主義。この本を読めばわかります。第二回ハーグ万国平和会議の出席者たちの意見が要約されてます。これはわたしのバイブルなんですよ！」

ヘンドリックは椅子から立ち上がると、レドゥーの腕を荒々しくつかみ、カフェの外に引きずりだした。それからひとりで戻ってきて再び椅子に腰かけ、「あの男は酔っぱらっているんです」と言い訳をした。

オリヴィアは目の前で繰り広げられた珍事にことばを失い、エドウィン・ギンとウォルター・バートネットが〝国際関係の世界一の専門家〟と絶賛していたアーバン・レドゥーは、じつはとんだ食わせ者だったかもしれないと思いはじめた。

「ええと、このアメリカ人のおふたりは……」代わりにエブラールが、友人のルルーに説明をはじめた。「〈世界の首都〉の図面をフランスで公表したら、きっと誰もが〝確かに美しいが、こんなものは絵空事にすぎない〟と言うでしょう。ところがこの人たちは、それが実現可能だと考えているのです！」

8

ヘンドリックは、アーバン・レドゥーにまんまとしてやられたと悔しがった。オリヴィアは「小さな失敗をたくさんするより、大きな失敗を一度するほうがましよ」と慰めた。

ヘンドリックは、それでも〈世界の首都〉プロジェクトの宣伝に役に立つかもしれないという淡い期待を抱きながら、レドゥーにすべきことをリストアップして手渡した。ブリュッセルを訪れ、社会主義者の上院議員で国際平和ビューローの事務局長を務めるアンリ・ラ・フォンテーヌ（一八五四〜一九四三年）をはじめとする、ベルギーの平和活動家たちに会ってもらいたかったのだ。

レドゥーはその話を聞いたあと、アンダーソン義姉弟をモンパルナスのレストランに誘った。

「とてもいい店なんですよ。たった三フランでものすごい量の料理が出てきて、シャンパンが飲み放題なんです！」

　オリヴィアは料理にほとんど手をつけず、ヘンドリックはビールを一杯だけ飲んだ。そのあいだ、レドゥーは何が入っているのかわからない料理を次々と平らげた。汗をだらだらと流し、口にものを入れたまましゃべり続けるその姿を、ヘンドリックたちはうんざりしながら見つめた。レドゥーは急に話を中断し、安物のスパークリングワインが入ったグラスを掲げて叫んだ。「あなたが構想した〈世界の首都〉は、第一回ハーグ会議以降でもっとも素晴らしい国際主義的な計画です！　わたしたちががんばれば、これから五年以内に実現されるでしょう。どうかわたしを信じてください。さあ、友よ！　〈世界の首都〉に乾杯しましょう！」

第10章 ベルギーからの支援（一九一一〜一九一三年）

1

ローマのアンダーソン美術館には、ヘンドリックの字で「レドゥー」と鉛筆書きされ、紐でくくられた茶色い箱が収蔵されている。結び目がきついせいで、タバコ色の包み紙に紐の跡がくっきりと刻まれている。わたしは、百年前にこれを結んでいるヘンドリックを想像しながら、慎重に結び目をほどいた。箱のなかには、ブリュッセル、ハーグ、ベルン、ジュネーヴ、パリからアンダーソン宛てに送られた、アーバン・レドゥーのすべての書簡が収められていた。

これまで一度も公開されていないこれらの手紙を読むと、レドゥーは気分にむらのある人間だったとわかる。一九一一年八月から一九一二年八月までの一年間、躁状態とうつ状態を行ったり来たりし、自分ではコントロールできなくなっていた。二度のヨーロッパ旅行のあいだに何度も連絡を絶っており、最長で三か月間音信不通だったようだ。再び姿を現したとき、必ず「重い病気を患っていた」と言い訳をした。

レドゥーは、アンダーソンが要求した報告書を一度も提出しなかった。そのため、一年の契約期間が切れると二度と更新されなかった。アンダーソンの失望は想像に難くない。しかし、確かにレドゥーは仕事に集中せず、雇用契約を守らなかったが、彼なりに熱心に取り組んでいたのは間違いない。大げさでいい加減なことばかり言っている人物だったが、アンダーソンのプロジェクトを、ふたりの著名な平和活動家に紹介するのに重要な役割を果たしていた。

2

二十世紀初頭、国王レオポルド二世が統治するベルギー王国は、およそ三万平米の国土面積を誇り、ヨーロッパ経済の中心として栄えていた。一九〇〇年から一九一〇年までのあいだ、鋳物、鉄、鋼鉄の世界一の生産国で、フランスやドイツから多くの綿花を輸入していた。鉄鉱石や石炭などの地下資源が豊富で、肥沃《ひよく》な農地を擁し、世界一発達した鉄道網を誇り、ヨーロッパ有数の貨物取引量を誇るアントワープ港があり、広大な国土を持つコンゴを植民地とし、あらゆる花形産業が発達していた。当時のベルギーは、産業資本主義の最前線に位置していた。

首都ブリュッセルは、アール・ヌーヴォー様式の壮麗な建物が次々とつくられ、ヨーロッパの交通の要衝として台頭した。この花の都で、芸術、科学、学問の革新的な運動が次々と興隆した。一八九七年と一九一〇年の二度にわたって万博が開催され、ロンドン、パリ、ニューヨークよりも頻繁に国際会議が行なわれた。ふたりのユートピア主義者は、こうした特殊な背景から姿を現した。書誌学者のポール・オトレ（一八六八〜一九四四年）と、社会主義者の上院議員であるアンリ・ラ・フォンテーヌは、ブリュッセルを拠点に斬新な平和主義プロジェクトを実行していた。

本書の主要登場人物になる前のポール・オトレは、裕福ながらも孤独な少年時代を送っていた。母のマリア・ヴァン・モンスは、ポールが三歳のときに出産中に命を落とした。父のエドゥアール・オトレは、ヨーロッパの都市部に鉄道を建設する会社を経営しており、メディアからは〝路面電車王〟と呼ばれていた。一八八〇年、富裕な実業家の父は、夏用の別荘を建てるために、地中海のラヴァンドゥ沖にある静かな孤島、ルヴァン島を購入した。

十三歳のポール・オトレは、無口だけど好奇心旺盛な少年だった。その翌年、元フランス軍兵士の男と一緒に、馬に乗ってルヴァン島をあちこち散策した。廃村を探索し、軍事要塞の遺跡を見て回り、双眼鏡で鳥を観察したり、植物採集をしたり、鉱物を採掘したり、海洋動物相について学んだり、漁の技術を覚えたりした。そして、ウサギの頭蓋骨、イカの骨、ヘビの皮、古代ローマ時代の硬貨などを収集し、数冊の観察ノートを作成した。オトレは島の〝探検〟を終えると、初の著書『ルヴァン島』(一八八二年)を刊行した。事実のみが詳細に解説された、まるで百科事典のような内容だった。著者はわずか十四歳の少年だった。

その後、オトレは法律を学び、父の希望どおりに弁護士になった。だが結局、法律の仕事はしなかった。若き知識人のオトレは、骨董展示館、各種ラボラトリーやアトリエに頻繁に出入りをし、オーギュスト・コントの著書を読み、親友のアンリ・ラ・フォンテーヌと世直しについて話し合った。アンリ・ラ・フォンテーヌは、鼻メガネ、蝶ネクタイ、セイウチのような分厚い口ひげが特徴の弁護士で、一八八五年に創設されたベルギー労働党から出馬し、一八九四年に上院議員に選出されている。

当時の写真には、本と紙の山に囲まれ、無垢そうだけど年齢より老けて見える、ぼんやりした表情のオトレが写っている。灰色のひげを生やし、小さな丸メガネをかけたその顔は、エルジェの漫画『タンタンの冒険』に出てくる天才学者にそっくりだ。実際、エルジェはポール・オトレの容姿と言動に着想を得て、変わり者の学者であるネストル・アランビク教授を創造したと言われている。タンタン・シリーズの『オトカル王の杖』で、アランビクは国際紋章連盟会長の紋章学者として登場する。そしてポール・オトレは、実際に国際書誌協会会長だった。

ポール・オトレ

成人後にオトレが書いた手紙には、子供時代にルヴァン島で過ごした夏の日々が、彼の人生を決定づけた出来事のひとつだったと書かれている。

あの島のすべてを知りたいという思いが、わたしを書誌学の道に進ませたのです。あの島で始めた収集を、その後もわたしはどんどん拡張させていきました。そして今、あなたがブリュッセルに来てくれたら、ぜひ訪ねてほしいところがあります。まずは、世界宮殿に入っている世界美術館。そして、一八九五年にわたしが設立し、現在では千四百万枚のインデックスカードを収蔵する国際書誌協会です。

3

十九世紀末から二十世紀初頭にかけて、多くの大発見があり、学術論文が次々と発表され、知識人たちの国際交流が活発化した。ところが、人々の知識が急速に進化し、学者たちが国籍の枠を超えて共同研究を行なうようになりながらも、特定のテーマについてどういう参考文献がどれだけあるか、迅速に知る手段はどこにもなかった。現在の研究者は、巨大図書館の蔵書を調べたり、世界じゅうで発表された学術論文を参照したりするのに、オンライン上の目録に頼ることができる。ところがベル・エポックの研究者は、遠い国の出版物を参照することはできなかったので、かなりの忍耐を強いられたはずだった。

ブリュッセルのポール・オトレとアンリ・ラ・フォンテーヌは、世界じゅうのあらゆる情報に誰もが簡単にアクセスするために、大胆なアイデアを思いついた。世界書誌目録をつくるのだ。つまり、印刷技術が発明されてからこれまでに刊行されたすべての書籍、新聞、雑誌を集めた膨大なカタログを作成する。ふたりはこの途方もない仕事を行なうために、一八九五年、世界じゅ

世界書誌目録が置かれた部屋(1900年頃)

うの図書館と連携した機関、国際書誌協会を設立した。ベルギー王立図書館に隣接するこの協会の内部で、主にブルジョワ階級出身女性で構成されたボランティアによって、インデックスカードの作成が行なわれた。ポール・オトレによって考案された画期的な分類システムにしたがい、世界じゅうのあらゆる情報が日々カードに目録化されたのだ。

現在、デジタル企業の大量データを処理・保管するセンターには、ディスクアレイと呼ばれる外部記憶装置がずらり一直線に並べられている。一九一〇年代初頭、世界書誌目録も、これと同じように室内に一直線に並べられていた。ディスクアレイにはハードケースが収められているのに対し、オトレが考案した目録は巨大木製家具で構成され、何千という小さな引き出しに標準サイズ（12・5×7・5センチ）の目録カードが何百万枚も収められていた。ある種の〝ペーパー版グーグル〟の様相を呈していたのだ。

オトレとラ・フォンテーヌには共通の夢があった。知的活動、学問、外交、技術面において世界規模での協力体制を促進するために、人類が有するあらゆる情報を一か所に集めること。自分たちのこうした斬新な書誌プロジェクトが、世界の平和的統一に貢献できると信じていた。

さらにふたりは、あらゆる分野において世界じゅうの学者たちが協力関係を築くことを目指して、世界会議を開催した。一九〇七年には中央事務所を設立する。これは一九一〇年に国際学会連合に発展した。

加えてポール・オトレは、世界美術館、世界図書館、世界書誌目録の統合センターを設立した。その紹介パンフレットに、オトレは施設の目的をこう説明している。

普遍的な利益を追求する目標のために、どこか一か国だけでなく、文明化された世界がひとつになって活動できるようにする。

人口増加に伴って拡大するさまざまな能力を、有効活用できる機関を設立する。

今後のさらなる発展のために、最良の条件下で人々が活動できるようにする。

この国際組織は、人類と文明の進歩のために創設された。各国の文明のほかに、それぞれの国に共通するものを土台として、多文明精神をつくりだす世界文明も存在すべきだと、われわれは考えている。

ポール・オトレとアンリ・ラ・フォンテーヌのグローバルで進歩的な考え方は、確かに、過去のさまざまな思想家の流れを汲んだものと言えるだろう。ゴットフリート・ヴィルヘルム・ライプニッツ(一六四六～一七一六年)、クロード＝アンリ・ド・ルヴロワ・ド・サン＝シモン(一七六〇～一八二五年)、シャルル・フーリエ(一七七二～一八三七年)……。その一方で、彼らの考え方は、まさに十九世紀末のベルギー人社会主義者ならではのものとも言える。当時の知識人や労働運動家は、実証主義とマルクス主義に大きな影響を受けている。一八九四年、ベルギー労働党によって採択された基本方針宣言のカレニョン憲章には、次のように書かれている。

ごく一般的な富、とりわけ生産手段としての富は、自然から得られたもの、あるいは現世代または前世代の肉体的・知的労働の産物のいずれかだ。したがって、これらは人類の遺産とみなされるべきである。

一九一三年にハーグ万国平和会議の議長を務め、同年にノーベル平和賞を受賞したアンリ・ラ・フォンテーヌは、そのずっと前からポール・オトレの親友だった。社会主義者として上院議員に初当選した頃、『集産主義』(一八九七年)という著書を刊行している。彼はここで、富の生

アンリ・ラ・フォンテーヌ

産、販売、流通の世界共有化を提唱した。また、電信、郵便、鉄道、銀行のネットワークなど、通信・交通と商取引にかかわるすべてのインフラを共有化することで、人類の進歩が可能になると主張している。現在、集産主義と聞くと、ソビエト連邦、物資不足、強制労働といったイメージが浮かぶかもしれない。だが一九一〇年初頭当時、このことばは、こうしたマイナスイメージをいっさい帯びていなかった。知識人たちはこうした進歩を不可避ととらえ、その多くがいずれは普遍的社会主義が確立されると考えていた。だからこそ、熱心な集産主義者であるアンリ・ラ・フォンテーヌが、登山と音楽を愛好したり、進歩的な国王として知られるアルベール一世と親しくつき合ったりしても、誰も違和感をおぼえなかったのだ。

アンリ・ラ・フォンテーヌは、自著の随筆『偉大な解決』（一九一六年）で、世界共通の言語、憲法、議会、司法裁判所、銀行の設立を提唱している。

4

電信技術によって画像を送信する史上初の装置ベリノグラフが発明されたとき、ポール・オトレは、いずれはこの装置が書籍の内容を画面上に表示させたり、世界じゅうの図書館を連携させたりして、情報利用手段に革命をもたらすと予測した。書誌学、資料収集、情報管理について自らの考えをまとめた著書『ドキュメンテーション条約』（一九三四年）には、「巨大図書館に請求した本の該当ページを、館内の電信室に掲示するだけで、電子望遠鏡を使って自宅で読めるようになるだろう。これを〝電子書籍〟という」と書かれている。

情報科学のパイオニアであるオトレは、アメリカ人図書館学者のメルヴィル・デューイ（一八五一〜一九三一年）によって開発された十進分類法を改良し、独自に国際十進分類法を考案した。これは現在も、世界の数千の図書館で利用されている。オトレは生涯を通じて、情報を収集、保存、処理、分配する方法を考えつづけた。

インターネットが発明される一世紀も前に、オトレはこの到来を予感していた。未来の電話には線がなく、あらゆる情報を受信できる、ポケットサイズの円錐カップのようなものになると予測していた。

だが、オトレの考え方でもっとも興味深いのは、決してこうした未来の電信技術の予言ではない。膨大な情報ネットワークが、社会主義的・国際主義的な方法で活用されるのを望んだ点である。オトレは、こうしたシステムが世界の共有財産となり、人類のために活用され、非営利目的の国際公共機関によって運営されることを、生涯を通じて願いつづけた。

そもそも初期のインターネットは、水平型分散システムとして構想されていた。ところが現在、ユーザーによってもっとも多く利用されているインフラとサービスは、莫大な利益を追求するテクノロジー企業によって運営されている。オトレは、人類が世界政府によって平和に統治されるのを夢見ていた。だからこそ、情報ネットワークが国際的な公共機関によって管理されるのを望んだのだ。こうしたユートピア思想を現在のインターネットに当てはめると、海底ケーブル、データセンター、テクノロジー企業といったあらゆるデジタルインフラは、すべてひとつの公共機関の管理下に置かれることになる。インターネット回線は、デジタル企業、情報機関、広告会社、詐欺グループ、新興宗教団体、マフィア、オタクたちの楽園ではなくなり、国道のように厳格に規制されるだろう。独自の〝道路交通法〟が定められ、有資格の技術者、管理者、通行料金、規制システム、緊急サービスなどが設置されるはずだ。

ポール・オトレは、自らがブリュッセルに設立したさまざまな機関を通じて、あらゆる情報を徹底的に収集しつづけた。〝文献システム〟を創設することで、情報ネットワークが構築され、知的労働の国際組織がつくられ、本人が言うところの〝社会学的予測〟が行なわれるようになるのを願った。つまり、人々のニーズを計画化しようとしたのだ。ユートピア社会主義者のオトレは、理性と進歩にもとづいた新しい世界秩序が生まれるのを夢見ていた。そのためには、人類は国際主義と世界組織を通じて、資本主義や国家間競争を超える上のステージに進まなければならなかった。

5

一九一一年九月初め、ブリュッセルに到着したアーバン・レドゥーは、その足で国際学会連合に赴き、ポール・オトレとその友人のアンリ・ラ・フォンテーヌに会った。一九〇七年以降、ラ・フォンテーヌは国際平和ビューローの事務局長を務めていた。当時、世界でもっとも重要とされた平和団体で、一九一〇年にはノーベル平和賞を受賞している。

レドゥーは「ふたりのアメリカ人が国際センターのプロジェクトを構想し、フランス人建築家に設計をさせています」と説明した。そして「そのフランス人はローマ大賞受賞者です」とつけ加えると、バッグから〈世界の首都〉の図面を取り出し、オトレに差し出した。

オトレから図面を手渡されたラ・フォンテーヌは、鼻メガネをずり上げながら隅々までチェックした。そしてこのプロジェクトを称賛し、自分たちも何年も前からあらゆる国際機関が集まる場所をつくりたいと思っていた、と打ち明けた。オトレも、「ラ・フォンテーヌ上院議員とわたしは、あらゆる組織の本部、文献、業務を、国際センターに集結させることを望んでいるんです」と述べた。「アンダーソンさんとエブラールさんが建造物として実現させようとしていることの国際センターを、わたしたちは機能面において夢見ているのです」

ラ・フォンテーヌは、ベルギーの「ロイヤル・トラスト」についてレドゥーに説明をした。一九〇〇年、六十五歳の誕生日を迎えた国王レオポルド二世は、自らの莫大な財産をベルギー政府に遺贈する意志を明らかにした。ベルギーとコンゴを統治していた在任中に獲得した、広大な土地、多くの城館や建造物が対象とされた。そして国王が一九〇九年に崩御すると、遺産を管理するための独立公共機関としてロイヤル・トラストが設立された。レオポルド二世は遺贈に際し、すべての不動産が永久に公共財産でありつづけることを条件づけていた。

ラ・フォンテーヌは、ロイヤル・トラストの管理者たちを個人的に知っていること、そしてこの団体がブリュッセル近郊のテルビュレンという町に百ヘクタール以上の森林を所有していることをレドゥーに告げた。

会見を終えると、レドゥーはさっそくアンダーソンに手紙を書き、オトレとラ・フォンテーヌとの話し合いは大成功に終わったと述べた。自らの功績を大げさに伝え、アンダーソンの〈世界の首都〉計画は「レオポルド二世が人類のために寄贈した、数百万ドルの遺産によって実現されるかもしれません」と余計なことまで書いた。

これを読んだオリヴィアは、おぞましさに震え上がった。一九〇〇年代の進歩主義者なら、イギリス人ジャーナリスト、エドモンド・ディーン・モレル（一八七三～一九二四年）によるコンゴの調査について知らない者はいない。十九世紀末から二十世紀初頭にかけて、コンゴはレオポルド二世の私領だったが、そこで行なわれていた残虐行為をモレルは厳しく糾弾《きゅうだん》していた。「レオポルド二世という名前を聞くだけで吐き気がする」と、オリヴィアは日記に書いている。「あの男の不動産や財産を使ってプロジェクトを実現させるなんてとんでもない話だ」

6

エブラールはパリで、〈世界の首都〉の設計にのめり込んでいた。十二人の製図工たちと一緒に仕事をしていたが、さらにアメリカから呼び寄せた弟のジャンにも手伝ってもらう予定だった。こうした建築家としての仕事に加えて、このプロジェクトを紹介する豪華本の監修作業も積極的にこなしていた。

アンダーソン義姉弟は、一九一一年末にはプロジェクトの設計が、そして一九一二年夏には書籍の印刷が完成することを望んでいた。エブラールは時間を節約するために、図面が一枚完成するごとに、フォトグラヴュール職人のジュール・ショーヴェのところへ持参した。ショーヴェが銅版を制作し終えると、次は印刷の工程に入る。銅版印刷は、パリ有数の版画印刷職人、シャルル・ウィットマンに一任された。

その間に、ガブリエル・ルルーは序文を執筆し、アンダーソン義姉弟は本文を推敲した。エブラールは編集作業に没頭した。ひとりで制作費用の交渉を行ない、各作業工程の監修をし、想定外のトラブルの解決に奔走した。ところが、アンダーソン義姉弟はエブラールの献身をあやしんだ。仲介者という立場を利用して、何かを企んでいるのではないかと勘ぐった。「見積もりの三分の一の金額を保証金として銀行に振り込んでほしいと、パリの複数の企業から要求された」とエブラールに言われたとき、オリヴィアは「よからぬことを考えているにちがいない」と日記に書いている。エブラールは自らの作品が掲載されるからこそ、この本の編集に熱心に取り組んでいたのだが、オリヴィアたちにはそれが理解できなかった。

7

一九一一年十一月一日、ヘンドリックはポポロ広場のアパートの居間で、ビール瓶とビスケットをテーブルに置き、ソファに座ってアトリエ仕事の疲れを癒やしていた。するとオリヴィアがやってきて、エブラールから手紙をもらったと告げた。〈世界の首都〉の図面がほぼ完成したという報告だった。

「とうとうエルネストが動き出したわ」オリヴィアは皮肉めいた口調でヘンドリックに言った。

「この前の日曜、弟さんを連れてブリュッセルへ行ったらしいの。上院議員のラ・フォンテーヌとポール・オトレに招待されて、あちらで一日を過ごしたんですって。何をしにいったと思う?

ブリュッセル郊外の土地を見にいったのよ。わたしたちのプロジェクトが建設される場所なんですって！」

オリヴィアは苛立たしげにエブラールの手紙を広げて読み上げた。

（オトレとラ・フォンテーヌに）プロジェクトの建設に適しているという土地に案内され、感想を求められました。正直、とても素晴らしかったです。ふたりとも魅力的な人物で、プロジェクトを絶賛し、ぜひそのまま実現させたいと言ってくれました。彼らが設立した美術館や国際機関も見学しましたが、いずれも大変興味深く、わたしたちのプロジェクトの区画分けにもぴったりでした。ふたりともよさそうな人たちです。ラ・フォンテーヌ上院議員には、図面を見せる許可をいただきましたよね。さっそくそうしました。

見せてもらった土地は、確かに完璧とは言えませんが、プロジェクトに合わせて改善の余地はありそうです。ブリュッセルにほど近いのは大きなメリットです。美しくて壮大な建物のある魅力的な町なので、わたしたちの国際都市を設立するのに向いているでしょう。ラ・フォンテーヌさんとオトレさんが、プロジェクトを宣伝するのによさそうな方法を提案してくれました。その件については、レドゥーから連絡が行くはずです。プロジェクトの実現について、わたしなどが余計な口出しをするつもりはありませんが、おふたりもブリュッセルに出かけてみてはどうかと思います。パリからブリュッセルまではアクセスが容易で、数時間もすれば到着します。

「この人たちが……」ヘンドリックは不満げに口を開いた。「この人たちが、ぼくに会いにローマに来ればいいじゃないか」

オトレとラ・フォンテーヌは、いったいどういう権利があって「プロジェクトを実現させる場所を強要」しようとするのだろう？　オリヴィアには不可解だった。そして不機嫌そうな声で言った。「わたし、自分の利益しか考えていない、こういうくだらない投資家は嫌いだわ。慌てて行動しても何もならないことを、忘れてしまっているのよ」

アンダーソン義姉弟は、まるで自分たちのプロジェクトが他人に奪われてしまったような気がした。建設する土地やロケーションを決める前に、まずは世界各国の一流政治家たちにプロジェクトをアピールし、意義に賛同してもらうのが先決だと考えていたのだ。でないと、この〈世界の首都〉によって人類がひとつになるどころか、国家間競争を引き起こすはめになってしまう。そしてふたりは、自分たちの理想都市が、ヨーロッパではなくアメリカに建設されることを望んでいた。オリヴィアはこの件について、日記にこう語っている。

アメリカは世界に対する使命を負っている。それは、移民を受け入れ、その労働力によって強国になることだけではない。アメリカに労働力をもたらす人たちの出身地である、すべての国々にかかわる使命だ。世界が成長することで、アメリカがつくられる。アメリカは、ただ無闇やたらに労働者を集めているわけではない。労働者たちが光をもたらし、わたしたちを未来へ導いてくれるのだ。

オリヴィアは、アメリカの帝国主義者たちによる侵略行為を糾弾しつつ、軍国主義者たちが領土拡大を正当化するために昔から使っていた標語、「マニフェスト・デスティニー（明白なる使命）」には共感していた。つまり、政治学で言うところの「アメリカ例外主義」――進化の歴史において、アメリカは世界で唯一無二の特別な位置にある国だという政治宗教的イデオロギー――を信じていたのだ。アンダーソン義姉弟は、〈世界の首都〉を置くことで「アメリカがつくられる」のを望んだ。十七世紀のピューリタンが〝新エルサレム〟を建造しようとした精神そのものだった。理想主義者である彼らは、経済交流、芸術作品の世界的な普及、通信技術の進歩と発展などによって、人類のあらゆるものがアメリカに集結され、世界が統一されるのを望んだ。アメリカが世界合衆国になるのを夢見ていたのだ。

8

一九一二年二月、パリにやってきたポール・オトレとアンリ・ラ・フォンテーヌは、エブラールの事務所で〈世界の首都〉の図面を見て驚嘆した。ふたりはブリュッセルに戻るとすぐ、ローマのアンダーソン宛てに手紙を書いた。彼らのプロジェクトを称賛し、実現のために協力を惜しまない旨を伝えた。

わたしたち双方の活動や視点には、驚くほど多くの共通点があると、あなたたちも感じていらっしゃるはずです。わたしたちの望みは、さまざまな国際機関を一か所に集結させること。そして、目的は同じなのに連携、協力、調整がうまくいっていないために思いどおりの仕事ができないでいる、多くの団体のための中枢を置くことです。（中略）あなたたちはおそらく、ご自分たちが構想された都市に人々が集まってくれれば、多くのことが成し遂げられると考えたでしょう。わたしたちもまた、国際的な生き方を実現させるために、機関、文献、サービスを収容する石と鉄の建物をどうすべきか、頻繁に思いを巡らしたものでした。

一種の予定調和によって、わたしたち双方の作品は惹かれ合う運命にあったのです。ふたつの作品は、互いを補い合うために存在していました。そして、実際にそうなったのです。レドゥーさんが初めて、そしてそのあとでエブラールさんが来たときも、わたしたちはあなたたちのプロジェクトに魅了されました。そして、構想と実現を隔てる深淵に「橋」を架けることが可能だと、つまりこのプロジェクトには多くの可能性があるとすぐに感じました。

しかし、パリで図面を見て、わたしたちは考え方を多少改めました。それまでは、ことばによる説明でしか、このプロジェクトについて知らなかったからです。これほど壮麗な芸術と建築に彩られた国際都市を、何年も構想しつづけ、知性と時間のすべてを費やしてこられたことは、大いに敬意を表わされなくてはなりません。そこでわたしたちは考えました。このプロジェクトは現状のまま実現されるべきです。わたしたちはもはや、このプロジェクトの方針、設計、予算について、これ以上議論をする必要性を少しも感じません。むしろ、プロジェクトの遂行に携わっている人たちに、余計な影響を及ぼすのを控えるべきです。最優先すべきは、目前の仕事をやり遂げることです。わたしたちは、あなたたちの今の仕事に心から賛同しています。つまり、現在取りかかっているその本を完成させるべきです。

あなたたちの作品が、図面と文章によって表現され、明確な輪郭が生まれれば、建造物として形づくられるようになります。わたしたちの機能上の作品が、どういう機関をいくつつくるかを規約上で決定したときに、初めて形づくられたのと同じです。そうなって初めて、双方の作品のあいだにつながりが生まれ、さまざまな問題について話し合いが行なわれ、将来の計画を立てられるようになります。実現される場所や時期について、何にも縛られることなく、自由に議論し、計画を立てるのです。

こうして手紙を書きながら、わたしたちはあなたたちの作品に敬意を表わしたいのと同時に、双方の作品のあいだに深いつながりがあると確信したうえで、当然あるべき協力体制を一刻も早く整えたいという、真摯《しんし》な要望をお伝えしたく思っています。

具体的な協力体制については、すでにレドゥーさんからお聞き及びかと存じます。まずは、わたしたち双方が、この協力関係を公に宣言しなくてはなりません。当方では、あなたたちが完成させ、発展させたいと願う国際都市にふさわしい、そちらの要望を満たした設備を、こちらの機関に整えると約束する。そしてあなたたちは、わたしたちが設立した機関が掲げる精神、そして提供するサービスが、そちらの国際都市に必要だと宣言する。

こうしていったん公に宣言をしておけば、そのあとは一緒にやろうが別々にやろうが、わたしたちは国際都市という作品の実現のために共に取り組むことができます。建造物としてどういう形にするかを宣伝することで、機能の集中化、統合化、国際化が推進されます。その逆もまた然りです。

宣伝方法については、レドゥーさんとの話し合いで、国際会議や展覧会の開催、出版物の刊行、さまざまな根回しなどの意見が出ました。

プロジェクトを国際会議でアピールすれば、きっと誰もが魅了されます。こうした会議には国際的に活躍している有力者が集まるので、各国政府による支援と並ぶほどの大きな支援を得られるでしょう。

続いて、世界各国の首都で開催される巡回展を行なうべきです。双方の作品の合同展にして、共に費用に貢献できるようにしましょう。

そして最後に、一九二〇年に、大規模な特別展と共に建設を開始するのが一番いいような

気がしています。企業、公共機関、民間金融機関などによる支援活動に頼る必要もあると思われます。（中略）
現時点までに知り得た情報にもとづいて、率直な気持ちをすべて書かせていただきました。あなたたちへの敬意の念が、わたしたち双方をよりいっそう近づけてくれることを願いつつ。どうぞよろしくお願い申し上げます。

ポール・オトレ、アンリ・ラ・フォンテーヌ

この長い手紙を読んで、ヘンドリックとオリヴィアは安堵した。このベルギー人のふたりは、確かにマルクス主義と実証主義に影響を受けた実利主義者かもしれないが、誠実そうな人物だと思われたからだ。

9

ところが、ヘンドリックの友人、ヘンリー・ジェイムズの反応は真逆だった。ここ数年ずっと巨大都市のプロジェクトに取り組んでいると打ち明けると、一九一二年四月十四日付の手紙で厳しい口調で苦言を呈された。

親愛なるヘンドリック

一刻も早く、きみに返事を書きたくてしかたがなかったよ（非常につらいことではあったけれど！）。この十日間ほど苦しんでいたが、とうとうこの日がやってきた。前触れもなくいきなり情報と告知の雪崩《なだれ》に襲われて、どうにかして雪のなかから抜け出すことができたけれど、まだ足元がふらついている（少し考えれば、どういう状態かを予想または理解してもらえるだろう）。巨大で、膨大で、広大な計画を立てているという奇妙奇天烈な話を、きみがわたしの頭上に落としたのだ。いいかい、覚悟して聞いてほしい（ここ数日、この雪崩から抜け出しながら考えた）。わたしは今、ふらつきながらもようやく地に足をつけて立っている。しかし、目の前の巨大な恐ろしい雪塊《せっかい》がまたしてもこちらに崩れかかってきそうで、この場から逃げ出そうとしている。

いや、「覚悟して聞いてほしい」と言ったが、おそらくそんな必要はなかったのだろう。巨大、過大、誇大なもの、膨大なものの単調な繰り返しに対し、ひどく熱中するきみの姿を見るたびに、わたしは胸を痛めてきたし、いずれこういう日が来ると前々からわかっていた。きみ自身が、そしてきみの作品と所有物、きみにまつわるすべてのものが、無限で、無慈悲で、致命的な砂洲のなかに埋没していく兆候を感じとっていたのだ。

親愛なるヘンドリック、こうした巨大なものを使用したり、適用させたり、受け入れたり、同化したりしてくれる場所は、この地球上のどこにもない。いやむしろ、この地球上に誰もいない、と言うべきかもしれない。そしてきみが今、巨大都市の実現のために多大な時間と資金を費やしていると知り、わたしは頭からコートをかぶって壁に向かい、きみのために苦い涙を流している。絶望し、悲痛な思いで、無力感にさいなまれながら、この暗い隠れ家に塩味の大雨を降らせている。こうした話はすでにしてきたはずだが、もしかしたらこれほど苦しみながら、直接的に話したことはなかったかもしれない。きみの愚かな情熱が頂点に達し、五億トンもの重みでのしかかってくるので、そうせざるをえなくなったのだ。

そう、恐ろしい妄想症――医者が言うところの誇大妄想症《メガロマニア》（辞書を引いてごらん）、つまり「巨大なものに熱中する病」［日本語の「誇大妄想」は自らが有名で、全能で、裕福だと信じ込む傾向を指すが、フランス語では、自らの威光を誇示するために権力者が巨大建築やプロジェクトを構想する傾向を指す場合も多い］――に対して、きみに警告を発する。物質、計画、交流などのあらゆるものについて、きみは巨大なもの、より大きなもの、過大なもの、誇大なものに熱中し、追求し、取り憑かれ、狂ったように溺《おぼ》れているのだ。

親愛なるヘンドリック、残酷に聞こえるかもしれないが、わたしにはこれ以上きみにかけることばがない。きみが〈世界の首都〉なるものを構想していると書いてくるせいだ（たとえスペルミスが多かったとしても――それはきみの粗野な魅力でもあるのだが）。（中略）

この手紙のちっぽけなアルファベットの文字にしがみついて、そちらに飛んでいければどんなにいいだろう。きみがおかしなことを言ったり、この無気力な世界の現実と相容れないことを口にしたりしたときに、わたしが支えてあげられれば。

親愛なる友よ、きみの計画にただひたすら脅えているよ。ことばに尽くせないような混乱に陥り、部屋に閉じこもって鍵をかけ、ひとりで絶叫している。何時間も休みなく叫びつづける、わたしの姿を想像してほしい。きみがポポロ広場からリペッタ通りに出てテヴェレ川へ向かい、勇敢にも欄干《らんかん》から乗り出して、これまで集めた大量のがらくたをすべて捨ててしまわないかぎり、わたしはこの部屋から出ないことにした。この狂った世界において、人々のニーズに合わせてつくられた既成の都市などが、本当に何かの役に立つのだろうか？　きみが立てた計画は、じつに馬鹿げていて、常軌を逸していて、くだらなくて、最悪で、うさんくさいにもほどがある。都市とは生きた組織であり、内側から少しずつ成長するものだ。どこぞのアトリエで着想されたものを無理やり形にしたり、あらかじめ決められた土地で組み立てたりするものではない。たとえ必要に応じて立てられた計画であっても、それは死の砂漠に入り、風に語りかける行為と同じなのだ。

親愛なるヘンドリック、わたしに助けを求めないでくれ。どうかそれはやめてほしい。そういうことばは決して発しないでくれ。でないと、わたしは虚偽の役割を果たし、きみを破滅に導く友人になってしまう。ただ、お願いだ。こうして残酷にも、無慈悲にも、きみに厳しく、絶望的で、非情なことばをかけることが、常にきみに愛情を注ぎ、温かく接してきた旧友にとって、どれほどつらいかをどうかわかってほしい。

ヘンリー・ジェイムズ

ヘンドリックは友人の意見を顧みず、オリヴィアには「自分はヘンリー・ジェイムズより若くて、大胆で、勇気がある」とだけ告げた。そして「彼がいなくてもうまくやれるさ。ぼくたちの本は、これまで刊行された本のうちで一番美しいものになるだろう」と、確信に満ちた口調で言った。

10

四月半ば、エブラールはアンダーソンの許可を得て、〈世界の首都〉の図面を国際学会連合の集会で紹介することにした。会場は、ブリュッセルにあるポール・オトレの美術館だ。エブラールは、すでに準備していた図面一式に加えて、仕上げたばかりの都市全体の巨大な透視図も持参した。この最新の透視図が一般公開されるのは今回が初めてだった。

オリヴィアはローマで喜んでいた。自分たちのプロジェクトにずっと懐疑的だったあのエブラールが、いまや公の場で支援の意志を明らかにしている。「もしこの計画がブリュッセルで承認されたら、それは重要なステップになるだろう。わたしたちにとってだけでなく、この世界にとっても」

科学者、社会学者、極地探検家、ノーベル委員会会員、平和主義者、女性解放運動家、エスペラント主義者、精神主義者など、じつにさまざまな人たちが、エブラールがもったいぶった手つきで次々と広げる図面に見入っていた。そして〈世界の首都〉の巨大な透視図が紹介されると、会場にどよめきが起きた。紹介を終えると、国際学会連合の代表者たちが挙手で投票を行なった。その結果、絶対多数でプロジェクトが支持され、建設が推進されることになった。

興奮したアーバン・レドゥーは、ブリュッセルの街を駆けぬけた。息を切らしながら電信局に駆け込むと、オペレーターに通信文を伝えた。その知らせは瞬く間にローマに到着した。イタリアの電信局員が、印刷機から出力された細長い用紙を切り取り、台紙に貼りつけ、封印し、スタンプを押し、配達員に手渡す。配達員は自転車に乗ってローマの町を走った。

オリヴィアはアトリエに駆け込むと、ヘンドリックを固く抱きしめた。そして、たったひと言、「ACCOMPLI（達成）」とだけ書かれた電報を読み上げた。

11

一九一二年四月末、エブラールは〈進歩の塔〉に最後の修正を施した。五月中は、本の監修を行ない、都市全図を仕上げ、国際会議場広場の透視図を制作した。そして、ポール・オトレとアンリ・ラ・フォンテーヌの要求に応じて再びベルギーを訪れ、〈世界の首都〉建設について話し合った。五月二十五日、エブラールはヘンドリックに手紙を書いている。

ブリュッセルから戻りました。(中略)プロジェクトの実現のためにみんな真剣に取り組んでいます。こうして計画が進行している以上、あなたたちにはぜひともこちらに来ていただきたいと切に願っています。(中略)

本の編集作業も順調です。運河沿いの〈芸術の殿堂〉のファサードがもうすぐ仕上がるので、区画ごとの透視図の準備をしています。都市全図にはまた修正を加えました。この図面には苦労しています。安っぽい感じにはしたくないからです。

夏の初め、エブラールはヘンドリックに図面の校正刷りを送付し、今は地下鉄の線を引いていると報告した。それから三十八枚の図面をリストアップし、七月末にはすべて仕上げると約束した。すべての図面が完成すると、アンダーソン義姉弟は、印刷作業の最終工程を監修するためにパリにやってきた。「浴室、電気、セントラルヒーティング、居間、広い庭園、評判のワイン蔵あり」。ヴォージラール通り四十九番地のエスペランス・ホテルの広告にはこう書かれている。ふたりはこのホテルに長期滞在した。

七月二十八日、エブラールとヘンドリックはブリュッセルを訪れ、ポール・オトレ、アンリ・ラ・フォンテーヌと八時間かけてみっちり話し合いを行なった。ヘンドリックは初めてテルビュレンを訪れたが、とても魅力的な町だと思った。ふたりは日帰りでパリに戻った。

二日後、エブラールはヘンドリックに、タイプ打ちされた契約書を二部差し出した。

「契約書？　何のために？」ヘンドリックは驚いた。

「都市の図面がすべて完成したので、いろいろなことを明確にするためです」エブラールは答えた。「この契約書には、世界コミュニケーションセンターが建設されたら、総工事費の一パーセントをわたしが受け取れると記されています」

ヘンドリックは激怒した。

「エルネスト、知ってのとおり、この図面を構想したのはぼくだ。これらはぼくのアイデアで、きみが形にしたのはぼくが脳内で見たものだ。だいたい、きみはこのプロジェクトをまったく信じてなかったじゃないか！　なのに今、厚かましくも、都市が建設された場合の契約書に署名しろと要求している！」

「待ってください、そんなに怒らないで。建築家は誰でも、自分が手がけたプロジェクトが実現されれば、工事費用の一パーセントを受け取れるんですよ」

だが、ヘンドリックは署名を拒否した。彼にとって、エブラールは〝助手〟にすぎなかったからだ。

ヘンドリックがこの件を伝えると、オリヴィアは憤慨した。

「長いあいだずっと、このプロジェクトは実現不可能と言いつづけてきたくせに、今になって利益を得ようとするのね。そんなふうに他人を搾取するなんて、まるで吸血鬼みたい！」

12

一九一二年八月のある暑い日、エブラールの事務所での出来事だった。

「これは、いったい？」

ヘンドリックは、一枚の図面の下部に人差し指を置き、独り言を装う口調で言った。小さな文字が印刷されている。エブラールの助手がひとりで手がけた建物の図面で、ヘンドリックもそう承知していた。だからこそ、驚きを露わにしながら、書かれていた署名を一字ずつ区切って読み上げたのだ。

「エルネスト・ミシェル・エブラール、建築家」

「そういう慣例なんですよ」エブラールは言った。「わたしはフランスで有数の建築家のひとりですから」

「そうかもしれないが」ヘンドリックは答えた。「だからといって、他人の仕事を横取りする理由になるのか？　それに、これは何だ？」

ヘンドリックは一枚の紙を掲げた。本のタイトル『世界コミュニケーションセンターの創設』が大きな文字で書かれたページの校正刷りだった。上部には、エブラールの名前が堂々と表示されている。

「エルネスト、前にも言ったように、この都市を構想したのはぼくだ。その構想を実現させようとし、計画を立て、きみに設計を依頼したのもぼくだ。ところがきみときたら、このプロジェクトは馬鹿げていて、奇妙奇天烈で、実現不可能だと言い放った！　もしそこでぼくが食い下がらなければ、きみはこれを完成させられなかったんだぞ！」

八月じゅうを通して、エブラールとヘンドリックは、自分たちの名前が表示される場所と活字の大きさについて言い争いつづけた。この対立には、ふたりの不誠実さと虚栄心が表われている一方で、互いに相手に大きく依存している関係性の微妙さも反映されている。ヘンドリックの粘り強さと大胆さがなければ、エブラールはこの仕事を引き受けなかっただろう。そして、エブラールの才能、忍耐力、完璧主義がなければ、ヘンドリックが思い描いたような壮大な都市は設計されなかったはずだ。

数週間にわたる言い争いの結果、ふたりはようやく妥協点を見いだした。エブラールはヘンドリックに、都市のすべての図面、設計図、複製権を譲渡する。そして本に記載される名前は、プロジェクトの建築部門の制作者として、ヘンドリックの次に掲載される。代わりにヘンドリックは、プロジェクトの建造物の一部または全体が実現された場合、その工事費用の一パーセントをエブラールに支払う。また、エブラールを本の共著者として認め、すべての図面にエブラールの署名が添えられるのを承諾する。

ヘンドリックは、〈世界の首都〉プロジェクトの考案者として、オリヴィアの名前も本に記載されることを望んだ。ところが、どういうわけか本人がそれを拒否した。彼女はヘンドリックに、この理想都市を創造したのはヘンドリックひとりということにしてほしい、と頼み込んだ。実際は、完全にふたりの共同作業だったのだが。どうしてオリヴィアがこういう選択をしたのか、日記にも書かれていない。

13

ニューヨークに暮らす平和主義者の銀行家、ウォルター・J・バートネットは、一九一二年九月いっぱいパリに滞在した。ヘンドリックの活動を支援するために、パリ在住のさまざまな国籍の実業家たちに〈世界コミュニケーションセンター〉を紹介した。プロジェクトに高い関心を示す者は少なくなかった。モナコ公国に建設してはどうか、と述べる不動産投機家もいた。だが、そうした心強い出会いが続いたあと、ヘンドリックはふと気づいた。みな、このプロジェクトから利益を得ることしか考えていない。この計画の根幹となる理念には誰も興味を抱いていないのだ。

パリ西郊外の城館で行なわれていたレセプションの最中、ヘンドリックは突然椅子から立ち上がると、投資家たちに向かって交渉を取りやめると宣言した。「世界コミュニケーションセンターは、不動産投機の対象にはさせません」と、冷ややかな口調で言い放つ。バートネットは呆気にとられた。

パリに戻るタクシーの中で、バートネットはヘンドリックに説明を求めた。

「ぼくの都市は、誰かをもうけさせるために考案されたのではありません。世界がひとつになって、人々が友愛で結ばれるためです」

「なるほど」バートネットは言った。「だが、せっかく投資をしたいというのを断ってしまったら、どうやって資金を調達するのかね?」

「篤志家と政治家に掛け合います」ヘンドリックは答えた。

この出来事には、ヘンドリックの性格がはっきりと表われている。ニューポートでの貧しい子供時代、ボストンのアート・スクールで受けた屈辱、兄の急死、芸術家としての挫折、オリヴィアとの出会い……ヘンドリックはどんなときでも常に、自らの人生に意味を見いだそうとしてきた。そして、〈世界の首都〉を構想したことで、ずっと望んできたものをようやく手に入れたのだ。オリヴィアの宗教的な希求に影響を受けながら、自身で創造した現実のなかで、ヘンドリックは自らを、神の使命を帯びた清廉潔白な人間とみなしていた。彼にとっての人生の意味は、芸術によって人類を統一させることだった。〈世界の首都〉のテクノロジー・ユートピア思想と、それに伴う終末論的な概念には、ヘンドリックの科学と宗教の進歩に対する信頼、そして自分自身と世界のために追求している道徳心が反映されている。もちろんヘンドリックにも、偉大な芸術家として認められたい思いがないわけではない。だが、熱心な理想主義者であるヘンドリックは、名声や財産を得るより、徳を積んで救済を得るほうを選んだ。だからこそ彼は、私欲を捨て、ある意味ではプロテスタントの労働倫理に忠実な生き方をしていたのだ。

「ウォルター、どうかぼくを信じてください。必ずこの都市を建設させてみせます」タクシーがパリに到着する頃、ヘンドリックはそう言った。

「きみには無理だ」バートネットは冷淡にそう言い放つと、タクシーのドアをバタンと閉めた。

14

一九一二年十月十九日、ヘンドリックは〈世界コミュニケーションセンター〉紹介本の校正原稿（フランス語版と英語版の両方）を、ルヌアール印刷所に提出した。品質の異なる用紙を使い分け、装幀のグレードを変えながら、活版印刷で数回に分けて刷る予定だった。最高級版は和紙を使用し、各国の君主や元首に宛てた名入れ印刷にする。すべての版を合わせて千部制作するには、植字工たちが総出で働いても数か月かかるという。オリヴィアとヘンドリックは、印刷・革装幀を終えた本を保管するために、パリのプランセス通りに部屋を借りた。

ローマに戻ったふたりは、〈世界意識〉という名の団体を設立した。「世界コミュニケーションセンターの建設を目指す国際組織であり、世界共通の利益を保護・支援し、人類の進歩に向かう広い道を平和と尊厳のなかで歩くための支援をする団体」だ。

この団体の本部を設立するために、ふたりはポポロ広場のアパートの一室を事務所に改装した。そしてローマの印刷会社に、フランス語版と英語版の入会案内書、関心を示した人により深く共感してもらうためのイラスト入りパンフレットをつくらせた。案内書とパンフレットは、進歩主義者、芸術家、科学者、大学教授などのオピニオンリーダーたちに配布した。

拝啓

近年の社会的・政治的な動きにかんがみ、〈世界コミュニケーションセンター〉の創設について考察すべきときがきました。建設的かつ厳格なやり方で、さまざまな人間や思想をひとつに集結させなくてはなりません。経済交流や人類愛への志向が高まりつつある現在、それらを一か所に集中させ、より拡大させるには、世界唯一の拠点を設立する必要があります。貴殿が人類のために行なってきた仕事は、国際的に高く評価されています。もし貴殿が本プロジェクトを支援してくだされば、その名声のおかげで実現が容易になることは間違いありません。したがって、貴殿の先見の明とご厚意にすがって、わたしたちの作品について簡潔にご説明させていただきたく存じます。

わたしはこの九年間、人類のための国際都市、〈世界コミュニケーションセンター〉の構想と制作に邁進《まいしん》してきました。この構想にもとづき、わたしは脳内で都市の姿を創造しました。衛生的に整備され、素晴らしく美的に構築された、シンプルながらも格式高い街です。このプロジェクトの唯一の目的は、人類の望みを叶えるのにふさわしい場所を生み出すことです。

現在、この都市と建物のおおまかな設計を終えたばかりです。都市の中心部には、世界の公益のために使用される建物を配置します。これらは、スポーツ、科学、芸術の三つのセンターに大きく分けられます。

スポーツセンターには、世界じゅうで行なわれた近代スポーツ競技の上位記録が収集されます。資料は体系的に分類され、人間の肉体を合理的に発達させるために利用されます。このセンターにおけるもっとも象徴的な建物のひとつが、巨大スタジアムです。スポーツジム、プール、各種スポーツに適した屋外競技場も併設されます。いずれも最新の建築様式で設計され、練習場や展覧会場としても使える広々としたスペースを有しています。回廊沿いの部屋は、古代美術やモデルをベースに制作された彫像の展示室のほか、図書室、医務室、そして人間の体力と体型の基準を制定・普及させるための身体測定室に充てられます。

スポーツと芸術の関係性の深さ、共通の目標である「美」に向けて協力し合う必要性を考慮して、芸術センターはスポーツセンターに隣接して設立されます。ふたつのセンター間は、花卉《かき》園芸、自然史、植物学、動物学のそれぞれに特化した庭園を通って行き来できます。芸術センターでもっとも重要な建物は、〈芸術の殿堂〉です。最新の音響設備を整えた広々としたホールが入り、絵画や彫刻が展示された広い部屋や回廊が周囲に巡らされています。世界に名が知られる音楽家や劇作家たちは、自らの作品をなるべく早く世に広めるために、このホールで演じたがるようになるでしょう。ホールの裏手には国際的な美術展覧会を催すことのできる会場があり、その外にはスケートリンクや舞台として利用できる人口湖が広がっています。そして殿堂を取り囲む庭園には、芸術分野ごとの美術学校が点在しています。いずれも殿堂の至近にありながら、それぞれが独立したスペースを享受しています。

科学センターへは、スポーツセンターや芸術センターから国際大通りという広い道路を通ってアクセスできます。道路の両脇には、各国の大使や代表団のために建てられた邸宅が並びます。このセンターでもっとも重要な建物は、高さ三百二十メートルの〈進歩の塔〉です。(中略)この巨大なタワーは都市全体を象徴する建物でもあります。世界統一に対するわたしたちの信念、そして、地球上のあらゆる公正な意志を固く結束させたいというわたしたちの強い決意を表わしています。

〈進歩の塔〉は、国際会議場正面の円形広場に建てられます。(中略)右手には国際司法裁判所が、左手には〈宗教の殿堂〉がそびえています。世界銀行、口座振替事務所、世界じゅうの文献を参照できる図書館も建てられます。周囲の庭園には、さまざまな高等教育機関が点在しています。

都市の中心となるこの科学センターからは、市民センターや近隣地区へとつづく大通りが放射状に伸びています。都市内には、近代科学に必要とされるあらゆる施設が整備されています。わたし自身、九年もの歳月をこの計画のために捧げてきました。フランス政府任命建築家であるエルネスト・エブラールの指揮下で、建築家、技師、彫刻家、画家などおよそ四十人のスタッフもこの計画に携わってきました。プロジェクト全体に合理的な連係が築かれ、建築的な価値がもたらされたのは、ひとえにエブラールのおかげです。

プロジェクトの完成図面は、今後主要国の首都を巡回する展覧会で公開されます。プロジェクトの内容と目的について詳説された書籍、『世界コミュニケーションセンターの創設』にも掲載されます。本書は、五百部未満というごく少部数が豪華本として刊行され、世界じゅうの国家元首に贈呈されます。国立図書館、研究所、大学、国際団体などにも可能なかぎり寄贈される予定です。

〈世界コミュニケーションセンター〉の最大の目的は、人類にとって重要な公益機関を一か所に集結させることにあります。（中略）ここに国際司法裁判所を設立すれば、世界の経済交流がより緊密化され、拡大しつつある軍拡競争が抑制され、重くのしかかる税負担が軽減されるでしょう。こうした国際都市の設立は、世界じゅうの平和団体と平和主義者にとっても、理想が具現化され、強力な支援が提供される絶好の機会になるでしょう。国際平和学校のような機関が設立され、そこから発信される力強くて感動的な訴えかけが、世界を揺り動かすかもしれません。

すべての機能が緊密に結びついた〈世界コミュニケーションセンター〉は、各分野にはかり知れない影響をもたらすはずです。この機会に、各国でご活躍されている貴殿が、当方の新しい知的機関〈世界意識〉にご加入くだされば、世界じゅうの人々に大きな影響を与え、より友愛的な関係を築く方向へと導けるでしょう。

どうか、この文書に書かれた内容をご理解いただいたうえで、当機関の会員になってくださいますようお願い申し上げます。それは、貴殿が当方の理念に共感してくださったこと、そしてこのプロジェクトの実現を支援する決意をしてくださったことの証明になります。このプロジェクトは、人々のあいだに建設的な結びつきを築き、人類を平和に統一させ、世界じゅうが一丸となって進歩と平和を推進することを目指しています。(中略)

貴殿が〈世界意識〉の会員リストに名を刻んでくださることを、心からお祈り申し上げます。

敬具

ヘンドリック・クリスチャン・アンダーソン

アンダーソン義姉弟は、プロジェクトを支援してくれそうな人たちをリストアップしてほしいと、ポール・オトレに依頼した。オトレは、国際学会連合によって刊行された『国際生活年鑑』をアンダーソンに送った。世界じゅうの進歩主義組織、国際主義者、平和主義者の連絡先が掲載された、分厚い本だった。オリヴィアとヘンドリックは、この年鑑を活用して大々的な宣伝キャンペーンを開始した。平和運動や国際主義運動の主要活動家、女性解放運動家、大学教授、エスペラント主義者、神智学者たちに、入会案内書とパンフレットを送付したのだ。こうしてわずか数日間で、世界じゅうに数百部を郵送した。封書を受け取ったポール・オトレとアンリ・ラ・フォンテーヌは「あなたたちを心から支援します」と返事を送った。

十一月二十六日、〈世界コミュニケーションセンター〉のオリジナル図面が、巨大な丸筒に収められた状態でローマに送られてきた。ヘンドリックはそれらを額装し、アトリエの壁に掛けた。その夜、オリヴィアとヘンドリックは、〈生命の泉〉の巨大彫像の足元に寄り添って座り、夢のように美しい自分たちの都市を、長いあいだ黙ったまま眺めていた。

第11章 最初の成功（一九一三年）

1

第一次世界大戦は、ヨーロッパを壊滅し、千八百万人以上の人間を死に至らしめただけでなく、二十世紀初頭に平和主義が広く支持されていたという事実を、歴史の記憶の奥に埋没させた。わたしたちの世代には、当時、世界はすでに好戦的な状態だったと信じている人が少なくない。この齟齬《そご》が起きた原因について、それまでいかにして大戦が回避されてきたかより、どのようにして大戦に突入したかを研究する傾向が強かったからだろうと、歴史家たちは分析している。しかし、アメリカの歴史家、サンディ・E・クーパーは「一九一四年当時、ごく少数の過激な指導者や軍国主義組織を除いて、大半の人たちは平和を維持し、紛争を平和的に解決したいと願っていた」と述べる。フランス歴史家団体によって刊行された書籍『平和の擁護者たち（一八九九〜一九一七年）』にも、第一次世界大戦前の「平和を維持しようとする勢力は、これまで伝えられてきたよりずっと強かった」と書かれている。

〈世界コミュニケーションセンター〉について調査を始めた当初、これほど大規模なユートピア計画がどうして今まで忘れられていたのか、まったく理解できなかった。数年後、サルト県公文書館で、ポール・デストゥールルネル・ド・コンスタン――一八九五年に下院議員、一九〇四年に上院議員に就任、一九〇三年に国際仲裁裁判所のフランス使節団を創設した人物――について調べていたとき、忘れられたのはアンダーソンの理想都市だけではないことを知った。当時のほとんどすべての平和運動が、完全に忘却のかなたに葬られていたのだ。

ポール・デストゥールネル・ド・コンスタンは、一九〇九年にノーベル平和賞を受賞しているにもかかわらず、フランスではあまり知られていない。たとえば現在、フランスのある程度大きな町の地図を広げれば、ジョゼフ・ジョフル（一八五二〜一九三一年）、フェルディナン・フォッシュ（一八五一〜一九二九年）、ジョゼフ・ガリエニ（一八四九〜一九一六年）といった、第一次世界大戦の軍人の名が冠された大通りや広場が必ず見つけられる。彼らに比べてほぼ無名と言っていいだろう。フランスでの平和運動は、一九四〇年六月の降伏後に対独協力者や日和見主義者たちに非難され、さらに冷戦時代には対立するふたつの陣営のそれぞれの主張に利用され、すっかり悪印象がついてしまった。そうした理由から、一九〇〇年代の〝立憲主義的〟フランス人平和主義者については、国内より国外のほうが研究が進んでいる。

十九世紀には英語圏主導で行なわれてきた平和運動だったが、二十世紀に入ると、ベルギー人、スイス人、フランス人がより積極的にかかわるようになった。フレデリック・パッシー、アンリ・デュナン、エリー・デュコマン、シャルル・アルベール・ゴバ、ルイ・ルノー、ポール・デストゥールネル・ド・コンスタン、オーギュスト・ベールナールト、アンリ・ラ・フォンテーヌらフランス語圏の平和活動家たちは、平和運動を総括する組織の設立に重要な役割を果たした。彼らは一九〇一年、一九〇二年、一九〇七年、一九〇九年、一九一三年に、それぞれノーベル平和賞を受賞している。
サンディ・E・クーパーは、彼らを〝愛国的〟平和主義者と評した。じつは彼ら〝立憲主義的〟平和主義者たちは、祖国を守るために武器を取るのを躊躇する甘ったれの夢想家ではなかった。ドイツがルクセンブルク、ベルギー、フランスに侵攻した一九一四年、これまで軍拡競争を厳しく批判してきたはずの彼らは、祖国を守るために進んで従軍したのだ。ポール・デストゥールネル・ド・コンスタンもそのひとりだった。彼にとって、永世中立国ベルギーへの侵攻とフランス北部の侵略は許しがたい蛮行であり、「平和に関する法制定のために」ドイツの軍国主義を叩きつぶすまで徹底的に戦わなくてはならないと考えた。
一九一五年、デストゥールネル・ド・コンスタンは、戦前の平和主義者の洞察力は敬意を表するに値するもので、決して非難されるべきではないと述べている。

わたしたちは、戦争を回避するために常に努力してきました。ですから、戦争を回避できなかったことを責めるのではなく、その努力に感謝すべきです。わたしたちの唯一の過失は、この活動が十分に支援されなかった点にあります。

国際法の専門家である彼ら〝立憲主義的〟平和主義者たちは、国境を越えて効力を発する法律、紛争の仲裁機関、国際的な軍縮政策を設立することで、平和を維持しようと考えた。ベル・エポックに発案されたこうした概念は、残念ながら第一次世界大戦を回避させることはできなかったが、もしかしたら開戦を遅らせられたのではないかと、研究者たちは考えている。また、歴史家のジャン＝ミシェル・ギユは、こうした概念が「二十世紀における理想主義を支え、その最大の目標である常設国際組織の設立を可能にしたことは確かである」と述べている。「国際連盟から国際連合に至る、第一次世界大戦後の国際関係および国家間関係を規制する組織については、一九一四年以前のこの時期に主要な法的基盤が形成されている」

ポール・デストゥールネル・ド・コンスタンに関する資料としては、二十世紀初頭の著名な平和活動家たちによる未公開の書簡が多く残されていた。ヘンドリック・アンダーソン、ポール・オトレ、アンリ・ラ・フォンテーヌ、エドウィン・ギン、アーバン・レドゥー、アンドリュー・カーネギーらとやり取りした手紙を読むと、彼がいかにアメリカに精通していたかがよくわかる。アメリカ人女性と結婚していたデストゥールネル・ド・コンスタンは、〈世界コミュニケーションセンター〉の豪華本を世界じゅうに配布するのに重要な役割を果たした。

これらの資料から、わたしは重大な事実を知った。〈世界コミュニケーションセンター〉が、当時のエリート層に驚くほど好意的に受け入れられたのは、そのデザインの美しさや発想の大胆さだけによるのではない。第一次世界大戦前に、進歩主義・平和主義・国際主義が広く支持されていたからだ。世界各国の富裕層や知識人にとどまらず、労働運動家、女性解放運動家たちにも受け入れられていた。世界じゅうの人々が、さまざまな分野で進歩が実現すること、そして平和が永遠に維持されることを願っていた。

2

一九一三年三月二十四日、エルネスト・エブラールは、印刷されたばかりの『世界コミュニケーションセンターの創設』を数冊ローマに持参した。アンダーソン義姉弟は歓喜した。「この本を実際に目にし、手に取ることができるなんて！　まるで天から降りてきた夢みたい」と、オリヴィアは日記に書いている。「最高級紙に印刷された、とても贅沢な本。素晴らしいわ。本当に夢のよう！　持ち歩きができる夢。世界じゅうに送ることができる夢だわ」

さらにオリヴィアは、気になることを書き残している。「世界コミュニケーションセンターの建設が仮に叶わなかったとしても、この本はきっと百年後に再びよみがえるだろう」

翌日、アンダーソン義姉弟は、ベルタ・フォン・ズットナーが〈世界意識〉名誉会長の就任要請を承諾してくれたと知った。オーストリアの男爵夫人で、国際平和活動家として世界じゅうに知られており、一九〇五年にノーベル平和賞を受賞し、国際平和ビューローの副会長を務めている。承諾を得られたのは、ひとえにアンリ・ラ・フォンテーヌの尽力のおかげだった。アンダーソン義姉弟は感謝して喜んだ。

一九一三年春以降、宣伝用パンフレットと入会案内書が世界じゅうに大量にばらまかれ、アンダーソン義姉弟のもとに入会希望が殺到した。ドイツ、イギリス、オーストリア、ベルギー、カナダ、デンマーク、アメリカ、フランス、ハンガリー、オランダ、イタリア、日本、ノルウェー、ペルシャ、ポーランド、ポルトガル、ルーマニア、ロシア、スウェーデン、スイス、トルコ……世界各国から申込書が返送されてきた。さまざまな人たちがこのプロジェクトに共感を示した。この事実は、アンダーソンのプロジェクトが単なる狂信的な夢物語ではなく、この時代の理想主義者たちの期待に応えたものであったことを示している。

世界じゅうの図書館員、科学者、聖職者、外交官、法律家、芸術家、大学教授などから送られてきた何百という入会申込書には、フランス人彫刻家オーギュスト・ロダン、オーストリア人建築家オットー・ワーグナー、ベルギーの詩人エミール・ヴェルハーレンのものも含まれていた。ドイツ人天文学者ヴィルヘルム・フェルスター（一八三二〜一九二一年）も、手放しの賛辞を送っている。

この壮大なプロジェクトが実現されれば、科学の普遍的法則にのっとって世界じゅうの機能が統一化されるでしょう。世界意識の形成が促される第一歩になります。

一方、フランス人天文学者のカミーユ・フラマリオンはこう述べている。

これは素晴らしいアイデアです。この不完全な地球上では、いまだに昔ながらの残虐な所業があちこちで行なわれています。わたしたちは、人類を獣の殻から解放するために全力を尽くさなくてはなりません。わたしたちは単なる一国の市民ではなく、無限の宇宙における小さな星である地球の市民です。いえ、むしろ宇宙の市民です。正義と真実のなかで生きる自由な存在でなくてはなりません。

一八九九年と一九〇七年のハーグ万国平和会議でフランス代表を務めたポール・デストゥールネル・ド・コンスタンも、〈世界意識〉への入会を希望した。申込書に次のような手紙を同封している。

世界コミュニケーションセンターの創設は、国際的な生活が確立されるのに大いに役立つはずです。このプロジェクトがなるべく早く実現されることを心から願っています。

オリヴィアとヘンドリックは、こうした激励のことばに背中を押され、外交官に会うために各国の在ローマ大使館を訪れることにした。元首や首相に紹介本を進呈するのに、どういう方法を取るのが適切かを尋ねるためだった。

大使館職員の対応はさまざまだった。ふたりを歓待してくれる者もいれば、事務的な対応で何時間も待たせたり、冷淡に追い返したりする者もいた。時間を取られ、不愉快で、つらい仕事だった。しかしこの経験によって、自分たちのプロジェクトを多くの人に知ってほしいという気持ちがますます高まった。

オリヴィアは、ひととおり大使館を巡ったあと、兄のハワード・クッシング、その妻のエセルと子供たちが滞在しているローマの高級ホテルに立ち寄った。ホテルのラウンジで会い、数時間おしゃべりをした。その退屈な会話から、兄が平凡な画家になったこと、自分が逃げ出してきた怠惰なブルジョワ生活にどっぷり浸かっていることを、オリヴィアは知った。

「わたしたちの国際主義的な理念を支持するために、世界意識の会員になってくれない？」オリヴィアはパンフレットを差し出しながら尋ねた。ハワードとエセルは高飛車な態度で笑いながら、「そもそも国際主義って何？」と応じた。

オリヴィアは説明をした。現在の大国による軍拡競争がいかに危険かをつまびらかにし、〈世界の首都〉の建設計画についてかいつまんで話し、〈世界意識〉に入会してもらうことがいかに重要かを訴えた。オリヴィアが説明を終えると、ハワードとエセルはすぐに無駄話を再開した。

それでも数日後、ハワードとエセルは、義理立てをして〈世界意識〉に入会した。

3

一九一三年五月二十日、アンダーソン義姉弟は、和紙に印刷されたばかりの最高級版豪華本二十五冊を受け取った。君主や元首に宛てた名入れ印刷版だ。ヘンドリックは本に献辞を書き込み、オリヴィアが作成した説明書きを添えた。それから、君主や元首に渡してもらうために、各国の在ローマ大使館に送り届けた。

在伊アメリカ大使のトーマス・J・オブライエンは、本の配布を個人的に手伝った。イタリア国王ヴィットーリオ・エマヌエーレ三世に宛てて、クイリナーレ宮殿に一冊送付している。六月一日、オブライエンはヘンドリックに次のような手紙を送っている。

イタリアの国王陛下が、明日の六月二日(月)十三時二十分、あなたとお会いしたいそうです。明朝、大使館に電話をください。詳細をご説明します。フロックコート着用のこと。よろしくお願いします。T・J・オブライエン

4

「国王は小柄な方だった。瞳は灰青色で、顎が長く、歯は不揃いで、白髪まじりの赤茶色をした口ひげを生やしておられた」。謁見後、ヘンドリックはオリヴィアにそう語った。「ぼくが執務室に入ると、まずは本をお贈りしたことに感謝のことばを述べられて、それからぼくたちのプロジェクトを褒めてくださった。本を一ページずつめくりながら、都市の概要について落ち着いてご説明できたよ。国王は興味深そうにされていた。図面について、詳しい説明を求められることもあった」

アンダーソン義姉弟はこの成功を心から喜んだ。この一件をきっかけに、ヘンドリックは一流のジャーナリストや政治家たちとも会うようになった。

5

勢いに乗ったヘンドリックたちは、パリでプロジェクトを紹介する講演会を開催することにした。幻灯機（スライド映写機の原型）を使って、都市の図面とデッサンを巨大スクリーンに映し出す予定だった。

一九一三年六月中旬、アンダーソン義姉弟は、パリのプランセス通りに借りていた部屋にやってきた。ここに八トンぶんの本が保管されている。ふたりは、運送中に本が傷まないよう、木工職人に頼んで木箱をつくってもらった。防水の厚手の布で本を包み、紐で結《ゆ》わき、特注の箱に入れ、丁寧にラベルを貼る。こうして、毎日数十冊もの本を自分たちで発送した。この時期、アメリカにも二十三部が送られている。

「間もなくこの本は、世界じゅうの大きな図書館で閲覧できるようになるはず」。オリヴィアは日記に嬉々として書き綴っている。

第12章

勝利

（一九一三〜一九一四年）

1

ベル・エポックは、しばしば〝ジャーナリズムの黄金時代〟と称される。出版の自由が法によって保障されたことで、風刺雑誌の第一面に辛辣な批判記事が踊り、人気ジャーナリストが次々とスクープを挙げ、〝大衆の意見〟がマスコミに取り上げられるようになった。社会が激動したこの時代、新聞発行部数はうなぎ上りだった。産業先進国では、数十万部、あるいは数百万部発行される新聞もあった。一九〇〇年のフランスでは、四千万人の人口に対し、日刊紙は毎日一千万部発行されていた。ところが、この驚異的な数字の裏にはあまり喜ばしくない事実が隠されている。ほとんどの新聞や雑誌が倫理基準にしたがわず、贈収賄に手を染めていたのだ。

十九世紀から二十世紀への転換期におけるパリでは、「パナマ事件」のような贈収賄事件が続出したことで、ジャーナリストや新聞社経営者が銀行や大手メーカーと癒着している事実が知れわたった。当時の欧米諸国では記事と広告の境界があいまいで、ジャーナリストに賄賂を渡しさえすれば、誰でも自分に有利な記事を書いてもらえた。企業の財務状況をごまかしたり、敵対する政治家の悪評を流したり、一定の見解、書籍、舞台、あやしい治療法を宣伝したりするには、協力的な記者を探し、記事の量や文体や価格を交渉し、現金で膨らんだ封筒をそっと手渡せばすむことだった。

何かを宣伝したり、他人の悪評を流したりするのに、金を払って記事にする。こうした取引――公にはそう明言されていないが――は、現在のわたしたちにはありふれたやり方に思われる。大手SNSや動画共有サービスのプラットフォームでは、金さえ払えば、オンライン上の無数の人たちに向けて誰でも何でも宣伝できるからだ。これと同じように、二十世紀初頭の新聞や雑誌も、大々的な宣伝をする機会を人々に有償で提供していた。

アンダーソン関連の資料には、〈世界コミュニケーションセンター〉について同様の取引をしたらどのくらいの費用がかかるか、ヘンドリックたちが調査をした形跡が残っている。エブラールも、ふたりが金を支払って記事を書いてもらったのではないかと、薄々感づいていたようだ。これについては、明確な証拠はないものの、いくつかの手がかりが見つかっている。とくに重要なのが、著名な小説家で美術評論家のポール・アダム(一八六二〜一九二〇年)と交わした契約書だった。

2

一九一三年六月二十二日、ヘンドリックが床に臥していたので、オリヴィアはひとりで、パッシー河岸通り(現プレジダン・ケネディ大通り)にあるポール・アダムの自宅を訪れた。講演会で〈世界コミュニケーションセンター〉に対する賛辞を述べてくれるよう依頼するためだった。

文才とカリスマ性のある作家、ポール・アダムは、あらゆることに口を挟んだ。話題の中心になるために、あえて挑発的な言動をし、どこにでも顔を出した。自らの知名度や文章力を売りにして、秘密裏に取引をすることもあった。かつてはモーリス・バレスと共に、反共和主義者のブーランジェ将軍を支持するナショナリズム運動を行なった。そして、オリヴィアと会ったこの日の数か月後、第一次世界大戦の戦場で、兵士たちを鼓舞するために好戦的な演説を行なうことになる。しかしこの時点では、講演会で国際主義を称賛することに同意した。報酬はわずか二千フランだった。

「演説に加えて、日刊紙『エクセルシオール』にあなたがたの理想都市を賛辞する記事を書きましょう」と、ポール・アダムは言った。

「それは願ってもないお申し出です」オリヴィアは答えた。「ただ、ひとつ問題が残っておりまして……講演会の会場がまだ見つかっていないんです。格式のあるところで開催したいんですけど」

「ソルボンヌ大学の大講堂はいかがです？」

オリヴィアは目を輝かせた。

「素晴らしいわ！」

「おまかせください。あなたがたのプロジェクトを支援するよう、フランス＝アメリカ委員会のガブリエル・アノトーに手紙を書いておきます。あなたのほうでは、在仏アメリカ大使館に講演会の後援をしてくれるよう働きかけてください」

一九〇九年、元フランス外務大臣のガブリエル・アノトーによって創設されたフランス＝アメリカ委員会は、両国の友好関係を発展させる活動を行なっていた。現在も、両国のエリートたちの出会いの場としてパリに現存している。

3

それから数日間、オリヴィアとヘンドリックは、プランセス通りの部屋で何十冊もの本の発送作業を行なった。六月二十九日、ポール・オトレとアンリ・ラ・フォンテーヌから電報が届いた。

世界コミュニケーションセンターの本を拝受。素晴らしい！　万歳！　実現に向けて前進！

ヘンドリックは、ヘンリー・ジェイムズにも本を送った。以前、プロジェクトを厳しく糾弾する手紙をもらっていたのに、懲《こ》りずに〈世界意識〉への入会を打診した。

4

一九一三年夏、アンダーソン義姉弟はローマに戻ってからも、プロジェクトを宣伝する手紙を書きつづけた。ヘンドリックはオリヴィアに、世界で数千人の入会者を集めたいと語った。その野心的で大胆な願望を聞いて、オリヴィアはいつものごとく喜んだ。「こうして生きているかぎり、ヘンドリックのそばにいて、彼のために尽くしつづけたい」

その夏、ラ・ペ・パル・ル・ドロワ［「法による平和」の意］協会の会報に、〈世界コミュニケーションセンター〉を称賛する記事が掲載された。筆者は、カーネギー財団パリ支局のジュール・プリュドモー支局長。フランス北部のギーズで〈ファミリステール〉の運営に携わっていた平和活動家だ。〈ファミリステール〉とは、鋳鉄ストーブ会社経営者のジャン＝バティスト・アンドレ・ゴダン（一八一七～一八八八年）によって考案された、工場の従業員とその家族向けのコミュニティ・タウンだ。ユートピア社会主義者のシャルル・フーリエが提唱した共同組合社会〈ファランステール〉から着想を得て構築された、一種の理想都市だった。

九月、引き続きローマにいたアンダーソン義姉弟は、手紙を添えたパンフレットと入会案内書を、世界各国に向けて何千通も発送した。それに対し、数百通もの入会申込書が返送されてきた。多くの人が、興味を抱きそうな人たちの連絡先を教えてくれたり、パンフレットを配布したいのでもっと送ってほしいと言ってくれたりした。だが、ヘンリー・ジェイムズの考えは依然として変わらなかった。

親愛なるヘンドリック

わたしが長いあいだ返事をしなかったのは、狼狽《ろうばい》し、困惑していたからだ。(中略)少し前、世界コミュニケーションセンター計画と、世界意識の概要についての手紙をもらったときも、同じことを書いた。わたしはこの件に関して理解も共感もできないし、そう書かざるをえないつらさを切々と訴えたはずだ。ところがきみは、わたしのそうした苦労を忘れたのか、あるいはわたしの訴え方が悪かったのか、まるで何事もなかったかのように、わたしの警告など聞こえなかったかのように、再び同じことを書いてきた。

ヘンドリック、こんなことは言いたくないが、言わざるをえない。わたしは、今もこれからもきみに共感できないし、きみのことばを理解できないし、きみの巨大で空疎でわたしにとっては何の意味もないプロジェクトを称賛できない。(中略)

親愛なるヘンドリック、きみに対して心から誠実であるために、そして、言いたくないことをこれ以上繰り返さずにすむために、ここではっきり言っておく。わたしは「世界」のようなことばを冠する、もったいぶったものが大嫌いだ。わたしにとっては、おぞましい響きを持つ無意味なことばにすぎない。本当の「世界」は、壮大で、驚異的で、はかり知れないものだ。（中略）きみやわたしなんかより、途方もなく複雑で広大なものなのだ。（中略）
どうか、そこから戻ってきてほしい。健全でまっとうな現実をもう一度見つめなおし、物事の本来の大きさを思い出してほしい。誇大妄想の危険な闇の力に気づき、そこからすぐに離れるのだ。その道の先には狂気しかない。現実に立ち返ってくれ。物事をありのままに見て、おざなりに単純化する光に照らすのはやめてくれ。現実と共に、わたしのところへ戻ってきてほしい。（中略）

ヘンリー・ジェイムズ

5

十月、ローマにいたアンダーソン義姉弟は、パリから連絡をもらった。ポール・アダムとフランス＝アメリカ委員会の仲介によって、〈世界コミュニケーションセンター〉をプレゼンする講演会の日時が一九一三年十二月六日（土）に決定したのだ。ふたりは荷物をまとめて、パリ行きの急行列車に乗り込んだ。

パリに着くとデパートへ行き、オリヴィアはドレスを三着と帽子をふたつ購入し、ヘンドリッックはスーツを一揃いあつらえた。だが、金銭的にそれほど余裕がなかったので、高級店での食事は避けて、ホテルから六百メートルほどの安くて大衆的なレストラン、ブイヨン・シャルティエで夕食をとった。

十月二十七日、アンダーソン義姉弟はポール・アダムの自宅を訪れた。講演会に備えて、アダムはパリの新聞業界についてざっと説明をし、ふたりに助言を与えた。

「『ル・タン』紙の発行部数はほかの新聞より少ないですが、影響力は大きいです。『ル・タン』が協力してくれるなら、よそもそれに倣うでしょう」

アンダーソン義姉弟はそのことばを鵜呑《うの》みにした。

「『ル・マタン』紙の記者と話をするときは、イタリア国王と謁見したことを伝えてください。これはとても大事なことです」

当時、日刊紙『ル・マタン』の発行部数は百万部以上で、もっとも広く読まれている新聞のひとつだった。同紙の記者には、のちの戦間期に活躍したジャーナリスト、アルベール・ロンドルがいた。

「在仏アメリカ大使館の後援は得られましたか?」ポール・アダムは尋ねた。

「マイロン・T・ヘリック大使にお会いしました」ヘンドリックは答えた。「講演会を後援してくださるだけでなく、参加もしていただけるそうです」

6

ちょうどその頃、エルネスト・エブラールは、オスマン帝国のコンヤからパリに戻ってきたばかりだった。考古学の仕事の一環で、セルジューク朝の古代遺跡を調査していたのだ。エブラールは、講演会の企画と、ジャーナリストや美術評論家たちへの本の宣伝を担当していた。だがアンダーソン義姉弟は、その仕事ぶりを不十分と感じており、もっと広く宣伝してほしいと苦言を呈していた。

ヘンドリックは、エブラールを伴って本を配達して回った。まず、タクシーに本を積み込む。大手新聞社のオフィス前で車を停めさせ、本を一冊抱えて中に入り、そこにいる記者のひとりに手渡す。それから再びタクシーに乗り、配布先リストを参照しながらまた別の新聞社のオフィスに向かう。そうやって、配達人の仕事を何度も繰り返し行なったのだ。

こうした努力にもかかわらず、宣伝の幸先は決してよくなかった。堅実で実直なことで知られる『ル・タン』紙の編集部では、〈世界コミュニケーションセンター〉に疑惑の目を向ける記者が少なくなかった。パナマ事件のトラウマから、この巨大建設プロジェクトの陰に大規模な金融犯罪が潜んでいるのではないか、とあやしんだ。「これが犯罪でなければ、これほどの大金を費やして、街を丸ごと建築事務所に設計させたりするはずがない」と考えたのだ。そこで『ル・タン』は慎重を期して、現時点ではアンダーソンのプロジェクトに言及しないと決めた［ただし、同紙はのちに計画支持に回る］。

一方、『ル・マタン』紙の記者たちは、やみくもな愛国心からプロジェクトを非難した。ヘンドリックが本を携えて編集部を訪れると、ひとりの編集者がいきなり食ってかかってきた。「アンダーソンさん、あなたは世界の中心を別の街に移そうっていうんですか？　今はパリがそうでしょう？　それに、その街をフランス国内につくればドイツ人は住まないでしょうし、ドイツにつくればフランス人は住みませんよ」

エブラールは、この二社での失敗に動揺した。アンダーソン義姉弟と一緒にブイヨン・シャルティエで食事をしながら、このプロジェクトは失敗に終わるかも、と危惧を口にした。事務所の経営状況が思わしくないことも不安に輪をかけた。いくつかの建築コンペティションに出品したが、落選が続いていた。生活のために、個人宅や安価な集合住宅も手がけようかと考えたが、本来は望ましい方向性ではなかった。もっと大規模なプロジェクトに取り組みたかった。だが難しかったので、コンヤで行なったような考古学関連の仕事に甘んじていた。

一方、ヘンドリックは、こうした失敗に少しも動じなかった。むしろ、このまま根気よく続けるよう言われていると感じた。そこで、パリのアメリカ人ネットワークを通じて、アメリカ人報道特派員たちの月例昼食会に赴き、本、パンフレット、入会案内書を配布した。彼らはヘンドリックの仕事を称賛し、編集部のほかのメンバーにも宣伝すると約束してくれた。

「パリの真ん中にいて、誰にも知られていないのに、とても大事なことをしているのは、すごくおかしな気持ち」と、オリヴィアは日記に書いている。「不思議だわ。まるで夢を見ているみたい」

7

講演会のちょうど一か月前に当たる一九一三年十一月六日、オリヴィア、ヘンドリック、エブラールは、下見のためにソルボンヌ大学の円形大講堂を訪れた。ヘンドリックが図面やデッサンを幻灯機で映し出す方法を検討しているあいだ、オリヴィアは半円形の講壇の後方に飾られた壮大な絵画を眺めていた。象徴主義絵画の先駆者、ピュヴィス・ド・シャヴァンヌの『聖なる森』だ。

聖なる森の野原の中央に、ソルボンヌを象徴する女性が座り、両脇にシュロの葉を手にして冠をかぶった妖精がひとりずつ寄り添っている。十九世紀末に描かれたこの予知的な作品には、詩、歴史、科学などを象徴する三十体ほどの人物が寓意的に描かれている。「植物学」は植物の束を手にし、「地質学」は化石に寄りかかり、「物理学」は世界に電気をもたらしている。「哲学」は、死を前にして言い争う精神論と唯物論によって象徴されている。そしてほぼ中央には、人間の精神の勝利を祝う「雄弁」が立っている。

エブラールは壇上に立ち、会場を囲むようにして設けられた六つの壁龕を順々に眺めた。ロベール・ド・ソルボン、ルネ・デカルト、アントワーヌ・ラヴォワジエ、シャルル・ロラン、ブレーズ・パスカル、リシュリュー枢機卿の彫像が一体ずつ飾られている。それから圧倒されたような顔で、緑のビロードに覆われた階段席と、十のブロックに分かれた三階建ての広い観覧席を見回した。

「この大講堂には千以上の座席があるんですよ。もし空席が目立ったら、記者たちに揶揄されて、マスコミに何週間も笑いものにされてしまいます」

エブラールは、マスコミから嘲笑されるのを恐れて、アンダーソンに繰り返し警告した。最初は小さな会場で講演をして、それが成功したらもっと大きいところでやってみてはどうか、と。ところが、ヘンドリックはそれを拒んだ。

十一月九日、エブラールは、嫌な予感が的中したと思った。イギリスのタブロイド紙『デイリー・メール』に、プロジェクトを批判する記事が掲載されたのだ。だが、オリヴィアは平気だった。「本を配布しているときに門前払いされたことだってあるのだから、今回も失敗を受け入れるだけだ」と、日記に書いている。ヘンドリックもこの程度の記事では動じず、前向きな姿勢を貫いた。

アンダーソン義姉弟は、八千枚の招待状を印刷した。上質の厚紙でつくられ、〈世界コミュニケーションセンター〉の鳥瞰図が描かれていた。

来たる十二月六日夜九時より、ソルボンヌ大学大講堂にて、世界じゅうの芸術と科学を結集させる未来都市プロジェクトについての講演会を行ないます。考案者はH・C・アンダーソンで、フランス政府任命建築家のE・M・エブラールがサポートを務めます。議長は、アカデミー・フランセーズ会員エミール・ブートルーとポール・アダムです。どうぞ奮ってご参加ください。

フランス＝アメリカ委員会がパリじゅうにこの招待状を発送した。芸術家、作家、ジャーナリスト、政治家、外交官など、数千人がこの手紙を受け取った。

8

一九一三年十一月九日の『ニューヨーク・タイムズ』の記事を読んだとき、ヘンドリックは、アドレナリンの作用で一気に血圧が上昇したのがわかった。都市全体の鳥瞰図と〈進歩の塔〉の透視図、そして建設に適した場所としてニュー・ジャージー州の地図が掲載されていた。イギリスの日刊紙『タイムズ』も、七段抜き（つまり丸ごと一ページ）で「ヘンドリック・C・アンダーソンの夢」と題した記事を掲載した。

美しい景観、医療設備、レジャー施設が整った、貧困とは無縁の街。明るい光、眩しい太陽、澄んだ空気、広い空間を誰もが享受できる街。道路と交通機関が発達し、広大なネットワークが形成されている街。贅を尽くした公共施設、広々とした大通り、多くの庭園や公園、噴水や湖を備えた街。人類が提供しうるあらゆるニーズがすでにそろっている街。さらにこの街は、地球上のあらゆる知性を結集させた「世界の首都」であり、思想の発信地であり、社会、政治、金融に関するさまざまな理論が誕生する場でもある。アンダーソンが夢見るこの街は、本人によって「世界コミュニケーションセンター」と名づけられている。

世界じゅうに名が知られる大手新聞に掲載されたこの記事は、アンダーソン義姉弟にとってマスコミでの初の快挙である一方、エブラールとの関係性がぎくしゃくするきっかけにもなった。エブラールへの言及がほとんどなかったからだ。「まるであなたひとりでこの大きなプロジェクトを実行したみたいだ」と、刺々しい口調で愚痴をこぼしている。しかしオリヴィアとヘンドリックは〈このプロジェクトのために初めから尽力してきたのは自分たちふたりだ〉と考えていた。エブラールは自らの功績を過大評価している。この都市の実現性をこれっぽっちも信じていなかったくせに、あとになって名誉を横取りしようとしている、と感じていた。

一九一三年十一月の一か月間、ヘンドリックは、芸術、ビジネス、マスコミ、政治の各分野において第一線で活躍する人たちと会いつづけた。下院議員、上院議員、元大統領のところへ出向いたあと、学士院会員、大学教授、ジャーナリスト、エスペラント主義者たちとの会見に応じた。支持者に会うたび、興味を抱きそうなほかの誰かを紹介してくれるよう、そして仲間うちでパンフレットを配布してくれるよう頼み込んだ。

ヘンドリックは、近代オリンピックの父と呼ばれるピエール・ド・クーベルタンにも会い、この国際競技大会を毎回〈世界コミュニケーションセンター〉で開催してはどうかと提案した。クーベルタンは都市の実現性については懐疑的だったが、アイデア自体は素晴らしいと述べた。

ノーベル平和賞受賞者であるポール・デストゥールネル・ド・コンスタンにも会った。この先会うべき人物を教えてくれたうえ、プロジェクトの宣伝方法についても助言してくれた。「この都市計画を宣伝するなら、平和主義的な主張をするより、建設されたときに各国が享受できる具体的なメリットを前面に押し出したほうがいいですよ」

一九一三年十一月二十日（木）、アンダーソン義姉弟は一通の電報を受け取った。ベルギー国王アルベール一世が、二日後の十一月二十二日十一時四十五分、ヘンドリックとの会見を望んでいる旨が書かれていた。ヘンドリックとオリヴィアは慌ててベルギー行きの列車に飛び乗った。

ブリュッセルでは、ポール・オトレとアンリ・ラ・フォンテーヌがふたりを温かく出迎えてくれた。オリヴィアがふたりに会うのはこれが初めてだった。ポール・オトレは少し変わり者だが、アンリ・ラ・フォンテーヌは魅力的な人物に思われた。彼の「シンプルで、やさしく、私利私欲のない」人格を日記で称賛している。四人のユートピア主義者は、一台の車に乗り込み、プロジェクト建設地の候補に挙げられているテルビュレンの広大な土地を訪れた。

さらにポール・オトレは、ふたりをサンカントネール公園内の建物に入る〈世界宮殿〉に案内した。世界でほかに類を見ない場所だった。世界書誌目録、世界美術館、国際報道博物館、女性資料中央事務局（史上初の女性解放運動公文書センター）、国際写真協会、国際機関中央事務局が置かれている。資料センターと美術館の機能を併せ持ち、進歩主義者たちによる国際会議も定期的に開催されていた。

ブリュッセル滞在中の余暇に、オリヴィアとヘンドリックは、ベルギー人彫刻家コンスタンタン・ムーニエ（一八三一〜一九〇五年）の作品を鑑賞するために、ブリュッセル美術館を訪れた。

十一月二十二日、アルベール一世は興奮したようすで、温かくヘンドリックを迎え入れた。

「夢のような話に思われるかもしれませんが……」とヘンドリックが切り出すと、アルベール一世は「他人のために夢を見なければならない人たちもいますよ」と、やさしい口調で応じた。

ヘンドリックはこれまで、自分の話を聞いて訝しげな表情をする人たちに山ほど会ってきたので、ベルギー国王の快活さに心底驚いた。

「このプロジェクトは建設可能です。実現できないものは何も含まれていません」ヘンドリックは主張した。

「いつかきっと現実のものとなるでしょうね」国王はつけ足した。

ヘンドリックは信じられなかった。自分はまだ何も話していないのに、アルベール一世はこの都市の必要性をすでに理解してくれている！

じつはベルギー国王は、このプロジェクトについてすでにアンリ・ラ・フォンテーヌから話を聞いていた。だからこそ、ヘンドリックの謁見が許されたのだ。アンリ・ラ・フォンテーヌと同様に、アルベール一世も、人類の未来には国際主義とあらゆる分野の革新が必要だと考えていた。

ヘンドリックは驚嘆しながら、今回の謁見がいかに期待以上だったかをオリヴィアに伝えた。

「アルベール一世は、ぼくたちのプロジェクトを信じてくださっている。この都市を建設することが、ベルギーにとってどれだけメリットがあるか、わかってくれているんだ」

9

ヘンドリックがベルギー国王に会ったと知ったヘンリー・ジェイムズは、これまでよりずっと思いやりに満ちた手紙を送っている。

親愛なるヘンドリック

きみの華々しい活躍ぶりを垣間見られて（というより、しっかり見させてもらって！）、とてもうれしく思っている。きみが自分のやりたいことを軌道に乗せたこと、そして遠くまで走っていこうとしていることを、心から喜んでいる。友人になったアルベール一世は、魅力的な国王のようだね。彼に親切にしてもらえたと知ってうれしく思うよ。今後もきみがたくさんの人たちを魅了しつづけるのを願っている。もしきみがうちのジョージ〔五世のこと〕を説得しにこの国に来るなら、ぜひきみの旧友のためにも少しは時間を割いてほしい。パリでの講演会が大成功を収めますように。ああ、たとえきみの未来都市がわたしに大きな悲しみしかもたらさないとしても、心からそう願っている。いずれにしても、こうしたことはわたし自身には何の影響ももたらさない。親愛なるヘンドリック、きみがわたしに変わらぬ愛情を注いでくれるかぎり、わたしもきみを熱烈に愛する旧友でありつづけるよ。

ヘンリー・ジェイムズ

10

パリに戻ったアンダーソン義姉弟は、〈世界意識〉に入会してくれたある人物のところに本を一部持参した。彫刻家のオーギュスト・ロダンだ。一九一三年十一月二十五日、ロダンはパリ郊外のムードンにある邸宅、ブリヤン館にふたりを招き入れた。オリヴィアは当日のロダンのようすを日記に書き残している。七十三歳と高齢で、この日は体調を崩していたにもかかわらず、ヘンドリックがプロジェクトについて説明する時間を与えてくれたという。

ソルボンヌ大学大講堂での講演会直前の一週間、アンダーソン義姉弟は一秒も無駄にしない勢いで走り回った。一流のジャーナリストや政治家に会いにいくため、パリじゅうを東奔西走しつづけた。

のちにノーベル平和賞を受賞するレオン・ブルジョワ（一八五一〜一九二五年）からは、「きみの願いが叶えば、わたしのアイデアにも居場所が与えられる」と言われた。下院議長のポール・デシャネル（一八五五〜一九二二年）もプロジェクトを支持してくれた。ヘンドリックはこうした成果をマスコミにも伝えた。

一九一三年十二月五日、ヘンドリックは、ベル・エポックを象徴するもうひとりの著名人と会見した。モナコ公アルベール一世だ。海洋学と人類学に造詣が深く、あらゆる進歩主義的な考え方に賛同を示していた。モナコ公国内で平和主義的なイベントを積極的に催しながら、モナコを国際主義の発信地にしたいと考えていた。そしてもちろん、〈世界コミュニケーションセンター〉プロジェクトにも好意的だった。

11

日刊紙『ル・フィガロ』は、一九一三年十二月六日発行号の一面に、「地球の首都」と題された長文の記事を掲載した。執筆者は、著名な記者のジョルジュ・ブールドンだった。

地図上を探しても無駄だ。その街は世界じゅうのどの国にも存在しない。そう、その街は今のところ、彫刻家のヘンドリック・クリスチャン・アンダーソン、そして政府任命建築家のエルネスト・エブラールの、豊かで輝かしい想像の世界にしか存在していない。(中略)今、わたしの手元に彼らの設計図がある。この街には、記念建造物、塔、庭園、運河、大通り、鉄道駅、豪奢な建物、噴水などが点在する。噴水はたくさんの群像彫刻で彩られている。〈朝の精〉〈夜の精〉〈祈り〉……。ほかに例を見ない、驚くべき街だ。批判などできるはずがない。誰もがその壮大さに胸を鷲づかみにされ、その途方もない努力と高貴な精神に圧倒されるだろう。ベルギーの著名な上院議員、アンリ・ラ・フォンテーヌは、「ひとりの人間の心のなかで長期間温められ、知性と時間のすべてが捧げられたアイデアがあるなら、それはわれわれが熟考するに値するものだ」と評したが、まさにそのとおりだった。

アンダーソンは、過去にこの地球上で繁栄してきた大文明を経て、人類は今互いに接近し、

ひとつになろうとしていると感じたという。「世界は統一に向かっています」と彼は述べる。（中略）

アンダーソンとエブラールは、このプロジェクトが単なるイデオロギーにとどまる危険性を巧妙に回避している。この作品の斬新な点のひとつに、ふつうの生活における理想を追求し、そのために実証科学の方法を用いていることが挙げられる。

もし、さまざまな交流が活発化し、人間、思想、利益の行き来が増え、誰かひとりが発見したものにほかの誰もがすぐにアクセスでき、どこか一か所で起きたことが即座に世界じゅうに伝わるようになれば、われわれにどれほどのメリットがもたらされるだろう。この〈世界コミュニケーションセンター〉では、人類が獲得したあらゆる知識が集められ、人類の進歩にとって重要な情報が収集・再分配される。その役割は「地球全体の利益になるあらゆる政治的・社会的な取り組みに、多大な支援を提供する」ことにあるという。

アンダーソンは、この壮大なプロジェクトを完成させるのに九年の歳月を費やしてきた。今は支援者を募っている段階だが、三年後には実現させる方法を決定したいとしている。建設地は未定だ。ベルギー、スイス、フランス、オランダ、あるいは別の場所になるか……だがアンダーソンは、現時点ではそれは重要な問題ではないと考えている。（中略）

すでに、日本、トルコ、ペルシャも含む、世界じゅうのあらゆる国々から賛同と支援を集めている。フランスでは、レオン・ブルジョワ、オーギュスト・ロダン、フレデリック・ミストラル、カミーユ・フラマリオンらの支持を獲得した。イタリアとベルギーの国王との謁見も許された。今後はフランス大統領をはじめ、すべての国家元首と会見をしたいと考えているという。アンダーソンが捨て身で始めた途方もない取り組みは、ようやくまわりの賛同を得て、とうとう一大プロジェクトに発展した。そして今夜ソルボンヌ大学で、エミール・ブートルーとポール・アダムが議長を務めるなか、アンダーソンが未来都市について語る。

〈世界コミュニケーションセンター〉に賛同するか否か、そして政治的傾向の如何を問わず、多くの新聞がソルボンヌ大学での講演会を告知した。執筆者のひとり、ジャン・ジョレスが創刊した社会主義寄りの日刊紙『リュマニテ』もそのひとつだ。労働インターナショナル・フランス支部（SFIO）初代書記長のルイ・デュブルイユは、実際に講演会に出席して、この都市について自らの意見を述べている。こうして一九一三年十二月六日（土）、平和主義者、女性解放運動家、エスペラント主義者など、あらゆる進歩主義者たちが会場に集合した。

夜八時になると、ソルボンヌ大学の前に自動車の長蛇の列ができた。だが大講堂はもうほとんど満席になっていた。口ひげと顎ひげを剃《そ》り、髪を整え、黒いスーツと白いネクタイで身支度をし、座ったまま開演を待っていたエブラールは、こうしたようすを信じられない思いで見守っていた。アンダーソンは成功した。講演会が始まる一時間以上前に、すでに会場を満席にしてしまったのだ。

12

「みなさん、まるで夢を見ているようです」大講堂の壇上に立ったヘンドリックは、千人以上の聴衆を前にこう切り出した。「ですがわたしは、自らの夢を叶えるために最善を尽くしてきました。初めは、生命の泉という大噴水をつくろうとしただけでした。それから少しずつ、わたしの脳内で未来都市の姿が形成されていきました。あらゆる国々で創造された素晴らしい作品が集結し、世界じゅうの人たちが出会う街です。わたしたちが生きているあいだじゅう、いえ永遠に、人類の発展に必要とされる知性と精神。神聖で、金銭や宝石よりはるかに貴重で、常に必要とされ、決して色褪《あ》せないこうした宝物たちが交流する場所なのです」

オリヴィアは一般の聴衆に混じって講演を聞いていた。壇上にいるのは男性だけだった。アカデミー・フランセーズ会員エミール・ブートルー、パリ大学区副区長ルイ・リアール、作家のポール・アダム、エルネスト・エブラール、ヘンドリック・アンダーソン、そして在仏アメリカ大使のマイロン・T・ヘリック。

ヘンドリックは、〈世界意識〉の名誉会長に就任したベルタ・フォン・ズットナーによる激励のメッセージを読み上げた。それから「ここでみなさんに、エルネスト・ミシェル・エブラールをご紹介します」と述べた。

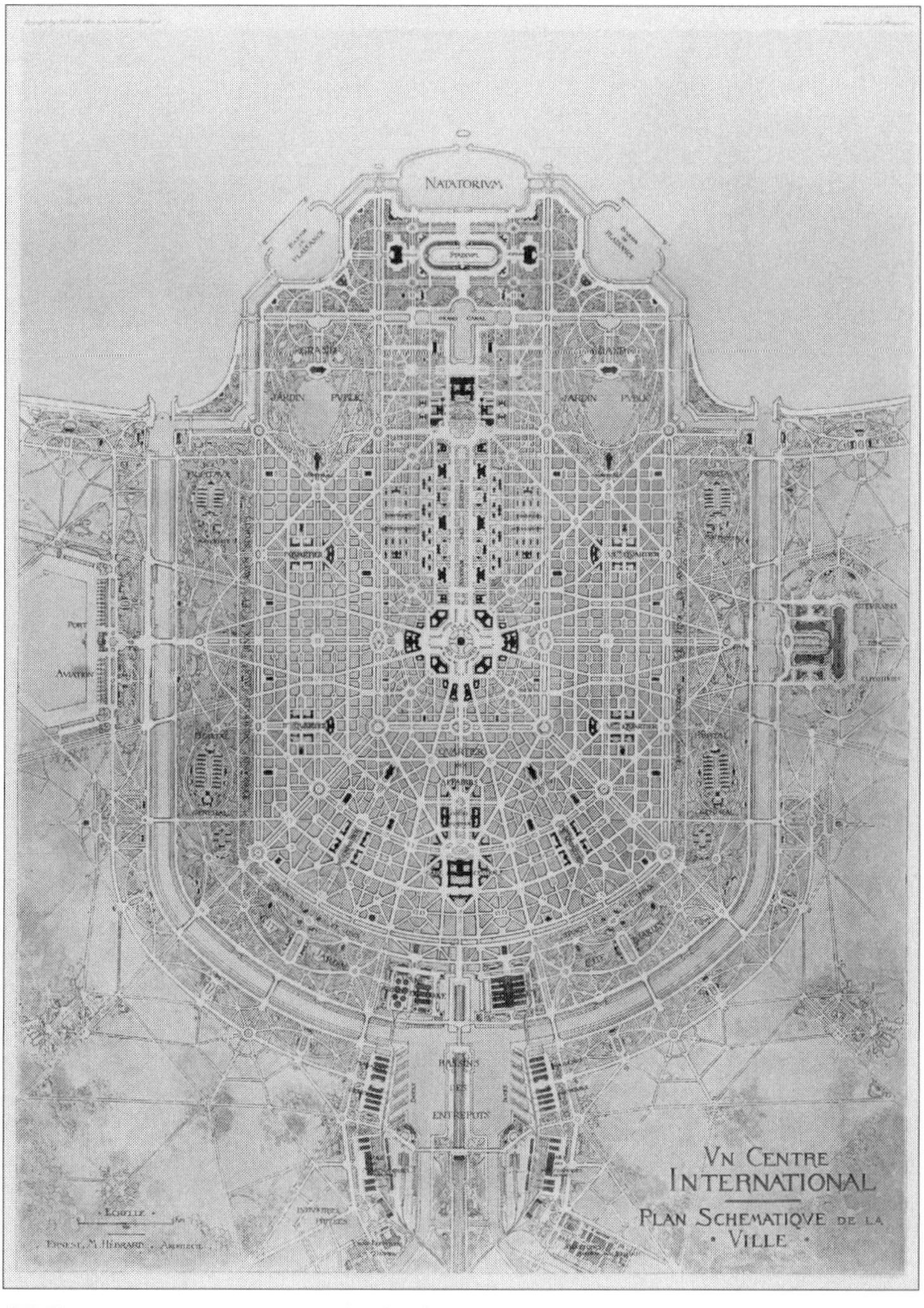

〈世界コミュニケーションセンター〉の概略図

エブラールが壇上で話しはじめると、ヘンドリックは演壇を下り、聴衆をかき分けるようにして会場の後方に移動した。大講堂の端に設置された幻灯機を点灯するためだった。

「わたしたちは、世界の中心となる世界コミュニケーションセンターを、壮麗かつ壮大な街として設計しました。経済、科学、学術、倫理の各分野における、人類の最新の実績がここに集結されます。人類全体がひとつの組合に加入して、巨大公民館に集まるようなものです」

エブラールは数年間の仕事の成果を発表した。およそ一時間かけて、プロジェクトについて詳細にわたる説明をした。幻灯機の画像を示しながら、さまざまな建物、会場、記念建造物、美術館、噴水などの解説をした。街全体が機能ごとに区画分けされており、地下鉄、水道、電気、セントラルヒーティング、飛行場、鉄道駅、運河、印刷所といったインフラの配置に気を配ったことなどについて語った。

「全体図でおわかりいただけるように、この都市は海に面して建設されます。世界じゅうの航路に直接アクセスするためです。周囲には、およそ五十万人の住民が快適に暮らせる街も建設される予定です」と、エブラールは述べた。

突然、大講堂に感嘆のため息が響きわたった。スクリーンに映し出された〈世界コミュニケーションセンター〉の鳥瞰図に魅了され、思わず漏れた声だった。聴衆全員が立ち上がり、プロジェクトの考案者と設計者を賞賛した。長いスタンディングオベーションだった。

ヘンドリックは、割れんばかりの拍手喝采に胸がいっぱいになった。そして、勝利を実感していた。

13

講演会終了後、ポール・デストゥールネル・ド・コンスタンはビュッフェテーブルのそばに立ち、ジャーナリストたちの質問に対して「世界コミュニケーションセンターは建設可能だ」と断言した。

「しかし議員」と、疑い深い者が反論する。「この街の建設費用は途方もない額になるでしょう。それに、建設地はどうやって決めるんですか?」

「建設地については」と、デストゥールネル・ド・コンスタンは応じた。「最初に名乗りを上げた国にするかもしれない。あるいは、名乗り出た国々が主張する利点を比較したうえで、ハーグ万国平和会議で決定するかもしれない。建築費用については、たとえば世界列強四十五か国で分割すれば、それほど莫大な額にはならないだろう。いいか、まず、建築費用を総額二十億フランだとする。これは、大国の陸軍と海軍を合わせた一年間の軍事費に相当する。これを仮に十か国に分割すると、各国が支払うべき金額は二億フランになる。これを十年で分割すると、各国が毎年支払うべき金額はわずか二千万フラン。装甲艦一隻ぶんを下回る金額だ。それに、もし世界じゅうの国々に競争意識が芽生えたら、小国だって大国と同様に費用に貢献したがらないとは言い切れない。ハーグの平和宮の建設時を思い出してくれ。あのときだって、小国がこぞってさまざまなものを寄贈して、建設に貢献しようとしたじゃないか！」

14

「やったわ！　わたしたち、とうとうやったのね！」ホテルへの帰り道、オリヴィアはヘンドリックの腕を取って歓喜の声を上げた。

「まだスタート地点にすぎないよ」ヘンドリックは穏やかな声で答えた。「ぼくにとっては、あの街が建設されないかぎりはまだ何も達成したとは思えないんだ」

オリヴィアとヘンドリックは、それぞれの部屋に入る前に、おやすみなさいと言い合った。

「オリヴィア」オリヴィアが部屋のドアを開けた瞬間、ヘンドリックが呼びかけた。「もしアンドレアスが今ここにいたら、きっとぼくたちを誇りに思ってくれただろうね」

「ええ、わたしもそう思うわ」オリヴィアは感極まりながら答えた。

第13章 戦争（一九一四～一九一七年）

1

ソルボンヌ大学での講演会の成功、そして多くの新聞や雑誌に記事が掲載されたのを受けて、世界じゅうの平和主義者たちが〈世界コミュニケーションセンター〉にさらに熱中した。一九一三年十二月末、ローマのアパートに戻ったアンダーソン義姉弟は、〈世界意識〉の入会申込書が詰まった大きな郵便袋が置かれているのを見つけた。

一九一四年初頭の数か月間、ヘンドリックは制作活動に精を出したり、イタリア人ジャーナリストのインタビューに応じたり、ドイツ皇帝ヴィルヘルム二世に謁見する計画を立てたりしていた。そして、アメリカ各地の大都市でプロジェクトの宣伝活動をしたいと、オリヴィアに打ち明けた。手始めに、ニューヨークのマディソン・スクエア・ガーデンで大規模なイベントを催そうと考えていた。

春になると、エブラールの助力によって、ヘンドリックは〈ヤコブと天使の戦い〉というブロンズ群像をサロン展に出品することができた。

一九一四年六月じゅう、アンダーソン義姉弟はアメリカ各地で〈世界コミュニケーションセンター〉の建設推進活動を行なった。ワシントン、ボストン、シカゴ、ニューヨーク……ヘンドリックは各都市で影響力のある名士たちに図面を見せ、大手新聞各紙のインタビューを受けた。『ボストン・グローブ』紙やワシントンの『イヴニング・スター』紙は、丸ごと一ページを割いてアンダーソンのプロジェクトを紹介した。ほとんどすべての記事に、都市全体の鳥瞰図とヘンドリックの肖像写真が掲載された。ヘンドリックは歓喜した。イタリア、フランス、ベルギー、モナコ公国に続き、とうとう母国も自らのアイデア、人類の都をつくるというプロジェクトを受け入れてくれたのだ。

そして突然、戦争が勃発した。

2

一世紀以上が経過した今でも、歴史家たちのあいだでは、第一次世界大戦が勃発した原因について議論されつづけている。植民地、貿易、産業に関する帝国同士の対抗意識、軍拡競争、各国のナショナリズムとドイツの汎ゲルマン主義とフランスの復讐主義の台頭、世界をふたつの陣営に引き裂いた軍事同盟の結成など、考えられる要因は多岐にわたる。こうした地政学的背景において、爆発するにはほんの小さな火花で十分だった。一九一四年六月二十八日十一時頃、セルビア人ナショナリストのガヴリロ・プリンツィプが、オーストリア＝ハンガリー皇太子フランツ・フェルディナント大公とその妻のホーエンベルク公爵夫人を路上で暗殺した。一か月後の七月二十八日、オーストリア＝ハンガリーはセルビアに宣戦布告した。

翌日、第二インターナショナル〔社会主義政党・労働組合の国際組織〕は、ブリュッセルの〈人民の館〉で緊急会議を開催した。ローザ・ルクセンブルク、ジャン・ジョレスをはじめ、ヨーロッパの社会主義団体の代表者たちが集結した。彼らは、すべての加盟団体を合わせて、党員三百万人、有権者千二百万人、新聞二百紙を背負っていた。

会議の結果、第二インターナショナルは平和路線を貫き、反戦活動をより強化することで合意した。その日の夜、ブリュッセルの劇場シルク・ロワイヤルで大規模な集会が催された。多くの人々が会場に殺到し、入りきれなかった何千もの人たちが隣接する通りで群れを成した。こうした興奮状態のなか、ジャン・ジョレスは群衆に向かって、世界じゅうで何百万人単位の平和を訴えるデモを起こし、戦争に抗議するよう呼びかけた。「われわれが知っている条約はただひとつ、われわれを人類に結びつける条約だけだ！」と、彼は演説の最中に叫んだ。

七月三十日午後、ジョレスはパリに戻った。翌朝、下院に登庁すると、戦争勃発が目前に差し迫っていると感じた。だが、彼は諦めなかった。同日、自らが創刊した日刊紙『リュマニテ』に反戦記事を書いた。それから仲間と一緒に夕食をとろうと、モンマルトル通りにあるカフェ・デュ・クロワッサンを訪れた。そして午後九時四十分頃、ジョレスは愛国主義者のラウル・ヴィランが撃った二発の弾丸によって暗殺された。

それから数日のうちに、ヨーロッパのほとんどの社会主義団体が、第二インターナショナルの平和路線から離脱し、ブルジョワ層によって担われている自国政府支持へと舵を切った。日和見主義か、愛国主義のためか、あるいは〝革命戦争〟を唱えるあいまいな政治理論のためか、理由はどうあれ、彼ら社会主義者や労働運動家たちは、国際主義的理念を放棄して、戦争の狂気へと身を委ねたのだ。

3

断固として戦争に反対していたオリヴィアは、戦争勃発のニュースに激しく動揺した。だが、彼女はこれを天啓とみなした。戦争が起こるのも神の思し召しと考えたのだ。ヘンドリックもその意見に同意した。そのうえ、戦争が人間の精神をより進歩させるはずとさえ考えた。

ヨーロッパが新たな戦争に突入した今、世界の首都を建設することにどういう意味があるのか？　アメリカ人ジャーナリストたちにそう問われるたび、ヘンドリックはこう答えた。

「この戦争が終わったとき、世界コミュニケーションセンターは、世界の永遠の平和を築くのに役立つでしょう」

アンダーソン義姉弟は、進化論と理想主義にどっぷり浸かって育ち、ベル・エポックの希望に満ちた空気のなかで生きてきた。ふたりにはまるで想像できなかったのだ。人類史上前例のない激しい暴力行為によって、理想都市に対する世界的熱狂など、やがて跡形もなく消えてしまうことを。

4

一九一四年八月二日、フランスで総動員令によって三百万人が召集されたとき、エブラールは南仏ブーシュ・デュ・ローヌ県のカシスにいた。そこで慌ててパリに戻り、急いで事務所を整理して、モンパルナス駅から北西部のマイエンヌ県へ向かう満員電車に飛び乗った。

この特別列車に乗っていたのは、軍事的な訓練がほぼ未経験の、三十四歳以上の男性ばかりだった。全員が第二十六領土歩兵連隊（RIT）に合流する予定だった。車内で読んだ新聞には、この戦争は早々に決着がつき、ドイツが敗北するだろうと書かれていた。ドイツ帝国がフランスに宣戦布告をしたことについて、不安そうな表情を見せる者もいれば、とうとう一八七〇年の普仏戦争の復讐をするときがきたと息巻く者もいた。彼らは笑い、歌い、虚勢を張った。

メラン兵舎に到着したエブラールは、平服を脱ぎ、規定の装備一式を身につけた。ネルシャツ二枚、靴下二足、ハンカチ三枚、赤いズボン一着、ジャケット一着、ウールの外套《がいとう》一着、赤と青のケピ帽、カロ帽、編み上げ靴、ゲートル、革ベルト、弾帯三つ、弾薬の重みを支えるための吊り紐を支給された。エブラールはそのほかに、戦闘ナイフ、ルベル小銃と銃剣も受け取った。

軍服を身につけて、武器を手に取り、二十五キロ以上の装備品一式を背負う。エブラール軍曹の戦闘準備完了だ。

八月十二日、エブラールが所属する総勢三千人の連隊は、パリの市門に設営された基地へ赴くために列車に乗った。五日後、今度はフランス北部のドゥエーに向けて再び列車に乗った。ドゥエー周辺の村に二日間滞在し、それから長距離の行軍を始めた。八月二十日はブシャン、二十一日はソレム、二十二日はワルニー・ル・グラン、二十三日はヴァランシエンヌにそれぞれ宿泊した。フランスとベルギーの国境に近づくにつれて、ドイツ軍の進軍を恐れて逃亡する村人たちとすれ違うことが増えた。

人類を友愛によってひとつに結びつけるはずの〈世界コミュニケーションセンター〉。その建築家であるエルネスト・エブラールは、一九一四年八月二十四日、初めて戦闘に参加した。第二十六RITの軍事行動・行進記録によると、兵士たちはその日、コンデ・シュル・レスコー、クレスパン、ヴュー・コンデにおける戦いに参加したようだ。

ドイツ軍の槍騎兵連隊が農場を焼き払って村人たちを殺し、偵察機がうなり音を上げながら上空を飛んでいるあいだ、エブラールのいる第二十六RITは、敵の進軍を遅らせるためにレスコー川に架かるいくつかの橋を爆破した。最初の小競り合いで、第二十六RITの兵士十人ほどが敵軍の銃弾に倒れた。フランス人兵士たちが十九世紀から身につけていた赤いケピ帽と赤いズボンは、相手にとって目立つ標的になっていた。

翌日、エブラール軍曹とその小隊は何度か攻撃に参加したが、すぐに撃退され、ヴィレル・ザン・コーシ方面への撤退を余儀なくされた。

撤退中、小隊はまたしても敵軍と一戦を交えた。それ以来、エブラールの消息は途絶えた。家族やヘンドリックたちは彼が死んだものと思い込んだ。ところが二か月後、アスプルから五キロほどのモンショー・シュル・エカイヨン周辺で、ドイツ軍に捕らえられていたとわかった。

5

戦争の影響で大西洋横断航路の運行が不定期になり、アンダーソン義姉弟は予定より長くアメリカにとどまらざるをえなくなった。ヘンドリックはニューヨークで空いた時間を有効に活用した。一九一四年十二月一日、粘り強い交渉の末、とうとう世界一の富豪、実業家で篤志家のアンドリュー・カーネギーとの会見にこぎつけたのだ。

「きみのこの街は、天国に建設したほうがよさそうだな」カーネギーは〈世界コミュニケーションセンター〉の鳥瞰図を見ながらそう言った。

〝その場合、あなたは中に入れなくなりますけどね〟。ヘンドリックは心のなかでそう答えた。少なくとも、カーネギーとの会見後、ヘンドリックはオリヴィアにそう打ち明けている。

しかし、ヘンドリックはくじけなかった。この理想都市は、戦争中の国々を和解に導き、永遠の平和を実現するのに貢献できると主張して、カーネギーを説得しようとした。

「確かにこれは素晴らしいプロジェクトだ。わたしの国際平和基金における理念と完全に合致している」

「だからこそ、興味を持っていただけると思ったのです」ヘンドリックは答えた。

「この〈進歩の塔〉の建築費はいくらになる？」

「五千万フランです」

「ドルに換算すると？」

「およそ一千万ドルです」

「けっこうかかるな」

この会見におけるヘンドリックの収穫は、カーネギーの献辞が入った国際平和基金のパンフレット一枚だけだった。

一九一四年十二月三日、アンダーソン義姉弟はようやく大西洋横断客船に乗ることができた。オランダの国旗を掲げた、ナポリ行きのＳＳロッテルダム号。当時、オランダは戦争に巻き込まれていなかった。

6

現代の歴史家の推計によると、当時、国や陣営を問わずあらゆる軍隊を合わせて、総勢六百万から九百万の人々が戦争捕虜にされたという。うち三分の一がドイツ軍によって捕らわれており、ドイツ国内三百の収容所のいずれかに拘束されていた。歴史の残酷な皮肉によって、有刺鉄線で囲まれたこの卑劣な空間は、「世界じゅうの人々をひとつの場所に集結させる」という〈世界コミュニケーションセンター〉の目的のひとつを強制的に実現させている。マグレブ、西アフリカ、インドシナなどフランスの植民地から動員された兵士たち、インド、パキスタン、バングラデシュなどイギリス領インド帝国軍の戦士たち、そしてセルビア人、イタリア人、ベルギー人、フランス人、日本人、コサック人、ロシア人、イギリス人、ギリシャ人、オーストラリア人、カナダ人、アメリカ人兵士らも、ドイツで捕らわれの身になっていた。戦争中、収容所に入れられた連合軍兵士の軍服を見れば、どこでどういう戦いがあったかを窺《うかが》い知ることができた。

　エルネスト・エブラールは、ベルリンから西へ百キロほどのアルテングラボウ収容所に入れられた。暖房のないじめじめした場所だった。二番と書かれた掘っ立て小屋に押し込まれ、二枚の毛布と木屑《きくず》が置かれた木の枠を割り当てられた。それが寝台だった。食事も粗末だった。朝は炒った大麦の煮汁（砂糖は入っていない）のみ、昼は砕いた大麦、小麦、トウモロコシ粉、キャベツで、夜は水に浸した小麦か、ペースト状にした小麦粉のいずれかだった。こうした〝食事〟に加えて、被収容者四人につき一日一塊の黒パンが与えられた。

　アルテングラボウ収容所の歩哨《ほしょう》は残酷で非情な男たちで、収容所を恐怖で支配するために、事あるごとに被収容者たちを殺害した。一九一五年三月のある夜、あるフランス人兵士が寝床から起き上がり、用を足そうと収容棟の外に出た。だが外はあまりにも寒く、便所は六百メートルほど離れた中庭の奥にあった。彼は途中でどうしても我慢できなくなり、建物の隅で用を足した。するとそれを見ていたドイツ人歩哨が、怒鳴りながら駆け寄ってきて、兵士を銃剣で突き刺した。兵士は剣が貫通したまま自分の収容棟まで這っていき、仲間に事情を説明して十分後に息を引き取った。翌朝、フランス人曹長が通訳を連れて、苦情を訴えるために収容所内の軍当局を訪れた。ドイツ人下士官はこう答えた。「歩哨は指示どおりに動いている。その男を殺したのは、自らの義務にしたがったにすぎない」

アルテングラボウ収容所に捕らわれていたモーリス・トノスというフランス人男性が、収容中に日記を書いていた。そこで起きた残虐行為のいくつかを記録している。

五月十九日――午前中、ひとりの歩哨がフランス人捕虜五人を負傷させた。(中略)

五月二十日――別の歩哨が、フランス人伍長の顔面を理由なく銃床で殴りつけた。ドイツ人軍曹が、ある兵士の背中を剣で切りつけた。(中略)

五月二十三日――ひとりの歩哨が、第一収容棟のほうへ歩いていこうとした兵士の背中を銃剣で突き刺した。第二収容棟でも、別の歩哨が二人の兵士を刺した。ある伍長が剣を抜きながら突進してきて、ポーランド人の腕に切りつけた。

被収容者たちは、ろくに食事を与えられず、劣悪な住環境のなか、理由なく重傷を負わされたり、ときには殺されたりした。ドイツ人企業家の支配下に置かれ、工事現場や畑でただ働きさせられることもあった。こうした強制労働を拒んだ兵士は、柱に縛りつけられて歩哨から制裁を受けたり、部屋に閉じ込められて窓に近づくのを禁じられたりした。

ある日、アルテングラボウ収容所で、数人のロシア人捕虜が罰として部屋に閉じ込められた。数時間たった頃、ひとりの男が命令に背いて窓に近づくと、歩哨が彼の頭を銃で撃ち抜いた。だが、捕虜の最大の死因は感染症、とりわけ結核だった。収容中に、ほとんどの捕虜がなんらかの病を患った。

第一次世界大戦中、アルテングラボウ収容所は拡大しつづけ、やがてドイツでもっとも大きな収容所のひとつになった。一九一六年三月十二日、赤十字社のスペイン代表団が視察に訪れたところ、被収容者数は総勢四千四百六人で、うち二千二百六十九人がフランス人兵士と判明した。被赤十字社は、戦争捕虜の膨大なデータを管理し、食糧の配給、荷物や手紙の配達を行なった。被収容者たちは、回数に上限はあったが、外部との手紙のやり取りが許された。ただし、ドイツ人検査員が読むことができるよう、封印してはならないとされた。

あるとき、アルテングラボウ収容所の管理局は、エブラールが著名な建築家で、ベルリン王立美術館キュレーターのヴィルヘルム・フォン・ボーデと知り合いであることを知った。そこで、収容所任命建築家に就任し、囚人用読書室、教会、劇場、新たな収容棟を設計すれば強制労働を免除する、という提案をした。

エブラールはこの提案を承諾した。これで暖かいところで働けるうえ、仕事のスキルを維持しながら、仲間たちの生活環境の改善に貢献できる。すぐに簡素な劇場が建てられて、被収容者たちによって〈グラボウ座〉という劇団が結成された。俳優、パリ・オペラ座のダンサー、歌手のモーリス・シュヴァリエら、アルテングラボウ被収容者たちが、この異色の劇場で公演を行なった。

エブラールは仕事の合間に、新しい作品のためのデッサンを少しずつ描きはじめた。だが、収容所の陰鬱な雰囲気のせいでちっともよいアイデアが浮かばない。この戦争があとどれだけ続くのか、誰にもわからなかった。エブラールはこうした状況でも希望を失わないため、仲間たちからアラビア語とロシア語を学ぶことにした。

7

ローマのアンダーソン義姉弟は、エブラールが捕虜になったと知って激しく動揺した。だが、とりあえず生きてはいるのだ。ふたりは少しでも負担をやわらげてやりたいと思い、手紙や荷物を送りつづけた。

戦前に〈世界コミュニケーションセンター〉の建設を称賛していた新聞各紙は、いまや虚実を織り交ぜた好戦的な記事を次々と掲載し、ヨーロッパに蔓延する戦争熱を煽りつづけた。フランスでは、過度な排外主義を掲げる新聞記事を揶揄する〝洗脳〟ということばが流行語になった。交戦多くの国で、平和主義プロパガンダは「反愛国主義的」とみなされ、非難の対象となった。交戦国間での交流はすべて監視下に置かれ、書簡や電報のやり取りが困難になった。こうした事情から、「世界の首都」を標榜《ひょうぼう》する非現実的なプロジェクトを支持する者は、ヨーロッパじゅうどこを探しても見当たらなくなった。

一九一五年六月九日、『世界コミュニケーションセンターの創設』の序文執筆者ガブリエル・ルルーが、ダーダネルス海峡におけるガリポリの戦いで命を落とした。プロジェクト関係者のうちで初めての死者だった。ヘンドリックが親しくしていた製図工ジョルジュ・モクシオンは、二年後の一九一七年五月十六日、ダム通りでの戦闘中に亡くなった。そしてプロジェクト当初からエブラールに協力してきたアントナン・トレヴラスは、休戦一週間前の一九一八年十一月四日、負傷がもとで死亡した。

アンダーソン義姉弟は、こうした状況でも決して無為に過ごさず、プロジェクト宣伝本の第二版の準備に取りかかった。今回は、世界じゅうの一流政治家と実業家向けに制作するつもりだった。〈世界コミュニケーションセンター〉の建設が、各国の政治と経済にとってどれほど有益かを示すために、アメリカ人自由主義経済学者のジェレマイア・ウィップル・ジェンクスに寄稿を依頼した。

さらにふたりは、雅号《がごう》〝ウマーノ〟（イタリア語で「人間」）、本名ガエターノ・メアレという風刺作家にも原稿を依頼した。実証主義、国際法制定、平和主義を支持する理想主義者で、一八八一年に司法職に就きつつも、一八九〇年代以降は偽名で急進主義的な政治風刺作家として活躍。民主主義者、社会主義者、無政府主義者たちから高く評価された。一八九八年、世間を大きく騒がせながら司法界を引退し、生活に困窮《こんきゅう》しつつも〝平和の使徒〟として知的活動に専念するようになった。著書『戦争の終焉』（一八八九年）でナショナリズムを糾弾し、欧州連盟の設立を訴えた。一九〇七年には『国際憲法について――軍拡・戦争問題の実証的・実用的解決』を刊行して大きく注目される。しかしその数年後、この黒服に身を包んだドン・キホーテ風の思想家は、〝いかれた文学者〟と呼ばれるようになった。

第一次世界大戦中のローマで、オリヴィアとヘンドリックはウマーノと親交を深めた。当時、ウマーノは、自らの主張を概括したという千二百ページの大作『政治の実証科学』の執筆に取り組んでいた。

アンダーソン義姉弟は、『世界コミュニケーションセンターの創設』の第二版に、この理論家の奇抜で読みづらい文章を掲載しようとしていた。

8

一九一六年十月半ば、アンダーソン義姉弟のもとに吉報が届いた。「喜ばしいことに、わたしはフランスに帰国いたしました」と書かれた、エブラールの手紙だった。捕虜交換によって、アルテングラボウ収容所から解放されたという。「ほぼ二十六か月間の捕虜生活を経て、ようやくここに戻ってこられた喜びを噛みしめています。(中略)ローマでおふたりに再会できる日を心待ちにしています」

ヘンドリックは感激し、エブラールが解放されたという知らせはこの戦争が始まって以来「もっともうれしいサプライズ」だと返事を書いた。

十一月末、エブラールは軍当局からイタリア行きを許可された。オリヴィアとヘンドリックは、フランスの軍服を着て、やせ細って衰弱したエブラールを温かく出迎えた。ふたりは、戦争勃発後にエブラールが消息不明になったと聞いて愕然としたこと、捕虜になったと知ってひどく心配したことを伝えた。反目し合った過去はすっかり忘れられた。

一九一六年十一月末から十二月中旬まで、エブラールはローマに三週間滞在した。三人は再会した喜びを噛みしめながら、一緒に散歩をし、美術館を訪れ、マウラー夫妻を交えて食卓を囲んだ。エブラールはぐっすりと眠り、陽射しを浴びながらシガーを吸ったり、ローマの街並みの美しさに酔いしれたりした。そして、戦争が終わったら〈世界コミュニケーションセンター〉を建てなくてはならないというヘンドリックの話に、積極的に耳を傾けた。

三週間の休息期間を経て、エブラールは、アンダーソン義姉弟とぐっと距離が縮まったような気がした。「こうして再び一緒に過ごせて本当にうれしい」彼はそう言った。「パリで、わたしの友人はみな喪に服しています。兄弟や従兄弟、あるいは義兄弟や叔父を亡くしたからです。誰かが亡くなったと思えば、また別の誰かが訃報を告げにくる。あなたがたのご家族は、誰も悲しんだり苦しんだりせず、ただ穏やかで楽しい日々を過ごしているようですね。それは、値段がつけられないほどかけがえのないものですよ」

9

パリに戻ったエブラールは、マケドニアのテッサロニキ［別名サロニカ］にある連合軍東部司令部に行くよう命じられた。一九一七年二月末、トゥーロン港でフランス海軍の船に乗り、危険な船旅を余儀なくされた。地中海の海底にはドイツ軍の機雷や潜水艦がうようよしていたからだ。

西部戦線の陰に隠れて目立たなくはあったが、ガリポリの戦いでの失敗直後にテッサロニキで東部戦線を構築したことは、第一次世界大戦における連合軍勝利に大いに貢献した。遠征には、フランス人、イギリス人、セルビア人、モンテネグロ人、ロシア人、イタリア人、ギリシャ人、セネガル人、インドシナ人、マグレブ人、イギリス領インド帝国人など、数十万もの連合軍兵士たちが参加した。この大規模な軍事作戦は、過酷な気象条件、食糧調達の難しさ、マラリア、赤痢《せきり》、チフスなどの恐ろしい伝染病といった諸問題を伴いながら、多くの戦いを経て進んでいった。

どうしてエブラールはマケドニアへ向かわされたのか。その理由を知るには、少し時間を遡《さかのぼ》る必要がある。一九一五年秋、バルカン諸国は戦いの舞台になっていた。ギリシャは公式には中立国だったが、国内は主張が対立する三つの陣営に分断されていた。

ひとつ目の陣営は、ギリシャ国王コンスタンティノス一世に忠誠を誓う君主制支持派。コンスタンティノス一世はドイツ皇帝ヴィルヘルム二世の義弟であることから、中立を主張しつつもやや同盟軍寄りとされ、ほかの陣営からは親独的と非難されていた。

ふたつ目は、国王と対立していた首相、エレフテリオス・ヴェニゼロス率いる陣営だ。ヴェニゼロスは、自由主義者であると同時にギリシャ民族統一主義者で、ギリシャ全体の国民国家の樹立を望んでいた。戦争中は、ギリシャが連合軍側で戦えるよう画策をした。社会主義派のリーダーであるアレクサンドロス・パパナスタシウも、その取り組みを支援した。

そして三つ目の陣営は、労働運動家たちの集まりだ。中心人物のひとりに、のちのギリシャ共産党創設者で、革命家のアブラム・ベナロヤがいる。戦争中のベナロヤは、民族分裂に反対する労働者組織、サロニカ労働社会主義連盟のトップだった。この組織は労働者の国際的な連帯を推進し、ギリシャの中立を主張していた。

一九一五年十月三日、国王コンスタンティノス一世の反対にもかかわらず、ヴェニゼロス首相はフランス軍とイギリス軍がテッサロニキに上陸するのを許可した。このことはギリシャに政治的危機を引き起こし、一時的な国内分裂をもたらした。

10

モーリス・サライユ将軍の個性は、フランス軍で異彩を放っていた。カトリック信者、保守主義者、君主制支持者で占められる将校団のなかで、サライユは非常に稀なことに自由思想家だった。第一次世界大戦中はジョフル元帥と対立し、フランスでもっとも中傷された高位軍人となった。敵対する立場にいる者たちはみな、彼を〝政治将軍〟、あるいは〝左派将軍〟と揶揄した。

東部戦線におけるフランス軍総司令官として、サライユはテッサロニキに参謀本部を設置した。この小道が入り組んだ古い都市では、多民族が暮らし、バルカン諸国のあらゆる言語が話されている。サライユはこの街がスパイの巣窟になっていると知って、いわゆる〝参謀第二部〟、つまり軍事情報部を即座に立ち上げた。

参謀第二部の任務はさまざまだ。昼夜を問わずなるべく多くのラジオ放送を傍受する、郵便局員を買収して電報の写しを入手する、新聞を隅々まで読む、偵察機で撮影された航空写真を分析する、敵国の脱走兵や捕虜を尋問する、スパイをスカウトする、防諜活動を行なう、さまざまなギリシャ当局とのパイプを構築する……。

連合国側のすべての軍隊と連絡を取り合うには、セルビア語、英語、イタリア語、ギリシャ語を解しなければならない。さらに敵を監視し、諜報するには、ブルガリア語、ドイツ語、ハンガリー語、トルコ語、アルバニア語も必要だ。これらの言語を使えるフランス人はめったにいない。だが、サライユはあることに気づいた。諜報活動の世界ではほとんどお目にかからないが、これらの言語のうちギリシャ語とあと一、二か国語を話せる者たちがいる。美術史家と考古学者だ。

こうした必要性から、東部軍の参謀第二部には、美術史家と考古学者が多数所属していた。実際、一九一六年七月上旬から一九一七年六月中旬までのあいだ、参謀第二部を率いていたのは古代ローマ専門歴史家、ジェローム・カルコピーノだった。ローマのヴィラ・メディチ留学時代、エブラールが友情を築いたかつての学友だ。

11

マケドニアの東部戦線では、塹壕《ざんごう》を掘ったり、砦《とりで》を築いたり、砲弾によって地面に大きな穴が開いたりすると、古代遺跡がそこかしこに現われた。その多くがマケドニア戦士の墓だった。遠征に参加していた学者たちは、軍の内部に考古学部門を設立してこれらの遺跡を保存するよう、サライユ将軍に提言した。

サライユ将軍はフランス軍の伝統を理解していた。とりわけ、一七九八年のナポレオンによるエジプト遠征の際、同行した学術調査団によってロゼッタストーンが発見されたことはよく知られている。サライユは、東部軍考古学部（ＳＡＡＯ）を設立し、ビザンティン美術専門の歴史家、シャルル・バイエ中尉を部長に任命した。バイエはＳＡＡＯのために、芸術家や優秀な古代美術専門家をスカウトした。そのほとんどが、フランス国立古文書学校、エコール・デ・ボザール、アテネ・フランス学院、ローマ・フランス学院出身だった。東部戦線で戦闘が行なわれているあいだ、彼らは前線で考古学的発掘を行なった。

防衛のために砲撃や銃撃をしたり、陣地を獲得したりすべきときは、彼らも武器を手にして持ち場につく。そして戦闘が中断されると、フランス軍によって公式に〝雑役〟と認められている発掘現場に戻る。現在では〝救出考古学〟と呼ばれる、考古学的発掘や調査を緊急に行なう作業だ。ＳＡＡＯは、任務の遂行に必要な物的資源と人材を十分に備えていた。近代考古学史上初めて、発掘地点の写真を撮影したり地図を制作したりするのに飛行機が使用された。

一九一七年三月二日、テッサロニキの鉄道駅に到着したエブラール軍曹は、出迎えにきていたサライユ将軍直属の副官から、将軍が待っている旨を告げられた。連合軍東部司令部へ向かう車の中で、エブラールは自問した。将軍が自分に会いたいとはいったいどういうことだろう？

12

西部戦線の将校たちとは異なり、サライユ将軍にとっては、戦争中の外交と地政学的考察は、戦況と同じくらい重要だった。つまりSAAOは、慈善事業としてではなく、マケドニアにおけるフランスの影響力を高めるために創設されたのだ。

エブラールは、サライユに勧められたアームチェアに腰かけた。将軍はエブラールに近況を尋ね、ドイツでの捕虜生活について質問をし、それからSAAOに配属する旨を告げた。エブラールに課せられた任務は、ガレリウスの凱旋門と聖ゲオルギ円形教会のふたつの古代建造物の調査だった。

オスマン帝国の支配下にあった時代、聖ゲオルギ円形教会はモスクとして使用されていた。サライユはこの建物の歴史を学術的に解明することで、近年におけるギリシャ国家拡大の正当性を立証し、ヴェニゼロス政権に対して自らの軍事能力の高さをアピールしようとしたのだ。

エブラールは、テッサロニキの軍事基地からアンダーソンに手紙を書いた。

ここには十分な設備が整っています。必要な道具がそろっていて、製図工たちもいる。写真現像用の立派な暗室もあります。それに、これが何よりも重要なのですが、自分で好きなように仕事を進めることができます。

戦争はもうすぐ終わると見込んだエブラールは、いまや世界的に有名になったアメリカ人建築家のキャス・ギルバートに、近い将来に自分が就ける職はないかと尋ねる手紙を送った。

13

一九二〇年に発表されたエルネスト・エブラールの学術論文にあるように、テッサロニキの聖ゲオルギ円形教会は、長いあいだ考古学的に謎めいたものとされてきた。

古代ローマ時代に建設され、のちにキリスト教教会に改装されたと述べる研究者もいれば、円形ホール、内陣や後陣の構造がビザンティン建築様式とほぼ一致すると主張する者もいた。しかし壁が分厚く塗り固められているために内部構造の分析ができず、これまで本格的な調査は行なわれてこなかった。

モスクとして使用されていたオスマン帝国時代、この教会の床は盛り土によって底上げされていた。エブラールの調査チームは、建設当時の姿形を取り戻すため、まずはその土を取り除いた。

それが終わると、今度は建物内部に大きな足場を組んで、オスマン帝国時代に描かれた絵を剥がした。慎重さを要する作業だったが、おかげで古代の美しいモザイクが姿を現わした。地下からは柱頭、陶器類、モザイクが発掘された。こうした手がかりのおかげで、教会の謎が解明された。この教会はビザンティン様式ではなく、古代ローマ時代に建築されたものだった。

わたしは、ギリシャ人考古学者のヤニス・カルリアンバスと一緒に現地を訪れた。彼によると、エルネスト・エブラールによる聖ゲオルギ円形教会の調査は、第一次世界大戦中に行なわれたとは思えないくらい学術的に質が高く、ギリシャの考古学界で高く評価されているという。

教会の地下から古代の遺物が発見されると、サライユ将軍は、ジャーナリストたちを伴ってすぐに現場を訪れた。発掘現場を見学する総司令官のようすをカメラマンたちが写真に収めているあいだ、遺跡案内を買って出たエブラール軍曹は、マスコミの質問に対応した。

この広報活動の終了間際、サライユはエブラールをそっと呼び出して仕事ぶりを称えた。「アメリカのハーバード大学から手紙をもらったんだ。一九一七年の新年度から、きみにボストンで教員として働いてもらえないかと打診された」将軍はそうも言った。「もし興味があるなら、軍務を解く手続きを取ろう」

エブラールはこの提案を喜んだ。

「およそ六週間後、わたしはテッサロニキからアメリカに向かいます」。一九一七年七月十九日、エブラールはヘンドリックにこう書いている。「九月二日頃にボストンに到着する予定です」

ところが、運命は彼に別の道をもたらした。

14

一九一七年八月十八日午後三時頃、テッサロニキ北西部の小さな家から火事が出た。七週間ほど雨が降っておらず、旧市街の曲がりくねった小道には真夏の熱風が吹いていた。街には消防隊はおらず、蒸気消防ポンプ車もない。また、郊外に設営された連合軍基地を優先するため、水の供給量が大幅に制限されていた。

火災の原因を特定しようとした当時の訴訟手続報告書によると、台所のかまどから跳ねた火花が藁の山に引火したという。その火が、隣接する木造の家々に広がっていったのだ。

ひと晩じゅう、巨大な炎の壁が、何もかもを呑み込みながら広がっていった。市街地の中を、人間が歩く速度で火は移動した。その勢いは非常に強く、下町と上町の境界を通る目抜き通りのエグナティア街道さえ、うねりを打ちながら軽々と乗り越えていった。貧民街、資産家の邸宅、屋台、郵便局、大手銀行、市庁舎、行政機関、オフィス、印刷所、宗教施設……容赦なくすべてに襲いかかった。

三十二時間後、テッサロニキは惨憺《さんたん》たる状態になっていた。街の三分の一が完全に破壊された。九千五百軒以上の建物が崩壊した。七万二千人が住居を失い、人口の七〇パーセントが職を失った。すべてを喪失した人たちをはじめ、ほとんどの家族連れにとって事態は深刻だった。ヨーロッパの大手保険会社は、現地に専門家を派遣した。彼らはマスコミに対し、この火災は今回の戦争と同様に、二十世紀前半でもっとも高額な損害をもたらした災害のひとつになるだろうと述べた。

この頃、この恐るべき災害に対し、複雑な思いを抱いている人物がいた。火災の翌日、珍しく発掘現場を放り出してきたエブラールは、メモ帳を片手に破壊された街を歩き回った。東部軍の測量技師と一緒に、いまだ煙を上げつづける炭化した瓦礫《がれき》が、はるか遠くまで広がっているのを眺めた。これほど悲惨な光景は見たことがなかった。そのとき、エブラールは運命に出会ったと確信した。

15

イギリス人ランドスケープアーキテクト、トーマス・ヘイトン・モーソン(一八六一〜一九三三年)は、自らの回顧録でテッサロニキの大火直後の出来事について書いている。その日、美しい蝶ネクタイをはめた五十六歳のモーソンは、ロンドンの会員制クラブで静かにディナーをとっていた。すると突然、友人のひとりに勢いよく肩を叩かれ、大きな声をかけられた。

「おめでとう、モーソン! おめでとう、素晴らしい!」

ていた。

「どうしたんだ？」モーソンは応じた。

「なんだ、まだニュース速報を知らないのか。こっちへ来いよ」

ホールに出ると、興奮した男たちが次々と集まってきた。誰もがモーソンを祝福したがってい
た。

「待ってくれ、頼むよ。いったい何の話なんだ？　まずはその速報とやらを読ませてくれよ」

するとフロントのスタッフが、モーソンに通信社の速報記事を手渡した。そこにはこう書かれていた。「ヴェニゼロス首相は、本日午後のギリシャ議会において、イギリス人都市計画家のモーソンにテッサロニキ再建計画の監督を依頼したと発表した」

ひとつの都市を丸ごと設計するだって？　モーソンは我が目を疑った。確かに戦前、アテネの街の整備をしたことはあるし、コンスタンティノス一世やヴェニゼロス首相は個人的な知り合いでもある。だが、この知らせは唐突すぎてとても信じられなかった。

しかしその後、アレクサンドロス・パパナスタシウ大臣から正式に電報で依頼を受けると、モーソンの驚きは不安に変わった。都市を設計するなら多くの人材が必要になるが、戦争中なのに人は集まるのだろうか？　そこでイギリス人外交官や政治家たちに電話をかけて、見解を仰ぐことにした。

「テッサロニキ再建計画の受注は、あなたにとっても、イギリスの都市計画業界にとっても大きな名誉です。このプロジェクトは大規模な国家事業になるでしょう」自由主義者のジョン・バー

ンズは述べた。

「確かにそうですが、わたしひとりでは都市を丸ごと設計はできません。チームを組む必要があります」モーソンは電話口で応じた。

「外務省に相談して、必要なものを要求してごらんなさい」バーンズはそう助言した。

翌日、ウェストミンスター地区にある外務省を訪れたモーソンは、役人から冷淡な口調で「当省はあなたを支援する権限を有しておりません」と言われた。モーソンは怒り心頭に発しながらその場を去った。

これは一分足りとも無駄にできないと、モーソンはその足で電報局へ行き、依頼された任務を引き受けるとパパナスタシウ大臣に伝えた。さらにその電報で、「設計チームがそろい次第すぐにテッサロニキに向かう」と告げた。

それから数日間、モーソンは自分の助手たちをギリシャに転任させてくれるよう、イギリス軍当局と交渉した。だが、これはほとんど実を結ばなかった。かろうじて、常に仕事を共にしていた息子のひとりを転任させられただけだった。

モーソン親子がパスポートとギリシャのビザを獲得できたのは、テッサロニキ再建工事についてマスコミが報じてから三か月が経過した頃だった。

ギリシャへ向かう途中、親子はパリに立ち寄った。そこでフランスを公式訪問していたヴェニゼロス首相に会い、それからイタリア行きの列車に乗った。ローマに立ち寄り、ターレント湾を渡るためにサレント地方へ。ガッリーポリ港で二日間待機してから、アテネに渡る予定のギリシャ海軍駆逐艦、RHSパンサーに乗り込んだ。

航海中は踏んだり蹴ったりだった。海は荒れ狂い、モーソンはひどい船酔いに苦しんだ。敵軍の機雷や潜水艦など海底からの襲撃にも怯《おび》えた。

ようやく到着したアテネでパパナスタシウ大臣に会うと、思いがけない話を聞かされた。

「ギリシャになかなか来てくれないので、フランス軍当局の要請にしたがい、テッサロニキ再建計画の監督をフランス人建築家に任せると決めてしまったよ。希望とあれば両者でコンペをやってもいいが」

モーソンは気分を害した。この提案にへそを曲げ、ヴェニゼロス首相本人に請われたからはるばるギリシャまで来たのに、と言い返した。「ほかの建築家たちと一緒に仕事をするのはやぶさかではありません。フランス人とギリシャ人ならなおさらです。ただし、わたしがこのプロジェクトのリーダーに就任する場合に限ります」

一九一七年十二月十九日、大火から四か月がたってようやく、モーソン親子はテッサロニキの鉄道駅に到着した。ふたりは、県知事、市長、多くの官僚、すでに結成されていた再建計画委員会のメンバーに出迎えられた。

エルネスト・エブラールは友好的だった。そして、一九一〇年十月にロンドンで開催された都市計画会議で一度会っている旨をモーソンに告げた。「ええ、あなたのことはよく覚えていますよ。スプリトのディオクレティアヌス宮殿の復元プロジェクトは素晴らしかった」モーソンは答えた。

エブラールはほほ笑んだ。だがその笑みは心からのものではなかった。

その夜、火災から免れた県知事の豪華な邸宅でレセプションが開催された。食事を終えると、エブラールはモーソンのところにやってきた。

「こちらにはいつまで滞在されるご予定ですか？」エブラールが尋ねる。

「まあ、必要なだけいるつもりです。大変な仕事になりそうですから」モーソンは答えた。

「ご同行されたのが息子さんだけなので驚きましたよ」

「お恥ずかしい。イギリスの軍当局がまるで協力してくれなくて」

「それでもテッサロニキを救おうとして、わたしたちを手伝うためにここまで来てくださった。それだけで十分です」

「あなたたちを手伝うためだって？」モーソンは苛立ちを露わにした。「ヴェニゼロス首相はわたしをプロジェクトのリーダーに任命したのですよ？」

その瞬間、エブラールはグラスを掲げて応接室を見回し、フランス軍服を身につけた大勢の男たちに向かって叫んだ。

「みなさん、ご静聴願います！　わたしたちの新しい助手、イギリス人建築家のトーマス・ヘイトン・モーソン氏のために乾杯しましょう！　モーソン氏は、四か月前に始まったわたしたちの

テッサロニキ再建計画委員会（エルネスト・エブラールは右から三番目、トーマス・モーソンはその左隣）

再建計画を手伝うために、わざわざロンドンから駆けつけてくれました！」

モーソンは内心で怒り狂い、すぐにこの場を立ち去ろうかと思ったが、自分の来訪を心から歓迎してくれるフランス人兵士たちの拍手の大きさに驚き、しかたなくその場にとどまった。

それから数週間、モーソンはエブラールに反発しつづけたが、とうとう諦めてテッサロニキを去ることにした。その後、再建された街で、モーソンは公園と庭園のデザインのみを引き受けることになる。

「フランス人は高い技術を持っているが、他人と折り合いをつけようとしない人たちだ」。モーソンは回顧録でそう嘆いている。「もしまた同じ状況になったら、わたしはテッサロニキのようなことは二度と繰り返さないだろう」

16

じつはエブラールは、大火の翌日に早くも行動を起こしていた。炭化した瓦礫がもうもうと煙を上げているなか、街の航空写真を手にしながら、テッサロニキ再建にフランスが貢献することのメリットをサライユ将軍に訴えたのだ。〈世界コミュニケーションセンター〉の地図を見せて、自分はこういう素晴らしい街の建設ができると主張し、高い信頼を獲得した。サライユは、エブラールのために十八人の製図工をすぐに雇い、必要な設備をすべて整えた。

両親宛ての手紙で、エブラールは都市計画家として働きはじめた生活についてこう述べている。

こんなに仕事ばかりしているのは初めてです。でも、規則正しい生活をしているおかげで体調は良好です。毎晩九時に就寝しているおかげで、日々膨大な量の仕事をこなしてもそれほど疲れません。(中略)恵まれた環境で、快適な暮らしをしています。練兵場で寒さに凍える代わりに、秘書や製図工と一緒に暖房の効いたオフィスで過ごせるのです。専用車でどこへでも自由に行けて、非常に重要な仕事を任されています。正直なところ、これほど恵まれた状況にいたことはこれまでありませんでした。

エブラールは、テッサロニキ再建計画において、街を区分けすると決めた。また、住民が直接航路にアクセスできるよう、港を再整備した。工場と労働者の居住地は街の東部に、ブルジョワ階級の居住地は西部に、そして行政機関、商業施設、文化施設、レジャー施設は中心地につくることにした。

ギリシャ当局は、街を古代ギリシア風にしたいと考えていた。エブラールは、建物のファサードをネオ・ビザンティン様式にすることでこの要望に応えた。また、この地方の太陽の強さを考慮し、陽射し除けとして柱廊を多用した。この街の千年の歴史を尊重し、過去に建てられたあらゆる記念建造物を保存すると決めた。一部のギリシャの役人の反対を押し切って、オスマン帝国時代のモスクやミナレットも残した。

17

ギリシャ人考古学者のヤニス・カルリアンバスは、テッサロニキの中心街で、エルネスト・エブラールゆかりの場所を案内してくれた。海を眺めながら散策できる、広々としたアリストテレオス大通り。観光客で賑わうこの周辺には、再建当時の面影が今も色濃く残っている。ネオ・ビザンティン様式の建物のファサードには柱廊が設けられ、ショップ、カフェ、レストラン、映画館、大型ホテルなどが軒を連ねている。これらの建造物が完成したのはエブラールの死後だったが、全体の構造と統一性の取れたファサードはいずれも彼の設計によるものだ。

アリストテレオス広場に、エルネスト・エブラールの名を冠するカフェがあった。店内カウンターそばの壁に、〈世界コミュニケーションセンター〉の地図の大きな複製画が掲げられている。

カフェを出てヤニスに別れを告げようとしたとき、彼が「最後にもうひとつ見せたいものがあります」と言った。「あなたもきっと気に入りますよ」そう述べて、にっこりと微笑む。わたしたちは海を背にし、アリストテレオス大通りをエグナティア通りに向かって歩いた。ヤニスが正面に立つ建物を指差す。

「この真正面の、テッサロニキを見下ろすあの丘の上に、アギオス・ディミトリオス聖堂があります。その少し下の、やはりこの真正面に、エブラールは市庁舎と市民センターを建てる予定でした。ところが想定外にも、ちょうどそこに古代遺跡があったのです。工事を始めて間もなく、大規模な古代アゴラ［古代ギリシア時代の広場］遺跡が見つかったため、市庁舎を別の場所に移さなくてはなりませんでした。エブラールは、アギオス・ディミトリオス聖堂、古代アゴラ遺跡、アリストテレオス大通りと続く長い一直線を中心軸として、テッサロニキの街全体を構築していたのです。それからもうひとつ……振り返って海のほうを見てください」

それは、息を呑むほど美しい光景だった。はるか遠く、海を越えた向こうに、ギリシャの神々が暮らす聖なる山、オリンポス山がそびえている。オリュンポス十二神の居所とされる山だ。

「これはあくまでわたし個人の考えで、学術的な意味合いはまったくないのですが……思うに、古代文明をよく知る考古学者だったエルネスト・エブラールは、この一直線の軸を築くことで、人間と神々をつなぐ道、つまり神とコミュニケーションを取る場を設けようとしたのではないでしょうか。死すべき運命の人間たちが、こうしてオリンポス山を望みながら、不死の神々からさまざまなことを学び取れるようにした気がするんです」

突然、アリストテレオス大通りに立ったわたしの瞳に、驚くべき光景が映し出された。テッサロニキ沖を行く貨物船が、純白の帆を上げる古い帆船に姿を変え、船首で大波を切り裂くようにして前進していく。その手前に、世界をひとつにするはずだった首都のシンボル、二体の巨像が高々とたいまつを掲げるのが見える。ひとつの夢が別の夢に置き換えられた。目の前にあの街が見える。百年前、エルネスト・エブラールがベル・エポックの灰の上に描いた街が、現実に、生き生きとした姿で広がっていた。

第14章 悲嘆（一九一七〜一九二三年）

1

オリヴィアとヘンドリックは、一九〇二年のアンドレアスの死というつらい現実を乗り越えるために、永遠の愛、人類の統一、生者と死者のコミュニケーションの可能性を信じつづけてきた。苦悩と不安を克服し、芸術的野心を実現させるために、〈世界コミュニケーションセンター〉を制作してきた。ふたりはこうして十年以上の年月を無我夢中に生きてきた。

ヘンドリック・アンダーソンの日記を読むまでは、こうしたふたりの野心は一九一四年に終息したものと思い込んでいた。だが、そうではなかった。アンダーソン義姉弟の意欲は、第一次世界大戦の勃発によって失われたわけではなかった。むしろ、戦争が進むにつれ、世界の首都を建設する必要性がいっそう高まったと感じていた。

ところが、一九一七年十二月二十四日、仲むつまじかったふたりの暮らしが突然崩壊した。オリヴィアが肺炎を患い、発熱、筋肉痛、咳の発作に一週間苦しんだあげく、ヘンドリックの腕の中で亡くなったのだ。四十六歳だった。

オリヴィア死去の知らせを受けて、マウラー夫妻はポポロ広場三番地のアパートに駆けつけた。*

ヘンドリックは、握りしめたこぶしを頭に押しつけ、ブロンドの髪をぐしゃぐしゃにしながら、苦しそうなうめき声を上げていた。そしてふたりの姿を見ると、茫然としたようすでこう尋ねた。

「どうして彼女が死ななければならなかったんだ？　いったいどうして？」

エドガー・マウラーはヘンドリックを抱き寄せ、慰めのことばをかけた。ヘンドリックはふたりに、オリヴィアに対する思いを打ち明けた。

オリヴィアは人間を超越していた。神そのものだった。誰も気づかなかったと思うけれど。ぼくのインスピレーションの源だった。あれほど壮大な仕事は、彼女がいなければ進められなかった。彼女が成し遂げた仕事だ。いつもそばにいて、ぼくを深く理解してくれた。神さまがぼくにオリヴィアを与えてくれたんだ。彼女がいなければ、ぼくは何もできなかった。ひとときも休まずに、このプロジェクトを見守りつづけてくれた。ぼくが人生のすべてを、このプロジェクトに捧げるのを望んでいた。ぼくのアイデアをすべて形にしてくれた。いつも自信に満ち、楽観的だった。彼女と同じことができる人は、ほかに誰もいない。そして今、ぼくはひとりきりになってしまった。

＊マウラー夫妻はこの出来事について、夫妻の共著『ウマーノと恒久平和の代償』（一九七三年）で詳述している。

2

一九一八年一月十七日、テッサロニキ再建計画に取りかかっていたエルネスト・エブラールは、自分宛ての郵便物を受け取った。封書のひとつに見慣れた筆跡を見つけたのですぐに開封すると、オリヴィア死去の知らせだった。エブラールはすぐにヘンドリックにお悔やみの手紙をしたためた。

親愛なる友へ。どうしても信じられなくて、何度も手紙を読み返しました。（中略）涙が止まらない。あなたのお義姉さんに対し、わたしは心からの友情と深い尊敬を抱いていました。（中略）たとえ人が死んでも、作品は残る。お義姉さんは、〈世界コミュニケーションセンター〉を生み出した妖精としていつまでも生きつづけるでしょう。わたしは、この壮大なプロジェクトの制作において彼女が果たした役割を忘れず、一生感謝の気持ちを抱きつづけます。

ヘンドリックはエブラールへの返信で、これからもひとりで〈世界コミュニケーションセンター〉建設のための宣伝活動を続けるつもりだと告げた。

エルネスト、温かく、誠実で、友情に満ちたきみのことば、心からうれしく思います。オリヴィアがいない生活になかなか慣れません。彼女はぼくたちの世界の中心だった。個性的で、純粋な人で、きみも知ってのとおり、強い信念を抱き、ぼくたちの士気を鼓舞してくれた。(中略)

でも、彼女はもうここにいない。それでもぼくたちは、彼女が強く切望したことを達成するために、努力を続けなくてはならない。(中略)ぼくたちは、今世紀でもっとも偉大な女性のひとりを失った。彼女がこのプロジェクトを支えてくれたからこそ、今のぼくたちがいる。ぼくたちのために尽くし、全身全霊でサポートしてくれた。たとえいなくなっても、彼女に恥じない仕事を日々成し遂げなくてはならない。(中略)

多くのことを与えてもらった。感謝してもしきれない。ぼくたちが目標を達成すべく努力すれば、心に寄り添ってくれる守護天使として、彼女の存在を感じられるだろう。人類のために命を捧げた彼女の善意を汲み取って、模範となるべき強い女性像を創造しなくてはならない。

彼女がいなくなり、ぼくはことばに尽くせない悲しみにとらわれている。陰鬱な世界の住人になったような気がするんだ。(中略)〈世界コミュニケーションセンター〉の実現を、ぼくは決して諦めない。

3

絶望にとらわれたヘンドリックは、毎日日記でオリヴィアの霊魂に話しかけた。かつて、オリヴィアが夫のアンドレアスの霊魂に向けて、悲嘆に暮れながら日記を書いていたように。自らの途方もない苦しみ、母のヘレンやモデルのルチアと共に暮らす単調な日々、アルコール摂取量が増えたことなどを語った。夢の中にオリヴィアが現われると、その青い瞳を見つめ、そっと頰を撫でて話しかけた。オリヴィアの霊魂と対話をするために、交霊会にも通いつめた。「もうこの人生には何の意味もない」と日記に書いた。オリヴィアのそばに行って、今より壮大な生を送る日が来るのを待っていた。

ヘンドリックは日曜ごとに彫刻道具一式を携えて、ローマのテスタッチョ地区にある非カトリック墓地を訪れた。自らが制作した礼拝堂型の墓屋をじっと見つめ、しばらく黙禱《もくとう》する。錬鉄《れんてつ》製の門を開け、内部へと続く短い階段を降りる。

礼拝堂内に入ると、オリヴィアの霊魂に祈りを捧げる。それから数時間かけて、内部の手入れと装飾制作を行なった。日曜になると必ずここに来て、石の表面を削って装飾を施したり、丸天井にモザイクで星空を描いたり、天使を伴ったオリヴィアの彫像を等身大で制作したりした。それからオリヴィアの遺言にしたがって、アメリカのマウント・オーバーン墓地に埋葬されたアンドレアスの遺体を、このローマの墓地に移す手続きをした。

4

オリヴィアは遺言書に、自らの金利所得の全額をヘンドリックに遺贈すると書き残していた。一九一八年十一月十一日、休戦協定が締結されるとすぐ、ヘンドリックはプロジェクトの宣伝キャンペーンを再開する手はずを整えた。かつては語学に堪能なオリヴィアが、会員を勧誘する文書の執筆を引き受けていた。オリヴィア亡き今、ヘンドリックは、ぎこちないながらも自分で世界の著名政治家たちに手紙を書き、何百もの図書館、議会、法務省に精力的に本を送った。

ヘンドリックは、一九一三年以降の時代の変化に気づいていないようだった。もはや彼のユートピア思想はかなり時代後れになっていた。ヨーロッパは第一次世界大戦で甚大な被害を受けた。戦闘で一千万人が命を落とし、二千万人以上の兵士が負傷したり障害を負ったりした。多くの村や町が破壊され、市井《しせい》では物資が不足した。政治や外交の場では再建と復興が最優先され、理想主義的な夢を見ている者などもう誰もいなかった。

その一方で、一九一九年にパリ講和会議が開催され、ヴェルサイユ条約が調印された際に、〝立憲主義的〟平和主義者たちが再び脚光を浴びた。ベルギー人のポール・オトレとアンリ・ラ・フォンテーヌが、現在の国際連合（ＵＮ）の前身である国際連盟（ＬＯＮ）の設立にかかわったのだ。ふたりは、国際連盟の本部をベルギーに誘致することで、かつてエブラールとヘンドリックを案内したブリュッセル郊外のテルビュレンに〈世界コミュニケーションセンター〉を建設するきっかけをつくろうとしていた。

ヘンドリックは、表面的にはベルギーの友人たちの活動を応援しつつ、プロジェクトの建設場所を今どこかに決めてしまうより、まずは世界じゅうの人たちにそのコンセプトを知ってもらうのが先決だと頑なに考えていた。しかし、ヘンドリックは気づいていなかったが、戦前に行なわれたロビー活動が功を奏し、ブリュッセルのエリート層で〈世界コミュニケーションセンター〉はよく知られる存在になっていた。ベルギー政府によって建設が推進される見込みは高かった。もしLONの本部がブリュッセルに置かれていたら、国王アルベール一世のプロジェクトへの共感、エルネスト・エブラールの国際的な知名度の高さ、アンリ・ラ・フォンテーヌの外交手腕などのおかげで、ヘンドリックの夢が公の場で議論される可能性は大いにあっただろう。

ところがヘンドリックは、ブリュッセルを建設地にするために支持層に働きかける努力をいっさいせず、山のようなパンフレットと本をただばら撒くだけだった。そうやって、時間と資金と労力を無駄づかいしていた。

一九二〇年一月、ポール・オトレとアンリ・ラ・フォンテーヌの夢がついえた。LONの本部はベルギーではなく、スイスのジュネーヴに置かれることになった。

5

一九二二年十月三十一日、イタリアでファシストが政権を奪取したとき、ヘンドリックは世間から遠く離れた生活を送っていた。毎朝五時半頃に起床し、ベーコン一枚と卵二個を焼いた朝食をとり、鳥たちに餌《えさ》をやり、猫を撫でてからアトリエに出かけた。誰からも注文を受けていないのに、彫刻作品の制作に打ち込んだ。〈生命の泉〉に続いて、三台の噴水をつくっていた。それぞれ〈愛の泉〉〈不死の泉〉〈神の泉〉と名づけられ、いずれも複数の巨像を組み合わせた群像で構成されていた。

午後になると、新しい彫像のデッサンを描き、オリヴィアが書いた戯曲を読み、プロジェクトの宣伝作業を行なった。神智学者、霊媒師、インド人導師など、世界じゅうのあらゆる精神主義者たちに手紙を書いた。狂信的なうさんくさい連中であろうが、アンリ・ラ・フォンテーヌのような国際的な著名人であろうが、頼れそうな相手なら誰にでも支援を求めた。

夜になると、スープ一皿の食事をとり、母を抱擁したあと、自室にこもってオリヴィアの霊魂に向けて手紙を書いた。義姉からの愛情、敬意、助言を失ったヘンドリックは、もはや力尽き、絶望にさいなまれていた。「こんな暗闇に覆われている自分を恥ずかしく思っている」と告白している。

オリヴィア、きみ宛てに書いたこれらの手紙をいつか誰かが読んだとしても、きっとその人はぼくの弱さを許してくれるだろう。自分たちの理想のためにぼくがどれほど懸命に戦ったか、信念と愛情を持って最善を尽くしたか、きっとわかってくれるはずだ。（中略）オリヴィア、ぼくは自分の世界より、きみの世界のほうが信じられる。（中略）最近、よく思うんだ。この戦い、この苦しみから解放されて、きみのそばに行き、かつてのようにきみをこの腕の中に抱え、力いっぱい抱きしめたい。（中略）きみがいないこの道は、真っ暗闇に覆われている。（中略）オリヴィア、ぼくのしていることが正しいかどうか、きみの意見が聞きたいのに。（中略）ああ、せめて、ぼくたちの都市を建てることができたなら！（中略）この地上に神の王国が築かれ、永遠の生を手に入れる、もっとも確実な道になるはずなのに。（中略）この理想がどこかで実現されることを夢見て、これまでぼくは必死に戦ってきた。

ヘンドリックはほとんど新聞を読まず、イタリアの政治についてはめったに自説を述べなかった。自らの理想都市がこの世界のあらゆる問題を解決するはずだ、とただ書くだけだった。政治家たちのことは〝風袋〟と呼んでいた。手紙を何度送っても、一度も返事をよこさない者がほとんどだったからだ、

一九二三年当時のヘンドリックは、ファシズムに対して批判的だった。ベニート・ムッソリー

ニの独断主義、ナショナリズム、非妥協的な演説を非難し、「ムッソリーニは精神主義的な話し方をするが、実際はそういう人間じゃない」と述べている。

ところが、〝ドゥーチェ〟［ムッソリーニの称号］と黒シャツ隊［国家ファシスト党の民兵組織の通称］が行進するようすを部屋の窓から眺めているうち、ヘンドリックはイタリア・ファシズムに徐々に惹かれていった。政治に関して無知で、世間知らずな芸術家であるヘンドリックは、ローマ帝国を崇拝し、「われわれはかの時代の文化を復活させる使命を負っている」とうそぶく彼らに、すっかり魅せられてしまったのだ。

6

だが、ファシスト党が言う「ローマ帝国崇拝」など、「帝国主義」の隠喩、あるいは「反近代主義」の同義語にすぎなかった。ベニート・ムッソリーニは、決して保守主義者でもなければ、古代ローマの生活様式の復活を願っていたわけでもない。彼が同時代の人間に望んだのは、古代ローマ軍団の兵士になることではない。歴史家のエミリオ・ジェンティーレによると、「ファシストによるローマ帝国崇拝は、未来のイタリアを投影したものであり、〝現代ローマ人〟たる新しいイタリア民族によって新しいイタリア帝国を建設することを意味していた」という。

この「帝国復活」神話は、イタリア・ファシズムの根幹を成すようになった。一九二〇年九月二十日、イタリア北東部のトリエステで行なわれた演説で、ムッソリーニはこう述べている。

ローマの名は二〇〇〇年の歴史を持つ。ローマは普遍的な文明の萌芽をもたらす。ローマは道を切り開き、境界線を描き、永遠の法則と不変の権利を定める。こうしたことは古代におけるローマの使命だったが、われわれも新たな使命を果たさなければならない。ローマの地で行なわれるからこそ、この使命は普遍的になりうるのだ。

一九二一年に創設された国家ファシスト党は、実際は国粋主義的で暴力的な政治団体であったにもかかわらず、前衛的で革命的なイメージをアピールした。イデオロギーと戦略上の理由から、自分たちの政策、組織、目標を定義づけるのに、ローマ帝国を引き合いに出した。ほかの政治団体を力で抑え込み、大衆受けする政党を組織したファシストたちは、イタリア国家を再生させて「ローマ帝国の普遍的な精神」を復活させると息巻いた。

黒シャツ隊は、イタリアの未来派芸術家たちと同様に、一九一〇年代の画趣豊かで観光地化したローマを憎悪していた。怠惰で、ブルジョワ的で、知的とはほど遠く、ミラノやナポリより人口が少なく、ファシスト党に好意的な有権者が少ない街。ムッソリーニに言わせると、ローマは崩壊寸前の古いイタリアを象徴しており、すぐにでも破壊すべき街だった。そのため、ファシスト党が覇権を握った二十年間で、ローマはムッソリーニの希望どおりに全面的に再開発された。

イタリアの週刊紙『ラ・ドメニカ・デル・コリエーレ』一面（1935年3月3日刊行）

一九二〇年代から一九三〇年代にかけてのムッソリーニは、強大な権力をひとりで掌握していたため、いとも簡単にローマを破壊し、自らの誇大妄想的な野望どおりに再開発することができた。その結果、ローマの街は、何千というつるはしの音が絶えず鳴り響く、巨大な解体工事現場に成り果てた。ファシスト党は、街じゅうに点在する小さな家々をすべて取り壊し、巨大建造物を次々と建設した。大学都市、フォロ・ムッソリーニ［スポーツ施設、現フォロ・イタリコ］、チネチッタ［映画撮影所］、フォリ・インペリアリ通り、コンチリアツィオーネ通り、アウグスト・インペラトーレ広場など、広々とした大通りや合理主義的な建造物をそこかしこに建てて、街の社会構造を根底からくつがえした。

こうして二十年間で、これまでのローマ

が地図上から消えて、代わりに現代のわたしたちが知っている別のローマが誕生した。これと並行して、ファシスト政権はイタリア全土にも合理主義的な建造物を次々とつくり、〝モデル都市〟と呼ばれる新しい都市を建設した。モダニズム建築と古代ローマ帝国風の演出が、ファシスト政権のプロパガンダ手段として大々的に用いられた。

エチオピア戦争（一九三五〜一九三六年）の勝利、およびイタリア植民地帝国の拡大——ソマリア、エリトリア、エチオピアを併せて、イタリア領東アフリカと呼ばれる植民地を樹立——を経て、一九三六年五月九日、ムッソリーニは官邸を置いたヴェネツィア宮殿のバルコニーから、〝ファシスト帝国〟が設立されたと国民に向かって宣言した。とくにエチオピアの征服はファシズム史上で重要な節目となった。これによってムッソリーニは、自らの帝国主義的な野望を世界じゅうの大国に見せつけながら、国内における自らの権力を強化させせた。これ以降、ファシスト党内だけでなく、イタリア王室に対しても強硬な態度に出るようになった。

ムッソリーニは、イタリア人は近代ローマ人だと主張し、近代ローマ帝国の成立を目指しつづけた。その一方で、エチオピア征服以降、ムッソリーニの誇大妄想的な野望はいっそう膨れ上がり、その方向性が徐々に変化しはじめた。もはや、ローマを再開発するだけでは飽き足りず、〝新しいローマ〟を建造しようとしたのだ。過去に例を見ないほどの大規模な建造物、広場、大通り、記念碑を擁する、ファシスト的理想都市。古代ローマ人による第一のローマ、キリスト教徒による第二のローマに続く、ファシストによる〝第三のローマ〟を必ず築くと国民に誓った。

こうして、従来のローマ市を取り囲む城壁の外側に、未来の巨大都市をゼロから創設するという、狂気のプロジェクトが始まった。

これに先立って、一九四二年にローマで万博を開催し、一九二二年のローマ進軍二十周年を盛大に祝うという計画を、ローマ・ファッシの指導者であるジュゼッペ・ボッタイが提案している。ムッソリーニはこれに賛同していた。

ファシスト帝国宣言後、ドイツにとってのベルリン五輪（一九三六年）のように、ローマ万博の開催は「ローマ帝国復活」を祝福し、イタリアの急速な成長を世界に見せつけるよい機会になると、ムッソリーニは考えた。そこで建築家や都市計画家たちを招集し、建築史上前例のないプロジェクト〈E42〉を開始した。

この途方もないプロジェクトでは、第一段階として、万博を受け入れるために、ファシスト建築による巨大都市をローマ郊外に建設する。そして第二段階として、完成した巨大建造物を再利用して、ここをローマの新しい中心地、そしてファシスト帝国の新しい首都に定める。

ムッソリーニはもはや、ローマ市内の古代遺跡やバチカン市国の近くに巨大建造物をつくろうとはしなかった。いずれ人類史上最高の文明都市となるであろう〝おれさまのローマ〟を新たに築こうとしたのだ。このファシスト都市建設のために、ムッソリーニは国内でもっとも優秀な建築家たちを集め、国内有数の資産家として知られる、実業家で上院議員のヴィットーリオ・チーニを工事責任者に任命した。

現在、ローマのイスティトゥート・ルーチェ・チネチッタ［ファシスト時代に設立されたイタリアの映画制作・配給会社］のアーカイブには、ムッソリーニと一緒にいるチーニの姿をとらえたニュース映像が複数残っている。いずれも銀髪をうしろに撫でつけ、背筋をぴんと伸ばして立っている。黒いシャツを着て、胸元にたくさんの勲章をつけている映像もあれば、明るい色合いのスーツを着ているものもある。

一九三七年四月二十八日、ムッソリーニとチーニは、イタリア史上もっとも大規模でもっとも高額な建設工事、〈E42〉の現場を視察した。

およそ二年後に第二次世界大戦が勃発すると、多くの現場作業員が兵士として動員され、膨大な建築資材が軍需物資として徴発された。その一方で、〈E42〉の建設工事は戦争中でも継続された。こうして理想都市の建設は、ファシスト政権が崩壊する一九四三年まで休むことなく続けられた。

戦後、設計図に多少の変更が加えられたうえで、建設工事が再開された。そして一九五〇年代、ムッソリーニが夢見た理想都市は、〈エウル（ＥＵＲ＝エスポジツィオーネ・ウニヴェルサーレ・ディ・ローマの略）〉と名を変えて完成し、現在はレジャー施設、官公庁、オフィスなどが集まるエリアになっている。

現在のエウル地区は、フェデリコ・フェリーニの映画『甘い生活』（一九六〇年）のロケ現場として、映画ファン、建築マニア、歴史家たちによく知られる場所となっている。だが、この狂気の巨大都市の実現に、ヘンドリック・アンダーソンが本人さえ気づかないうちにかかわっていたと知る者は、いったいどれだけいるだろうか?

第15章
必死の執着
（一九二三〜一九四〇年）

1

ファシスト党が政権を握ってわずか三年で、イタリアの議会君主制は崩壊し、独裁体制が確立された。この間に、左派政党、労働組合、知識人、そしてひと握りの外国人たちが、黒シャツ隊に対抗する組織を形成した。その一方で、実業家や資産家をはじめとするイタリア社会の大半が、ムッソリーニをカリスマ性があり、近代的で、行動的な人物とみなしていた。

この頃のヘンドリックは、大量のアルコールを摂取しながら、オリヴィアの霊魂に向けて自らの苦しみを綴り、アメリカに膨大な数の手紙を送っていた。自分の理想都市はアメリカで建設されると信じていた。初めの頃、オリヴィア宛ての手紙に、イタリアの政治に関する記述はほとんど見られなかった。ところが一九二三年九月になると突然、ムッソリーニの「善意と素晴らしい方針」を称賛し、政治に関する自説を述べるようになる。ヘンドリックは、ファシスト党のプロパガンダが謳《うた》ったように、ムッソリーニを新しい視点を持つ、粘り強くて、意欲溢れる人物だと思い込んだ。

一九二四年六月半ば、ファシズムを強く批判する社会党議員ジャコモ・マッテオッティが暗殺されたのを受けて、ファシスト政権は一気に独裁体制へと舵を切った。一九二五年十二月以降、ファシスト的な法律が次々と制定される。言論の自由がなくなり、ストライキが禁止され、秘密警察のＯＶＲＡ（オヴラ）が設立され、ファシスト党が唯一の合法政党とされた。

ヘンドリックはアトリエで隠遁生活を送っていた。仕事の合間に、自らの作品を収蔵する美術館を建てる計画を練った。そしてある日、オリヴィアから相続した株式を売却し、アパートのあるポポロ広場から六百メートルほどの、マンチーニ通りに土地を購入した。アトリエ兼自宅を建てて、兄アンドレアスの絵画、オリヴィアの戯曲、自らの彫刻、そして〈世界コミュニケーションセンター〉のオリジナル図面を後世のために保存しようとしたのだ。

ヘンドリックは、実際に建築が着工する前から、自分の死後に誰でも無料で鑑賞できる美術館にしたいと考えていた。「自分を理解してくれる人が現われるまで、たとえ百年かかったとしても」と述べている。

建築が進行しているあいだ、ヘンドリックは神経衰弱に陥った。一九二五年一月から六月まで、大量のアルコールと睡眠薬を摂取しながら、一日じゅうベッドに横たわって過ごした。


オリヴィア、きみがいなくなってからも、ぼくは地上の生にとらわれつづけている。ぼくの霊魂と精神は、この世界では無価値かもしれない。慰めも希望もないままに黙々と働き、どんどん老いさらばえていくなかで、日に日にそう実感するようになった。自分の仕事の技術的な質にも自信を失いかけている。

ついにネオ・ルネサンス様式の建物が完成した。ヘンドリックは、母への敬意を表してこの家を〝ヴィラ・ヘレン〟と名づけた。ファシスト政権がますます権力を強めるなか、ヘンドリックは元気を取り戻した。家の外壁をピンクに塗り、アンダーソン家のみんなの顔と、頰がふっくらした智天使の彫刻で飾りつけた。寝室、居間、二階の広いテラスも細部までこだわって装飾した。アトリエの壁に〈世界コミュニケーションセンター〉のオリジナル図面を掲げ、家じゅうを鉄細工、彫刻、モザイクなどで彩った。当初は単に美術品の展示ギャラリーになるはずだった建物が、個性的で美しい家に生まれ変わった。

そしてとうとう一九二五年十一月二十二日、ヘンドリックは隠遁生活にピリオドを打った。プロジェクトを紹介するために、五十人ほどを自宅に招いたのだ。芸術家、外交官、美術評論家、ジャーナリストたちがやってきた。

その後数日間、〈世界コミュニケーションセンター〉を称賛する記事がファシスト系新聞に掲載された。高評価に気をよくしたヘンドリックは、ベニート・ムッソリーニに『世界コミュニケーションセンターの創設』を一冊送ることにした。

オリヴィア、ぼくは歴代三人のアメリカ大統領に手紙を書いたが、誰からも返事をもらえなかった。今度は、ムッソリーニに謁見を願い出てみようと思う。

二か月後、ヘンドリックはムッソリーニからの返事を受け取った。

2

一九二六年一月二十九日
親愛なるオリヴィアへ

昨日午後六時、ムッソリーニ首相に会った。十二分間、ぼくたちの理想都市についてなごやかに話し合った。控えの間には、ほかに順番を待っている人たちがたくさんいて、だからこれ以上時間を割いてもらうことはできなかった。(中略)

身長に対して頭の大きな人だった。ただ、肩の広さとはバランスが取れていて、とても印象的な顔立ちだった。額が広く秀でていて、髪は薄かった。目の色が暗くて、眼窩が落ち窪んでいる。唇は固くまっすぐに結ばれ、口の両側の筋肉が発達し、顎が出っぱっている。大きな顔はふくよかというより筋ばっていて、黒っぽい瞳や服装とは対照的に色白な顔だった。

気難しくてとっつきにくいタイプと聞いていたが、そうは感じなかった。十二分間の会話のあいだ、ムッソリーニはとても感じがよく、ぼくのアトリエを見にいきたいと言ってくれた。その日が来たら、プロジェクトのオリジナル図面を見せながら、より詳しい話をしたいと思っている。建設場所はローマ近郊のオスティアが適しているのではないかと言うと、ムッソリーニも同意してくれた。「建設費用は誰が負担するんだ?」と尋ねられたので、土地さえ確保できれば、建築費用は調達できると答えた。するとムッソリーニは、もしほかの国が資金を提供してくれるなら、自分は土地を無償で提供すると言ってくれた。

これまで何百人もがぼくの計画を支持してくれたが、物質的な支援を申し出てくれた人はひとりもいなかった。ムッソリーニが世界で初めてだ。神さまに感謝したい。

ムッソリーニの内閣官房は、今回の会見の内容をマスコミに知らせる許可をヘンドリックに与えた。アメリカとイタリアの記者たちは、ムッソリーニが〈世界コミュニケーションセンター〉のために土地を提供するというニュースをすぐに広めた。ムッソリーニは、自分は何ひとつ責任を負わずに、その場かぎりのことばを発するだけでプロパガンダを行なったのだ。こうして記者たちの協力によって「世界の国々との友愛関係を望んでいる平和主義な国家元首」というイメージがつくられた。

ポール・オトレは、慎重にことばを選びながら、平和主義的で世界主義的なユートピアを推進するのにムッソリーニは適していないのではないか、とヘンドリックに警告した。ところがヘンドリックは、ムッソリーニはこのプロジェクトを必ず支援してくれると確信し、理想都市はいずれイタリアに建設されると信じ込んだ。

純真で、無知で、強迫観念と絶望にとらわれたヘンドリックは、ファシズムの本質をまるで見抜けていなかった。路上で黒シャツ隊にリンチされた人の話を聞いたり、国粋主義的で軍事主義的な演説がラジオで流れていたりすると、その行為や主張には賛同できないながらも、「こうしたことがファシズムの大義に悪影響を与えるのを恐れる」と日記に書くにとどまった。

ヘンドリックは自らの信念に忠実だった。新政権が推進する未来派芸術や合理主義建築を忌み嫌い、軍備拡張、ナショナリズム、力による支配を批判しつづけた。それにもかかわらず、ファシズムを支持し、ムッソリーニを敬愛した。自らの理想都市の建築に、ムッソリーニが協力してくれると心から信じていたからだ。

こうして書くと、ヘンドリックは日和見主義者に見えるかもしれない。だが実際は、単に無自覚なだけだった。まるで夢遊病患者のようだった。一九二九年のある出来事が、この時代のヘンドリックの狂気をよく表わしていると言えるだろう。当時のヘンドリックは、ムッソリーニに対する「友情と敬愛」を示すために、ジャケットの内側にファシスト党の党章をつけていた。ある日、路上で黒シャツ隊の職務質問を受けた。ヘンドリックがアメリカ人だと知ると、彼らは党章をはずすよう命じ、さもないと暴行すると言って脅した。ヘンドリックは命令にしたがった。金属製の党章バッジをゆっくりとはずし、口づけをしてから黒シャツ隊に返還したという。

その数日後、ヴィラ・ヘレンの玄関ドアを乱暴に叩く音がした。秘密警察のＯＶＲＡが押し入ってきて、ヘンドリックとその家族を厳しく尋問した。外国人諜報員と疑われて密告されたようだった。だが、ヘンドリックは少しも動じなかった。オリヴィアの霊魂に向かってこう打ち明けている。

ぼくは今、犯罪者のように監視されている。ルチアはひどく気に病んでいるようだ。だがぼくは、こんな馬鹿げたことで時間を無駄にしたくない。彫刻しなくてはならないものがたくさんありすぎる。

3

ヘンドリックがオリヴィアに宛てた手紙には、悲痛なことばがくどくどと綴られている。亡き義姉に対し、自らの稚拙な文章を詫びながら、毎日同じことを嘆き、同じことを訴え、同じことを懇願している。これらの手紙からは、単なるイタリア・ファシズム賛美以上の心情を読み取ることができる。ヘンドリックは、理想都市を実現させる宿命を負っていると信じながら、プロテスタント的な労働倫理にしたがって仕事をつづけ、一度たりとも自らの天命を投げ出しはしなかった。

これらの手紙に、エルネスト・エブラールの名は一度も登場しない。第一次世界大戦後のエブラールは、ギリシャで建築家として仕事を継続し、その後フランス領インドシナに渡って多くの

1930年代のヘンドリック・アンダーソン

優れた建造物をつくった。一九二〇年代、ヘンドリックとエブラールは何度か心のこもった手紙をやり取りしたが、次第に疎遠になっていった。エブラールは一九三三年に他界している。

一九二六年から一九三六年のあいだ、ヘンドリックは精神的にぎりぎりの状態にありながら、プロジェクトの宣伝を決して怠《おこた》らず、世界じゅうの指導者や有力者に粘り強く手紙や本を送りつづけた。民主主義国のほとんどの国家元首は、彼の訴えを一顧だにしなかった。その一方で、驚くべきことに、要職に就くファシストの多くが〈世界コミュニケーションセンター〉に関心を示し、ヘンドリックに返事を書き送っている。

ヘンドリックは、ドイツ第三帝国の総統からも感謝状を受け取っている。一九三五年十二月五日付のアドルフ・ヒトラーからの手紙には、「貴殿の芸術的プロジェクトを関心を持って拝読した。頂いた書籍は、ありがたくわたしの書棚に加えさせていただく」と書かれている。偶然の一致かどうかは不明だが、ちょうどこの頃、ヒトラーはお抱え建築家のアルベルト・シュペーアと共に、自らの建設プロジェクト〈世界首都ゲルマニア〉を開始させている。

ヘンドリックは、心身の衰え、アルコール依存症、孤独にさいなまれながらも、ローマの自宅に多くのファシスト政治家を招き入れ、プロジェクトを紹介しつづけた。とりわけ、財務大臣のジュゼッペ・ヴォルピ、ローマ市長のフィリッポ・クレモネージ、建設大臣のジョヴァンニ・ジュリアーティは、〈世界コミュニケーションセンター〉に大きな関心を示した。ほかのファシスト政治家や一流芸術家もアトリエを訪れ、ヘンドリックの説明に熱心に耳を傾けた。なかには、国務次官のエミリオ・ボドレロ、飛行士のグイド・ケラー、未来派運動のリーダーであるフィリッポ・トンマーゾ・マリネッティ、そして一九一三年にノーベル文学賞を受賞したインドの詩人ラビンドラナート・タゴールもいた。

ヘンドリックの粘り強い勧誘とプレゼンの結果、イタリアのファシスト政治家で彼のプロジェクトを知らない者は誰もいなくなった。イタリアで〈世界コミュニケーションセンター〉を建設する際の費用を計算するよう、建設省が技術者に正式に依頼したほどだった。その見積もりによると、建設費用は六十億リラ以上に上ったという。

さらに、一九三七年二月九日、ヘンドリックは驚くべき人物の訪問を受けている。「今日、チーニ上院議員が、技術者をひとり連れてアトリエにやってきた。都市の図面を見にきたのだ」と、日記に書いている。

わたしはこの記述を読むまで、〈世界コミュニケーションセンター〉と〈E42〉を結びつけて考えてはいなかった。イデオロギー的に相反する、まったく別のプロジェクトだと思っていた。ところが、〈E42〉の建設責任者であるヴィットーリオ・チーニが、ヘンドリックのアトリエを電撃訪問したという。だとしたら、このふたつの巨大都市には何らかのつながりがあると考えざるをえない。

大学教員のリカルド・マリアーニとリチャード・エトリンによると、〈世界コミュニケーションセンター〉は、ムッソリーニの都市計画に明らかな影響を与えているという。とりわけ、「世界の首都は、テーマ別に分けられた複数のセンターによって構成される」というヘンドリックのコンセプトを、ファシスト政権は全面的に採用している。ムッソリーニはこうした構想のもとで、スポーツ施設のフォロ・ムッソリーニ、映画撮影所のチネチッタ、大学都市をローマに建設したのだ。そして〈世界コミュニケーションセンター〉の影響がもっとも顕著なのが、ローマ郊外に建築された〈E42〉だ。リチャード・エトリンは、著書『イタリア建築におけるモダニズム　一八九〇～一九四〇年』にこう書いている。

ファシスト政権は、一九四二年の万博のために、〝典型的なイタリアンスタイル〟で都市を設計し、テーマ、コンセプト、ビジュアルのいずれにおいても従来の万博を凌駕《りょうが》するものをつくることを目標に据えた。（中略）都市計画、建築デザイン、コンセプトなど、〈E42〉を構成する主要要素はほぼすべて、ヘンドリック・アンダーソンとエルネスト・エブラールの〈世界コミュニケーションセンター〉に酷似している。ファシスト政権によってローマ市内につくられたほかの多くの建物も、おそらくこのプロジェクトに着想を得ているだろう。だが、ローマ郊外に建てられた〈E42〉は、それらよりはるかに〈世界コミュニケーションセンター〉に似ており、濃密なつながりがあると考えられる。（中略）両者の共通点はあまりに多いため、直接的な影響を受けているか、あるいは驚異的な偶然の一致か、いずれかと言わざるをえない。

リカルド・マリアーニの著書『E42 〃オルディーネ・ヌオーヴォ（新秩序）〃によるプロジェクト』によると、ファシスト党書記のアキレ・スタラーチェをはじめとする多くのファシスト政治家が、〈E42〉の開発時に、ヘンドリック・アンダーソンのプロジェクトを参考にすべきだとムッソリーニに進言したという。

ムッソリーニはそれにしたがった。国際会議場、巨大美術館、噴水や運河、広々とした大通り、国際的な生活を送るための施設……いずれも明らかに〈世界コミュニケーションセンター〉から借用されたものだ。〈E42〉の建築家であるマルチェッロ・ピアチェンティーニは、こう述べている。

〈E42〉には、これまで世界のあらゆる場所で建設された万博会場とは、明らかに異なる特徴がある。この街は、過去のあらゆるイタリア文明を二十世紀のファシスト政権時代に集結させた場であると同時に、ローマの新しい巨大地区、ファシスト帝国の首都でもあるのだ。

ヘンドリックとオリヴィア・アンダーソンは、人類の文明を集結させた、従来の万博会場を凌駕する都市をつくろうとしていた。ムッソリーニ、ピアチェンティーニ、チーニは、このコンセプトをそっくりそのまま実現させたのだ。ピアチェンティーニは、〈E42〉プロジェクトは「人類による巨大世界都市であり、文化と知識の国際センターである」と述べている。

両都市の図面を比較すると、〈世界コミュニケーションセンター〉の国際会議場広場は、〈E42〉のインペリアーレ広場と完全に一致している。リチャード・エトリンは、これについてこう説明している。

どちらのプロジェクトでも、中央広場の周辺に、文化と文明に関する施設を集中させている。〈世界コミュニケーションセンター〉の国際会議場広場のまわりには、医療、外科技術、衛生、法律、公安、電気、発明、農業、運輸に関する専門施設がそれぞれ置かれている。〈E42〉のほうは、インペリアーレ広場のまわりに、科学、民族誌、古代美術、近代美術に関する美術館がそれぞれ置かれている。またどちらのプロジェクトでも、中央広場からまっすぐ延びる大通りの両脇に主要な建物を配している。〈世界コミュニケーションセンター〉では、左手に宗教の殿堂が、右手に国際司法裁判所がそびえている。〈E42〉では、左手に国際会議場とレセプション会場が、右手にイタリア文明館が建てられている。

どちらのプロジェクトでも、通信技術の進歩が讃えられている。〈世界コミュニケーションセンター〉の国際会議場広場には、無線電信アンテナを頂く〈進歩の塔〉がそびえている。そして〈E42〉のインペリアーレ広場には、一八九〇年代に無線電信を開発したイタリア人グリエルモ・マルコーニに捧げられたオベリスクが建てられている。

ムッソリーニの建築家たちは、「世界平和と友愛」を象徴する鋼鉄製の巨大ゲートを建てる計画を立てていた。これは、〈世界コミュニケーションセンター〉の海上ゲートの二体の巨像に酷似する案と言えるだろう。

4

ムッソリーニの新ローマ建設プロジェクトは、ヘンドリックの夢を粉々に打ち砕いた。ヘンドリックの日記によると、〈E42〉建設の準備委員会に参加してほしいと、イタリア政府から要請があったという。だが、この計画が自らのプロジェクトと競合していると判断したヘンドリックは、参加を辞退した。

一九三七年初頭、フランクリン・デラノ・ルーズベルト大統領に本を送ったヘンドリックは、絶望的な口調で日記にこう書いている。「オリヴィア、もはやイタリア政府のもとでぼくたちの都市を実現できるとは思えない。もう一度、アメリカ政府に望みを託さなくては」

それから三年後の一九四〇年十二月十九日、ヘンドリックはアルコール性肝硬変でこの世を去った。アトランティスの謎に関する擬似科学的な本を読みかけたままだった。

5

現代のフィクション作品では、たとえ主人公が社会的に失脚しても、象徴的あるいは精神的な勝利を収めるなどすることで、著者が自らの世界観を表現したり、悲劇的な結末をやわらげたりするだろう。だが、ノンフィクションはその限りではない。ヘンドリック・アンダーソンは、たくさんの読者を魅了するために、小説家やシナリオライターによって創造された人物ではない。自らの強迫観念にむしばまれて失脚した、ひとりの理想主義者にすぎない。

若い頃のヘンドリックは、強い気性と信念によって試練を乗り越え、苦しみを芸術作品に昇華させてきた。ところがオリヴィア亡きあとは、悲しみを乗り越えることも、この世界で進むべき道を見いだすこともできなくなってしまった。わたしは、彼の日記の最後のページを閉じたとき、ヘンドリックは死によって本当の意味で苦しみから解放されたのだと思った。

わたし自身について言えば、本当に成し遂げられるか不安ではあったが、どうにか〈世界コミュニケーションセンター〉の歴史を再構築することができた。こうして理想都市にまつわるストーリーを語ることで、登場人物たちに少しはかつての輝きを取り戻させることができただろうか?

わたしは、ワシントン記念塔に向かって歩きながら、ニューポートの路上で靴磨きをしていた幼い頃のヘンドリックを想像し、その数奇な運命に思いを巡らせた。そして、ワシントンを訪れる際には、ポトマック川対岸のバージニア州も必ず訪れようと決意したことを思い出していた。

6

雪をかぶった墓石の小さな青い影の点々が、見渡すかぎり広がっている。ワシントンからポトマック川を渡った対岸には、二百五十ヘクタールにわたる戦没者慰霊施設、アーリントン国立墓地がある。わたしは手袋をはずして地図を広げた。地図上に記した目印によると、目指す場所はこの真正面、墓地を見下ろす丘の上にあるはずだった。

ケネディ家の霊廟《れいびょう》を通りすぎる。だがその先は、工事中を知らせる柵が、わたしが進むべき小道をふさいでいた。引き返したくなかったので柵を乗り越える。数十歩ほど進んだところに目的地があった。ほかの墓石から離れたところに、大きな記念碑が堂々とそびえている。建築家の作業机のような奇妙な形をしていた。

墓石を覆う雪を手で払い落とすと、街の設計図らしきものと、ひとりの人物の名前が刻まれているのがわかった。ピエール・シャルル・ランファン。一七五四年パリ生まれ、一八二五年メリーランド死去。貧しく、世間から忘れられ、たったひとりで孤独に死んでいった。「エンジニア、芸術家、軍人。ジョージ・ワシントン指揮下で、連邦都市建設計画を立案した」と墓碑に記されている。

従軍画家だったピエール・ランファン（一七〇四〜一七八七年）の息子であり、父と同じようにルーヴル宮の王立絵画彫刻アカデミーで学んだあと、一七七七年に二十三歳で渡米した。ラファイエット少将と共に、アメリカ独立戦争で戦うためだった。一七七九年にジョージア州で起きたサバンナ包囲戦で負傷し、翌一七八〇年にイギリス軍の捕虜になった。解放後は、ジョージ・ワシントン顧問チームの一員としてアメリカの自由獲得に貢献した。

戦後、ランファンは建築家と室内装飾家としてアメリカで名をあげた。

一七九一年、ジョージ・ワシントン初代大統領によって、ランファンは新国家の連邦首都設計者に任命された。「首都の大きさは、帝国の権力を表現するのにふさわしい規模にすべきでしょう」と、大統領宛てに手紙を書いている。

ランファンは、一国の首都はほかの都市とは異なることを知っていた。首都と名乗るからには、単に都市の機能を満たしたり、官公庁が置かれたりするだけであってはならない。首都《キャピタル》の語源はラテン語のカプトで、「頭」を意味している。つまり、首都は国の「頭」として、その国の価値、将来性、イデオロギーを体現すべきなのだ。首都は、たとえ地理的にその国の中心になかったとしても、その国に暮らす人々をひとつにまとめる「中心」を象徴する場でなくてはならない。

ランファンは、トーマス・ジェファーソン（一七四三〜一八二六年）にヨーロッパ各国の首都の地図を送ってくれるよう要求し、自らはさっそく設計に取りかかった。ジョン・ロックやシャルル・ド・モンテスキューのような啓蒙思想家たちに着想を得て、アメリカ独立革命における自由主義と民主主義を表現するつもりだった。自らの故郷であるフランス絶対王政下のパリ、そしてヨーロッパ各国の首都の建築様式を参考にしつつも、その物真似をすることは決してなかった。

新国家の権力は立法権と行政権に大きく二分されたため、広大な庭園に囲まれた壮大な建物がふたつ考案された。立法権のための建物は議会議事堂《キャピトル》として、行政権のための建物はホワイトハウスとして、のちに実現されている。さらにこの新国家にふさわしい、威厳ある記念碑をつくる必要があった。ランファンは、キャピトルとホワイトハウスの双方から延びる道の交差点に、ジョージ・ワシントンの騎馬像を建てるアイデアを思いついた。これは自分の人生で最大の作品になると確信したランファンは、一心不乱に仕事に打ち込んだ。

ところが一七九二年、ほかのスタッフたちとたびたび諍いを起こしたことから、ランファンは職務を解かれた。後任にはほかの建築家が就いた。

それから数年間、ランファンは亡霊のようにワシントンをさまよいつづけた。自らが手がけた設計が改変され、この首都に込めた思いが捨て去られると知って、絶望し、悲嘆に暮れた。ジャーナリストのベンジャミン・パーリー・プーア（一八二〇〜一八八七年）が、当時のランファンのようすをこう書き記している。

彼は、ビーバーの毛皮でつくったクロシェ帽をかぶっていた。政府に抗議するのに必要な書類を丸めて抱え持ち、大きな銀のグリップがついたヒッコリー製ステッキを右手で揺らしていた。

一八二五年、ランファンは極貧のうちに亡くなった。所持品の見積額はわずか四十六ドルだった。一文無しとして埋葬された。

ところが一九〇二年、事態は急転する。首都の完成からおよそ一世紀が経過していたが、マクミラン委員会［正式名称は「金融および産業に関する調査委員会」］によって、とうとうランファンのプロジェクトが再評価されたのだ。その価値がようやく認められ、都市改造計画の一環で大筋が採用されたうえで、ナショナル・モールが建設された。

ランファンの建築家としての才能は、死後にようやく認められた。一九〇九年四月八日、彼の棺が掘り起こされ、アメリカの象徴的中心であるキャピトルのドームの下、ロタンダで葬儀が行なわれた。アメリカでこの栄誉に輝いたフランス人は、これまでのところランファンのみである。その後、遺骨は再び丁重に埋葬された。現在は、アメリカのほかの英雄たちと共に、アーリントンの丘の上に眠っている。

わたしは今、その丘の上に立っている。顔を上げると、ランファンの暮石から川を越えた向こう岸に、リンカーン記念堂が建っている。そしてその直線上の、アメリカでもっとも有名な広場であるナショナル・モール内に、ワシントン記念塔のオベリスクがそびえている。さらにその奥のやはり一直線上には、議会議事堂が入るキャピトルのドームが見える。わたしは感嘆しながら、ランファンの暮石に刻まれた街の設計図と、目の前に広がる実際の街を何度も見比べた。ワシントンの街並みは、巨大首都をゼロから構築するのは決して不可能ではないことをわたしたちに教えてくれる。そして、常軌を逸した建設プロジェクトを実現させることで、過去をすべて切り離したうえで、新しい政治理念を具現化し、普及させられると示している。

7

オリヴィアとヘンドリックは、アメリカの理想主義の伝統を受け継ぎながら、〝新エルサレム〟が建造される日を待っていた。ふたりの〝世界合衆国〟における〈世界コミュニケーションセンター〉は、アメリカ合衆国におけるワシントンとまったく同じだった。だがふたりは、細かいけれど重要な点を見過ごしていた。十八世紀に生きたランファンは、政治革命と社会変動の末に実際に樹立された合衆国の首都を建設しようとした。ところが、ヘンドリックたちが生きたベル・エポック〔十九世紀末から第一次世界大戦勃発まで〕では、確かに世界の多くの人が進歩主義、国際主義、平和主義を支持してはいたが、国家間の経済対立が激化したため、〝世界合衆国〟の樹立など夢のまた夢だったのだ。

ヘンドリックたちのユートピア都市構想は、十九世紀に誕生したある思想が基盤となっている。それは「最新の通信・交通手段は、民主主義を刷新し、国際関係に平和をもたらし、経済危機を解決するのに役立つ」というものだ。その後、時代が移り変わるにつれて、通信・交通手段は、蒸気機関から電気、電波、映像へと変化していき、現在はインターネットの時代に突入している。社会学者のアルマン・マテラールは、著書『世界ユートピアの歴史』で、コミュニケーション救済信仰の対象は、その時代の技術水準に応じて変化すると述べている。そして今日でも、多くの人たちがこの信仰を抱きつづけているという。

近年の政治的ユートピアの崩壊を受けて、一部の思想家たちは、一種の代替ユートピアとしてコミュニケーションを提案している。人間同士をつなぐことで共同体が築かれ、社会を一致団結させるには、これに依存する以外にないと述べている。社会を脅かす混沌《こんとん》と無秩序の毒からわたしたちを守る、真の解毒剤になりうるというのだ。とりわけ、最新技術を活用した通信手段は、人々に大きな希望を与えている。マルチメディアやインターネットのおかげで、より友好的で、連帯的で、民主的な社会がつくられ、社会階級がなくなり、人間同士の対立が消える日が来るかもしれない、と期待する人は少なくない。

十九世紀から二十世紀にかけての経済のグローバル化や通信インフラの発展は、期待に反して世界に平和をもたらさなかった。ところが現代の企業家や知識人は、当時の自由主義的平和主義者たちの予言を今も再利用している。

一九九〇年代には〃世界の終わり〃を予言する者たちがいた。ところが、地球温暖化、帝国主義の復活、未曾有《みぞう》の軍事費増加、感染症大流行《パンデミック》の再発、格差社会の著しい拡大といった問題が続出する現在、イーロン・マスクやジェフ・ベゾスら最先端デジタル技術分野で成功した億万長者たちは、ＡＩ（人工知能）、再生可能エネルギー、ＥＶ（電気自動車）、インターネット、民間宇宙飛行、低軌道衛星コンステレーションが「人類を救う」と主張する。

彼らのこうした救世主《メシア》的発言は、「技術革新のおかげで、情報、個人、商品がより自由に行き来できるようになる」という人々の信仰だけをよりどころにしているにもかかわらず、世界じゅうから広く支持され、信頼を得ている。「政治的ユートピアが消滅した今、技術的ユートピアは、グローバル市場の空論家たちによって取引の道具として利用されている」と、アルマン・マテラールは述べる。

今日、富裕な企業家、実業家、金融家たちは、新しい市場と利益を探求する欲望を、通信・交通技術の進歩を称賛する理想主義的発言によって巧みに包み隠している。彼らの予言を信じるのは、社会が抱える問題について思考停止することを意味している。そして、ヘンドリック・アンダーソンが自らの理想主義によってそうなってしまったように、いずれ必ず袋小路に陥るだろう。

8

ヘンドリックの日記に、家族の墓屋を何百時間もかけて制作したと書かれていたので、わたしはアメリカからローマに戻るとすぐ、テスタッチョ地区の非カトリック墓地を訪れた。マツやヒノキの木々が植えられ、ロマンティックな墓屋が点在する風光明媚な場所で、ヘンドリックは「まるで詩のような」と表現していた。

その日、陽の光で温まった古い墓石の上で大きな猫たちが昼寝しているのを横目で見ながら、芸術家、詩人、革命家たちの名が刻まれた墓碑のあいだをそぞろ歩いた。そしてとうとうアンダーソン家の墓を発見した。礼拝堂型の美しい墓屋の外壁の二面に、アンドレアスの仕事を象徴する絵筆とパレット、そしてヘンドリックの仕事を象徴する槌と鑿がそれぞれ彫刻されている。

墓屋の扉をそっと開け、地下室に続く短い階段を降りる。丸天井には黄色と青色のモザイクが埋め込まれ、星がきらめく夜空が表現されている。壁は、小天使、蝶、たいまつの彫刻で彩られている。大理石の墓碑には、アンドレアス、オリヴィア、ヘレン、ヘンドリック、ルチアの名前が刻まれている。そしてオリヴィアの等身大の彫像が、アンダーソン家の人たち全員を見守っていた。

石碑に刻まれた墓碑銘が、ここを訪れた者たちに理想都市の記憶を呼び起こしてくれる。

わたしたちにとって、すべての国々のための都市を築くのは、人類に宿る創造神の魂に捧げる夢であり、生涯の希望、願いだった。夢見る者たちがここに眠る。

エピローグ

イタリア、ローマ
ヴィラ・ヘレン

1

一九八三年十二月のよく晴れたある日、ローマ国立近代美術館で働く美術史家のエレナ・ディ・マーヨは、ポポロ広場にほど近い、テヴェレ川のほとりに建つ廃墟に向かって歩いていた。マンチーニ通り二十番地にあるその建物は、ネオ・ルネサンス様式のヴィラだが、今はよろい戸が固く閉じられている。サーモンピンク色の外壁は汚れ、漆喰《しっくい》は剝がれ落ち、小天使やたいまつやホタテ貝を表わした装飾彫刻、壁龕に収められた彫像は黒ずんでいる。玄関ドアの上部の帯状の枠には、金色のモザイクで「ヘレン」と記されている。

エレナ・ディ・マーヨは、イタリアの国有財産であるこの建物を調査し、収蔵品の目録をつくる任務を負っていた。ハンドバッグから鍵束を取り出し、ひとつを鍵穴に突っ込む。中が錆《さ》びついていて、四苦八苦しながらどうにか回した。

屋内は埃《ほこり》っぽかった。一階の中央を一本の廊下が貫き、両脇にそれぞれ二百平米ほどの部屋が広がる。アトリエとして使われていたようで、天井が非常に高く、天窓から入る陽の光で明るく照らされていた。大きなシートがかけられた数々の彫像、古い書類が詰まったいくつかのトランクが置かれている。

ぐらつく収納家具の扉を開けると、彫刻家のものらしいスモックが一枚と、槌と鑿が入っていた。階段で上の階に行く。

すべての階のすべての部屋で、年月の経過によって錆びついた窓サッシと傷んだよろい戸をこじ開け、埃と湿気を外へ逃し、空気を入れ替えた。

暗がりの長い時間を経て、ようやくヴィラ・ヘレンに陽の光が満たされた。エレナ・ディ・マーヨは、この廃墟の豪華さに驚いた。

2

エレナ・ディ・マーヨは、現在はすでに定年退職している。ローマにあるアパルトマンの居間で、この日のことをわたしに教えてくれた。

「ヴィラ・ヘレンを初めて訪れたときのことは、今もよく覚えています。現役時代のもっとも素晴らしい思い出のひとつですから。あれから三十五年以上がたちますが、今もあの日のことを話すだけで鳥肌が立つほどです。

魅力的な雰囲気の家でした。ヘンドリックのスモックは丁寧にたたまれ、そのそばに槌と鑿が置かれていて、まるで今しがたどこかに出かけて、すぐに帰ってくるかのようでした」

エレナ・ディ・マーヨはすぐに同僚たちを呼び寄せた。全員防塵《ぼうじん》マスクを装着し、白いつなぎの作業着に身を包んでから脚立に乗り、巨大な彫像にかかっているシートをそっと取り除いた。

台座の上にバランスよく乗っていた巨像の一群が、長い眠りから目覚めた瞬間だった。

群像、胸像、メダイヨン彫刻……ヴィラ・ヘレンは芸術作品に溢れていた。合計で二百点以上の彫刻作品があり、そのうち三十点以上が巨像。そのほとんどが石膏製の原型、またはブロンズ像だった。

書類が詰まったトランクからは、ノート、写真、ガラスプレート、たくさんの書簡、新聞や雑誌の切り抜き、平和主義に関するパンフレットなどが見つかった。

三階には、英語の書籍がぎっしり並んだ大きな書棚が置かれていた。

三百点以上の図案も発見された。デッサン、絵画のほか、謎めいた「理想都市」の図面も含まれていた。

3

一九三〇年代末、ヘンドリック・アンダーソンは、美術館として一般公開することを条件に、アトリエ兼住居のヴィラ・ヘレンと自らの全作品を、イタリア国家に遺贈することにした。遺贈承諾の勅令は、一九四二年、イタリア国王ヴィットーリオ・エマヌエーレ三世と、当時の閣僚評議会議長［イタリア首相の正式名称］であるベニート・ムッソリーニによって署名されている。この勅令によると、第一次世界大戦中にヘレンによって行なわれた養子縁組により、モデルのルチアはヘンドリックの義妹になっており、ヘンドリック亡きあともヴィラの用益権を所持しつづけた。ルチアは一九七八年に他界するまでこのヴィラで生活した。その後彼女が亡くなると、ヘンドリックの遺志にしたがって、ついにイタリア国家がヴィラ・ヘレンの管理者兼独占所有者になった。

するとイタリア文化省の官僚のひとりが、すぐにこの家を自らの公舎にして、階上で暮らしはじめた。彫像群に大きなシートをかぶせたのもこの官僚だった。場所を空けるために、アンダーソン家の古い書類はすべてトランクに詰め込まれ、まとめて一階に置かれた。この官僚はここに数年ほど暮らしたが、その後ヴィラ・ヘレンは放置された。

一九六〇年代、一介の郵便配達員にすぎなかったシュヴァルがつくった理想宮が、フランスの歴史的記念物に指定されるのに反対の声が上がったのと同様に、一九八〇年代初頭のイタリア文化省の役人も、ヘンドリックのようにマイナーな芸術家のために美術館を建てるには及ばないと考えた。担当者を割り当て、収蔵品の目録を作成し、傷んだ箇所を修復し、一般客を入れる際の安全基準を満たすための改修工事を行ない……こうしたあらゆる作業を実施するには、多額の費用が必要になる。生前に無名だったアメリカ人彫刻家の奇抜な作品を展示するために、貴重な公費を使ってもよいのだろうか？　意見は真っぷたつに分かれた。

ところが、この遺贈品の価値を疑わない者がひとりいた。一九八三年十二月にヴィラ・ヘレンを再発見したエレナ・ディ・マーヨだった。彼女は、このヴィラは美術史における知られざる素晴らしい時代を物語っていると感じた。一部の同僚はヘンドリックの巨大彫像群に疑いの目を向けたが、エレナは、このアトリエ兼住居を小さな美術館として改装すべきだと確信していた。

彼女はその後十三年間にわたって、ヘンドリックの作品を擁護し、保存を求めてイタリア文化当局に粘り強く働きかけた。そしてとうとう一九九六年、国営宝くじの収益金の一部がヴィラの改修工事に充てられることになった。勝利を収めたエレナ・ディ・マーヨは、すぐにチームを組んで作業を開始した。地下に保管庫をつくり、建物全体を徹底的に清掃し、修復作業を行ない、美術館としての機能を整備し、収蔵品の目録を作成した。そしてこの謎めいたアメリカ人彫刻家の情報を得るために、調査を開始した。

ヘンドリック・アンダーソンは、イタリア国家にアトリエ兼住居を遺贈することで、世界じゅうのユートピア主義者が〈世界コミュニケーションセンター〉のオリジナル図面を見にきてくれるのを望んでいた。死後半世紀を経てようやく、彼の遺志が尊重される時代が到来した。一九九九年十二月十九日、三年間の改修工事を経て、ヘンドリック・クリスチャン・アンダーソン美術館は一般公開を開始した。

ローマ、トゥーロン、ブリュッセル
二〇一四年九月～二〇二二年八月
ジャン＝バティスト・マレ

〈世界コミュニケーションセンター〉の図面について

ドイツのハイデルベルク大学図書館では、〈世界コミュニケーションセンター〉紹介本の英語版をデジタル化し、以下で公開している。https://digi.ub.uni-heidelberg.de/diglit/andersen1913

〈世界コミュニケーションセンター〉のオリジナルの図面とデッサンは、ローマのヘンドリック・クリスチャン・アンダーソン美術館で鑑賞できる。住所はパスクワーレ・スタニスラオ・マンチーニ通り二十番地。

謝辞

ジャン＝リュック・バレ、ギヨーム・ベルトン、フランソワ・ブスケ閣下、ピエール・シャルド、ヴァシリス・コロナス、マリー＝ロール・ドゥフルタン、ソフィ・デカン、ピエール・ド・ジゴール、エレナ・ディ・マーヨ、マリア・ジュゼッピーナ・ディ・モンテ、リチャード・エトリン、ヴァレンティーナ・フィラミンゴ、シモン・フォンヴィエイユ、ジャック・ジレン、ミカエル・ギニャール、イザベル・アンリ、ヤニス・カルリアンバス、クリストフ・ラグランジュ、ステファニー・マンフロワ、アルマン・マテラール、マグダ・パルカリドゥ、ピエール・ランベール、ミレイユ・ロディエ、エリック・サライユ、マリー・スタール、エヴァンジェリア・ステファニ、レミ・ワン、アレクサンドラ・イェロリンポス、ハリス・イアクミス。

ヘンリー・ジェイムズによるヘンドリック・アンダーソン宛ての書簡を翻訳してくれた、マリー＝ジョゼ・トラムータとトビー・ジャンパール・ギルバートに深謝する。

訳者あとがき

二十世紀初頭、世界じゅうの叡智を集めた「人類の都」をつくろうとした人たちがいた。考案したのは、ノルウェー系アメリカ人彫刻家ヘンドリック・アンダーソンと、ブルジョワ階級出身アメリカ人のオリヴィア・クッシング。面積二十六平方キロメートルと、品川区よりやや広いくらいの都市。そこに、「スポーツ」「芸術」「科学」のテーマ別に、あらゆる施設が建てられる。議事堂、世界銀行、国際科学研究所、図書館、美術館、オリンピック・センター……。さらに、地下鉄、港湾、飛行場、最新通信システムなど、五十万人の住民が進歩的な生活を営むのに必要な設備がすべて整えられる。

一九一三年、〈世界コミュニケーションセンター〉と命名されたこの壮大な都市計画は、世界レベルで一世を風靡した。フランス大手新聞『ル・フィガロ』や『ル・タン』のみならず、アメリカの『ニューヨーク・タイムズ』、イギリスの『タイムズ』もこの計画を絶賛した。彫刻家オーギュスト・ロダン、建築家オットー・ワーグナー、近代オリンピックの父ピエール・ド・クーベルタンら有名人のほか、三人のノーベル平和賞受賞者、ベルギー国王アルベール一世をはじめとする各国の国家元首や一流政治家、法学者の穂積重遠ら多くの日本の文化人もこの計画を支持している。

ところがその後、このプロジェクトは完全に忘れられた。歴史の闇に葬られた。ジークフリード・ギーディオン、ケネフ・フランプトン、レオナルド・ベネーヴォロら著名な建築評論家たちも、このプロジェクトには一度も言及していない。その一方で、ベニート・ムッソリーニ、アドルフ・ヒトラーらファシストたちが、このプロジェクトに関心を示した形跡が残っている。平和主義的な理想都市の計画に、いったい何があったのだろうか？

本書『人類の都――なぜ「理想都市」は闇に葬られたのか』は、フランス人ジャーナリスト、ジャン＝バティスト・マレ著 *La capitale de l'humanité* (Bouquins, 2022) の全訳である。トマト缶を愛用する日本国民に大きな衝撃を与えた前作『トマト缶の黒い真実』（太田出版）から五年、長期にわたる大胆かつ鋭利で緻密な取材で、フランスのピューリッツァー賞と言われるアルベール・ロンドル賞を獲得した著者が、ベル・エポックの知られざる都市計画の謎に迫る。

著者は、ローマの図書館で一冊の本を発見したことから、〈世界コミュニケーションセンター〉の歴史を再構築する決意を固めた。考案者たちはどういう人物なのか？　どうやって出会ったのか？　なぜ「世界の首都」をつくろうとしたのか？　どうやって賛同者を集めたのか？　なぜ実現されずに忘れられたのか？　そして、どうしてファシストたちの接近を許したのか？

『トマト缶の黒い真実』同様、著者は、批判せず、非難せず、余計な憶測もせず、突き止めた事実をただ客観的に述べる。さらに今回は、型破りな登場人物たちに寄り添いながら、彼らの人生を丁寧にたどっている。そしてこれも前作同様、まるでミステリーや冒険小説のような筆致で、読者を物語世界へぐいぐいと誘う。

世間知らずで誇大妄想症のヘンドリックと、彼を神のように崇《あが》めるオリヴィアの義姉弟が、単なる噴水の構想から、文化施設、国際センター、世界の首都へと、プロジェクトを次第に肥大化させていくさまは、ヘンドリックの友人で作家のヘンリー・ジェイムズや、計画に携わったフランス人建築家のエルネスト・エブラールの言葉どおり「常軌を逸している」と言わざるをえない。だがエブラールは、一九一〇年にロンドンで都市計画会議が開催されたのを機に、プロジェクトに積極的に取り組むようになる。ソルボンヌ大学の大講堂で、エブラール作の鳥瞰図に魅了されて千人以上の聴衆がスタンディングオベーションをする瞬間は、プロジェクトのクライマックスだ。著者はこの鳥瞰図を初めて見たとき、「甘美な非現実性に胸を鷲づかみにされ」ているが、訳者も緻密さと壮大さに鳥肌が立つほどの感動を禁じえなかった。鳥瞰図は原書には掲載されなかったが、日本語版の本書ではカバーをはずした本体表紙に使われている。読者のみなさんも、プロジェクトの集大成であるこの図面をぜひご覧いただきたい。

〈世界コミュニケーションセンター〉の実現を妨げた一番の要因が、第一次世界大戦の勃発であることは間違いないが、ヘンドリックの頑ななまでのこだわりも大きな要因のひとつだろう。一九一二年、有力な事業家のウォルター・J・バートネットに勧められたとき、もしこのプロジェクトを不動産投機計画にしていたら……。あるいは戦後の一九一九年、上院議員のアンリ・ラ・フォンテーヌや書誌学者のポール・オトレと共に、ブリュッセルを建設地にするためにもっと積極的に活動していたら……。その十年後の一九二九年、オトレは、国際連盟（LON）の本部があるジュネーヴに〈世界コミュニケーションセンター〉に着想を得た世界都市〈ムンダネウム〉をつくろうとして、あのル・コルビュジエに設計を依頼している（こちらのプロジェクトも実現には至らなかったが）。

著者は本書で、都市計画によって開発された街を三つ紹介している。ひとつは、〈世界コミュニケーションセンター〉後のエブラールが手がけたギリシャのテッサロニキ。著者はこの街に、幻となった〈世界コミュニケーションセンター〉の面影を見ている。ふたつ目は、ローマ郊外のエウル地区。ムッソリーニは〈世界コミュニケーションセンター〉のコンセプトやデザインを借用して、この「ファシスト帝国の首都」を構想した。そして三つ目は、フランス人建築家ランファンが都市計画を立案したワシントン。著者は「ワシントンの街並みは、巨大首都をゼロからつくるのは決して不可能ではないことをわたしたちに教えてくれる」と書いている。

著者は、巻頭の「日本語版刊行によせて」で、本書を書いた理由を「叶わぬ夢を追うために生涯を捧げた、ふたりの芸術家の粘り強い戦いについて書きたかった」と述べている。そして「特定の思想を擁護したり、告発したり、ユートピア思想を支持または不支持することの論拠を示したかったのではない」と断っている。著者の誠実は疑いようがないが、その一方で、「国際主義と通信技術の進歩が平和をもたらす」という当時の理想主義者の主張と現在のデジタル企業家の主張との類似を指摘し、「(今日の企業家は)新しい市場と利益を探求する欲望を、通信・交通技術の進歩を称賛する理想主義的発言によって巧みに包み隠している」と述べ、「彼らの予言を信じるのは、社会が抱える問題について思考停止することを意味している」と警鐘を鳴らす。それもまた、著者の「本書で伝えたいこと」のひとつと言えるだろう。

著者は、ベルギーの日刊紙『ル・リーブル・ベルジーク』のインタビュー記事でこう述べている。「グローバル・ユートピア思想は、世界の平和、融和、統一を謳う一方で、多様性を破壊し、真実を覆い隠し、エリート層を優遇し、テクノクラシー(技術官僚による支配体制)が台頭する社会をもたらしかねない。グローバル・ユートピアが、真の意味で全人類に利益をもたらすには、社会階級間の確執、労使間の対立、帝国主義、権力一極集中の危うさに目を背けるべきではない。むしろ、権力、エリート主義、私有財産、そしてユートピアそのものに対する批判を受け入れるべきだ。わたしたちは、グローバル・ユートピアを警戒し、批判しなくてはならない。その一方で、地球温暖化、軍拡競争、排外主義が進行する今、新たなユートピアについて考えるべき時期が来たとも思う。わたしはそれを矛盾とは思わない。こうした思考のしかた、弁証法によって、わたしたちはこの地球を、そして人間の尊厳を守れると思うのだ」

前述した穂積重遠(渋沢栄一の初孫でもある)は、『國際心のあらはれ――グロチウスの國際法学とアンデルセン氏の國際市計畫』（下出書店刊）という書籍を、一九二一年に上梓している。穂積は本書で「アンデルセン氏の理想は中々實現しさうもない」としたうえで、「『國際的世界中心都市』は夢である。（中略）夢は夢だが『痴人の夢』ではない。聖人の夢である。（中略）其計畫の根抵基礎を成す思想は真面目な現實である。その根本思想とは即ち『國際主義』である。（中略）個人・國家・世界の三者が調和せられ得ないならば、人類の幸福と平和とは永遠に望み得ない」と述べている。

末筆になるが、『トマト缶の黒い真実』に続き、本書の編集を担当された川上純子氏に深謝する。フランクフルト・ブックフェアで氏が著者と再会され、NHK出版で本書の刊行が実現したのは、著者にとってはもちろん、訳者のわたしにとっても大きな幸運だった。

そして、著者のジャン＝バティストには、原書の校正刷りの段階で本書を読ませてくれたこと、〈世界コミュニケーションセンター〉宣伝本をはじめとする資料を惜しみなく提供してくれたこと、日本の読者のために細やかな配慮をしてくれたことに感謝する。当方のどんな質問にも、一、二時間後には必ず的確な返答を送ってくれた。これほどレスポンスが早く熱意に溢れた人をほかに知らない。次作を楽しみにしている。

二〇二四年八月

田中裕子

図版クレジット

p.15, 109, 203, 204, 227, 311, 363 © 著者コレクション
p. 32, 34, 43, 48, 55, 69, 97, 99, 142, 206, 209, 377
© ヘンドリック・クリスチャン・アンダーソン美術館（イタリア、ローマ、ローマ国立美術館局）
p. 125, 127, 345 © ピエール・ド・ジゴール
p. 237, 239, 242 © ムンダネウム資料センター（ベルギー、モンス）

◉イタリア
国立中央文書館（ローマ）
ヘンドリック・クリスチャン・アンダーソン美術館（ローマ）
国立中央図書館（BNCR）（ローマ）

◉デジタルアーカイブ
ガリカ（フランス国立図書館）
ベルジカプレス（KBR）
クロニクリング・アメリカ（国立電子新聞プログラム）
インターネット・アーカイブ
アンセストリー・ドットコム
マイヘリテージ
ファインド・ア・グレイブ

閲覧した図書館および公文書館

◉ベルギー
王立公文書館（ブリュッセル）
ベルギー王立図書館（KBR）（ブリュッセル）
ムンダネウム資料センター（モンス）

◉アメリカ
ベントレー歴史図書館（ミシガン州アナーバー）
アメリカ議会図書館（ワシントンDC）
国立公文書記録管理局（ワシントンDC）
ニューポート歴史協会（ロードアイランド州）
ニューヨーク公共図書館（ニューヨーク州）

◉フランス
国立公文書館（ピエールフィット・シュル・セーヌ）
国立海外領土公文書館（エクス・アン・プロヴァンス）
サルト県公文書館（ル・マン）
アルプ・マリティーム県公文書館（ニース）
フランス学士院図書館（パリ）
国立美術史研究所附属図書館（パリ）
ジャック・ドゥーセ文学図書館（パリ）
ブザンソン市立図書館（ドゥー県）
フランス国立図書館（パリ）
社会主義大学研究所（パリ）
エリック・サライユ個人コレクション、モーリス・サライユ将軍関連資料（モンレアル、オード県）
ピエール・ド・ジゴール個人コレクション、エルネスト・エブラール関連写真・資料（パリ）

◉ギリシャ
考古学資料館（テッサロニキ）
アテネ・フランス学院

Macedonian Campaign (1915-19) and its Legacy, New York, Routledge, 2017.
Sonne, Wolfgang, *Representing the State: Capital City Planning in the Early Twentieth Century*, Munich Berlin Londres, New York, Prestel, 2003.
Standiford, Les, *Washington Burning: How a Frenchman's Vision for our Nation's Capital Survived Congress, the Founding Fathers, and the Invading British Army*, New York, Crown Publishers, 2008.
Tanenbaum, Jan Karl, *General Maurice Sarrail 1856-1929: The French Army and Left－Wing Politics*, Chapel Hill, The University of North Carolina Press, 1974.
Umano, *Positiva Scienza di Governo*, Turin, Fratelli Bocca, 1922.
Wagner, Otto, *Architecture moderne et autres textes*, Marseille, Parenthèses, 2019.
Ward, Stephen V., *Planning the Twentieth-Century City: The Advanced Capitalist World*, Chichester, John Wiley & Sons, 2002.
Wells, Herbert George, *A Modern Utopia*, Londres, Chapman and Hall, 1905.
Wright, Alex, *Cataloging the World: Paul Otlet and the Birth of the Information Age*, New York, Oxford University Press, 2014.
Yerolympos, Alexandra, *La Chronique du Grand Incendie de Thessalonique*, Thessalonique, University Studio Press, 2002.
Yiakoumis, Haris, Yerolympos, Alexandra, Pédelahore de Loddis, Christian, *Ernest Hébrard (1875-1933). La vie illustrée d'un architecte, de la Grèce à l'Indochine*, Athènes, Potamos, 2001.
Zweig, Stefan, *Le Monde d'hier*, Paris, Folio essais, Gallimard, 2016.（シュテファン・ツヴァイク『昨日の世界 1』『昨日の世界 2』原田義人訳、みすず書房、1999 年）

Mattelart, Armand, *Histoire de l'utopie planétaire. De la cité prophétique à la société globale*, Paris, La Découverte, 2009.

Mattelart, Armand, « Une éternelle promesse: les paradis de la communication », *Le Monde diplomatique*, novembre 1995.

Mawson, Thomas H., *The Life & Work Of An English Landscape Architect*, Londres, The Richards Press, 1927.

Mazower, Mark, *Governing The World: The History of an Idea*, New York, Penguin Books, 2012.

Minuto, Emanuela, *Un polic(t)eman ? Il liberalismo umanitario di Gaetano Meale (1888-1900)*, Milan, Franco Angeli, 2017.

Minuto, Emanuela, « Sognatore, neurastenico, apostolo dell'umanità. Il caso del magistrato Gaetano Meale (Umano) », dans *La Politica dei sentimenti*, Rome, Viella, 2018.

Miquel, Pierre, *Les Poilus d'Orient*, Paris, Fayard, 1998.

Mowrer, Edgar Ansel et Mowrer, Lilian T., *Umano and the Price of Lasting Peace*, New York, Philosophical Library, 1973.

Mumford, Lewis, *La Cité à travers l'histoire*, Paris, Seuil, 1964.

Mumford, Lewis, *The Story of Utopias*, New York, The Viking Press, 1962.

Nicholson, Soterios, *War or a United World*, Washington, The Washington Publishing House, 1916.

Osterhammel, Jürgen, *La Transformation du monde. Une histoire globale du XIXe siècle*, Paris, Nouveau Monde, 2017.

Pailhès, Bernard, *L'Architecte de Washington. Pierre Charles L'Enfant*, Paris, Maisonneuve et Larose, 2002.

Painter, Borden W., *Mussolini's Rome*, New York, Palgrave Macmillan, 2005.

Passy, Frédéric, *Historique du mouvement de la Paix*, Paris, V. Giard et E. Brière, 1904.

Ragon, Michel, *Histoire de l'architecture et de l'urbanisme modernes*, Paris, Casterman, 1986.

Rotberg, Robert I., *A Leadership for Peace: How Edwin Ginn Tried to Change the World*, Stanford, Stanford University Press, 2007.

Schiavoni, Max, *Le Front d'Orient. Du désastre des Dardanelles à la victoire finale, 1915-1918*, Paris, Tallandier, 2014.

Schmidt, Leigh Eric, *Restless Souls: The Making of American Spirituality*, New York, HarperCollins, 2005.

Shapland, Andrew et Stefani, Evangelia, *Archeology Behind The Battle Lines: The*

Academia L'Harmattan, 2016.

Gillen, Jacques (dir.), *Henri Lafontaine, prix Nobel de la paix en 1913. Un Belge épris de justice*, Bruxelles, Mundaneum/Racine, 2012.

Gresleri, Giuliano et Matteoni, Dario, *La Città mondiale*, Venise, Marsilio, 1982.

Guieu, Jean-Michel, « De la "paix armée" à la paix "tout court", la contribution des pacifistes français à une réforme du système international, 1871-1914 », *Bulletin de l'institut Pierre-Renouvin*, vol. 32, n° 2, 2010.

Guieu, Jean-Michel, « Des parlementaires au service de la paix. Le Groupe parlementaire français de l'arbitrage international (1903-1914) », *Parlement[s], Revue d'histoire politique*, vol. 26, n° 2, 2017.

Gulliver, Lucile, *The Friendship of Nations: A Story of the Peace Movement for Young People*, Boston, Ginn and Company, 1912.

Hall, Peter, *Cities of Tomorrow*, Oxford, Blackwell Publishers, 1988.

Heilburn, Margaret, *Inventing the Skyline: The Architecture of Cass Gilbert*, New York, Columbia University Press, 2000.

Herbelin, Caroline, *Architectures du Vietnam colonial*, Paris, CTHS INHA, 2016.

Hobsbawm, Eric J., *L'Ère des empires, Paris, Fayard, 1989.*

Irish, Sharon, Cass Gilbert, Architect, New York, The Monacelli Press, 1999.

James, Henry, *Beloved Boys: Letters to Hendrik C. Andersen, 1899-1915*, éd. Rosella Mamoli Zorzi, Charlottesville Londres, University of Virginia Press, 2004.

James, Simon, *Maps of Utopia*, New York, Oxford University Press, 2012.

Jean, Georges, *Voyages en Utopie*, Paris, Gallimard, 1994.

Jennings, Chris, *Paradise Now: The Story of American Utopianism*, New York, Random House, 2016.

Julien, Claude, *Le Rêve et l'Histoire. Deux siècles d'Amérique*, Paris, Grasset, 1976.

Julien, Claude, *L'Empire américain*, Paris, Grasset, 1968.

Krempf, Thérèse, « Les fouilles archéologiques de l'armée d'Orient 1915-1918 », *Cahiers de la Grande Guerre*, n° 31, 2004.

Ledoux, Urbain J., *Mr. Zero's Scrap Book*, New York, The Plebeian Forum, 1931.

Lemoine, Bertrand, *La Statue de la Liberté*, Bruxelles, Mardaga, 1986.

Levie, Françoise, *L'Homme qui voulait classer le monde*, Bruxelles, Les Impressions Nouvelles, 2018.

Lucan, Jacques, *Composition, non-composition*, Lausanne, Presses polytechnique et universitaires romandes, 2009.

Mariani, Riccardo, *E42. Un progetto per l'"Ordine Nuovo"*, Rome, Comunità, 1987.

Carcopino, Jérôme, *Souvenirs romains*, Paris, Hachette, 1968.
Chevillot, Catherine, *La Sculpture à Paris*, Paris, Hazan, 2017.
Christen, Barbara S. et Flanders, Steven (dir.), *Cass Gilbert, Life and Work: Architect of the Public Domain*, New York, W. W. Norton & Company, 2001.
Ciotta, Anna, *La Cultura della communicazione nel piano del Centro mondiale di Hendrik Ch. Andersen e di Ernest M. Hébrard*, Milan, Franco Angeli, 2011.
Cooper, Sandi E., *Patriotic Pacifism*, Oxford, Oxford University Press, 1991.
Crinson, Mark, *Rebuilding Babel*, New York Londres, I. B. Tauris, 2017.
Cushing Andersen, *Olivia, Creation and other Biblical Plays*, préface d'Hendrik C. Andersen, Genève, Albert Kundig, 1929.
De Moncan, Patrice, *Villes utopiques, villes rêvées*, Ravières, Éditions du mécène, 2003.
Di Majo, Elena, *Museo Hendrik Christian Andersen*, Milan, Electa, 2008.
Di Monte, Maria Giuseppina et Ludovici, Emilia (dir.), *Femminile e femminino. Donne a casa Andersen*, Modena, Palombi, 2016.
Ducasse, André, *Balkans 14-18, Paris, Robert Laffont, 1964.*
Edison, Thomas, Le Royaume de l'au-delà, Grenoble, Jérôme Millon, 2015.
Eisenberg, Azriel, *Feeding the World: A Biography of David Lubin*, New York, Abelard-Schuman, 1965.
Emerson, Ralph Waldo, *Essais*, trad. Anne Wicke, Paris, Michel Houdiard, 2010.
Emmerson, Charles, *1913: The World before the Great War*, Londres, The Bodley Head, 2013.
Etlin, Richard A., *Modernism in Italian Architecture, 1890-1940*, Cambridge, The MIT Press, 1991.
Fabiani, Francesca, *Hendrik Christian Andersen. La vita, l'arte, il sogno*, Rome, Gangemi, 2003.
Fabre, Rémi, Bonzon, Thierry, Guieu, Jean-Michel, Marcobelli, Elisa et Rapoport, Michel (dir.), *Les Défenseurs de la paix (1899-1917)*, Rennes, Presses universitaires de Rennes, 2018.
Food and Agriculture Organization of the United Nations (FAO), *The Story of the FAO Library: 65th Anniversary 1952-2017*, Rome, 2017.
Galard, Jean et Zugazagoitia, Julian (dir.), *L'Œuvre d'art totale*, Paris, Gallimard, 2003.
Gentile, Emilio, *Fascismo di pietra, Rome, Laterza, 2007.*
Gentile, Emilio, *In Italia ai tempi di Mussolini*, Milan, Mondadori, 2014.
Ghils, Paul (dir.), *Connaissance totale et Cité mondiale*, Louvain-la-Neuve,

参考文献

本書のための調査を完遂できたのは、ひとえに、この物語のさまざまな側面について過去の研究者たちが残した実績のおかげである。

2003年にフランチェスカ・ファビアーニによって発表されたヘンドリック・アンダーソンに関する研究論文は、この調査の重要な手引きとなった。エルネスト・エブラールによるテッサロニキ都市計画の専門家、アレクサンドラ・イェロリンポスのおかげで、テッサロニキと〈世界コミュニケーションセンター〉の重大な関係性に気づくことができた。2001年にエルネスト・エブラールの人生に関する研究論文を発表したハリス・イアクミスのおかげで、ピエール・ド・ジゴールが現在所有する写真コレクションを再発見できた。

最後に、オリヴィア・クッシング・アンダーソンにも多大な恩義がある。彼女が残した日記がなければ、この物語の再構築はできなかった。〈世界コミュニケーションセンター〉は彼女なしでは存在しなかったが、本書も彼女がいなければ存在しなかっただろう。

Agache, Alfred, Auburtin, Jacques Marcel et Jaussely, Léon, *Comment reconstruire nos cités détruites. Notions d'urbanisme s'appliquant aux villes, bourgs et villages,* Paris, Armand Collin, 1915.

Andersen, Hendrik Christian et Hébrard, Ernest Michel, *Création d'un Centre mondial de communication,* Paris, Imprimerie P. Renouard, 1913.

Andersen, Hendrik Christian et Cushing Andersen, Olivia, *Création d'un Centre mondial de communication,* Rome, Imprimerie Riccardo Garroni, 1918.

Bensaude-Vincent, Bernadette et Blondel, Christine, *Des Savants face à l'occulte,* Paris, La Découverte, 2002.

Berg, Scott W., *Grand Avenues: The Story of Pierre Charles L'Enfant, the French Visionary Who Designed Washington D.C.,* New York, Pantheon Book, 2007.

Besant, Annie, *The Immediate Future,* Chicago, The Rajput Press, 1911.

Blom, Philipp, *The Vertigo Years: Change and Culture in the West, 1900-1914,* Toronto, McClelland & Stewart, 2008.

Borges, Jorge Luis, *Le Livre de sable,* Paris, Gallimard, 1978.

Campanella, Tommaso, *La Cité du soleil,* préface de Paul Lafargue, Bruxelles, Éditions Aden, 2016.

Carcopino, Jérôme, *Souvenirs de la guerre en Orient,* Paris, Hachette, 1970.

［著者］
ジャン＝バティスト・マレ
Jean-Baptiste Malet
ル・モンド・ディプロマティーク、シャルリー・エブドなど多くの有力メディアに寄稿する新進気鋭のジャーナリスト。2013年刊行*En Amazonie: Infiltré dans "le meilleur des mondes"*（未訳）はAmazonの配送センターに潜入取材して内部事情を告発し、フランスでベストセラーとなった。2017年刊行『トマト缶の黒い真実』（太田出版）はグローバル経済の衝撃的な実態を暴き、イタリアで出版停止となった一方、フランスの権威あるジャーナリズム賞「アルベール・ロンドル賞」の2018年書籍部門賞を受賞。同書と並行してドキュメンタリー映画「トマト帝国」も製作し、スイスとスロヴァキアのエコ映画祭で高く評価された。2022年刊行の本書は、緻密な調査に基づいてベル・エポック時代のユートピアを魅力的に描き出し、多くのメディアから称賛を受けた。

［訳者］
田中裕子（たなか・ゆうこ）
翻訳家。訳書に『トマト缶の黒い真実』ジャン＝バティスト・マレ（太田出版）、『「バカ」の研究』ジャン＝フランソワ・マルミオン編（亜紀書房）、『シェフ』ゴーティエ・バティステッラ（東京創元社）など多数。

［校正］河本乃里香
［本文組版］アーティザンカンパニー

人類の都

なぜ「理想都市」は闇に葬られたのか

2024年10月25日　第1刷発行

著　者 ―――――― ジャン＝バティスト・マレ
訳　者 ―――――― 田中裕子
発行者 ―――――― 江口貴之
発行所 ―――――― NHK出版
〒150-8081　東京都渋谷区宇田川町10-3
電話　0570-009-321（問い合わせ）　0570-000-321（注文）
ホームページ　https://www.nhk-book.co.jp
印　刷 ―――――― 亨有堂印刷所／近代美術
製　本 ―――――― 藤田製本

ISBN978-4-14-081978-4 C0098